新时代土木工程新技术应用丛书

城市地下空间互联互通施工技术与装备

陈晓明　罗鑫　等著

中国建筑工业出版社

图书在版编目（CIP）数据

城市地下空间互联互通施工技术与装备/陈晓明等
著．—北京：中国建筑工业出版社，2020.12
（新时代土木工程新技术应用丛书）
ISBN 978-7-112-25740-9

Ⅰ．①城… Ⅱ．①陈… Ⅲ．①城市空间–地下工程–
研究 Ⅳ．①TU94

中国版本图书馆CIP数据核字（2020）第252484号

责任编辑：周娟华

责任校对：党 蕾

新时代土木工程新技术应用丛书
城市地下空间互联互通施工技术与装备
陈晓明 罗鑫 等著
*
中国建筑工业出版社出版、发行（北京海淀三里河路9号）
各地新华书店、建筑书店经销
霸州市顺浩图文科技发展公司制版
北京建筑工业印刷厂印刷
*
开本：787毫米×1092毫米 1/16 印张：17 字数：400千字
2021年5月第一版 2021年5月第一次印刷
定价：**68.00**元
ISBN 978 - 7 - 112 - 25740 - 9
(36981)
版权所有 翻印必究

前言

随着我国城市建设的快速发展,城市地下空间开发利用在城市规划中得到了极大的关注,地下空间开发的规模也呈现出不断增长趋势。城市地下空间互联互通,能真正实现城市众多地下空间动态协调,相互衔接,进而形成一个庞大的地下空间网络,进一步释放地下空间的利用率和商业潜力。近年来,我国在此类工程领域进行了大量有益的科学研究和成功的工程实践,由此研究总结的相关技术成果日趋丰富。

目前市场上虽然已有一些城市地下空间规划与设计类的相关专著,但系统讲解软土地区城市地下空间互联互通施工技术和装备类的专著并不多见。作者团队从事软土地区城市地下空间互联互通工程领域的科学研究与工程实践已有20余年,先后主持参与了百余项此类项目的工程建设,积累了大量的施工技术和装备研究开发经验。作者团队结合自身多年来在此领域的工程实践,编写一本关于该领域施工技术和装备的专著以飨读者。

本书共6章,第1章绪论阐述了城市地下空间互联互通的发展趋势、国内外地下空间互联互通发展现状以及现有的施工技术在国内外的应用和发展;第2章对明挖施工技术从基本原理到施工工艺进行了全面的论述,并结合工程案例阐述了明挖施工技术中涉及的开挖方式、支护形式及环境保护和监测等相关内容;第3章重点阐述了该领域近年来被广泛应用的冷冻暗挖施工技术,对其基本原理、系统组成、暗挖施工工艺、冻胀融沉控制措施以及相关施工设备进行了详细介绍,并结合典型案例系统讲解了冷冻暗挖关键技术的应用;第4章主要阐述了矩形顶管施工技术的基本原理、系统组成、矩形顶管施工工艺,并对作者团队联合研发的矩形顶管机装备进行了系统分析,章节中引用的成功应用案例着重介绍了顶管始发、顶管掘进、顶管接收等关键技术以及相关测量监测技术的工程应用;第5章对矩形盾构施工技术从基本原理、矩形盾构机的系统组成到管片的设计与生产、矩形盾构施工工艺进行了全面的论述,并结合工程案例讲解了矩形盾构始发、掘进、接收等关键技术,案例中采用的国内首台大断面矩形盾构机为作者团队联合研发;第6章主要阐述了箱涵全断面双重置换施工技术,对其基本原理、主要施工装备、施工技术等进行了详细介绍。

本书具有以下特点:

① 全面性。本书内容涵盖了软土地区城市地下空间互联互通工程领域的主要施工技术和装备介绍,数据翔实,内容丰富。

② 系统性。本书各章节均先从基本原理到设备系统组成进行讲解,进一步讲解关键施工技术,最后以案例结束,各章节既紧密关联又自成系统。

③ 先进性。本书在总结以往传统施工技术的基础上另辟蹊径,对近年来逐步推广应用的新技术、新装备予以重点阐述,相关工艺及设备研发具有一定的自主产权。

④ 实用性。本书各章节都精选了作者团队在该领域参与的典型工程案例,结合案例分析帮助读者理解学习,具有很好的借鉴意义。

本书可作为土建行业的科研、设计、施工和管理人员的专业参考书,也可供高等院校土木工程专业学生学习使用。

本书编写过程中，部分内容引用了同行专家论著和研究成果。姜小强、张顺、林济、陈愉、赵培、赵琛、郁政华、徐佳乐等人参加了书稿的整理和文字编辑工作。在此一并表示感谢。

由于作者水平有限，书中难免存在不足和错误之处，希望读者不吝指正。

陈晓明

目 录

第 1 章

绪论

1.1 城市地下空间互联互通的发展和趋势

随着我国城市建设的快速发展,城区建设用地不足、交通拥挤不堪,尤其在中心城区和老城区,交通、停车等矛盾突出。地下空间是城市的战略性空间资源,在城市建设浪潮中受到了极大关注。通过向地下要空间,有效地开发、利用地下空间,可以提高城市土地利用率,使得城市向纵深延伸,缓解城市发展中的多种矛盾。

合理开发利用地下空间是我国"十三五"期间以及更长一段时期内城市发展和建设的主要任务。国家从发展规划层面作出了指示,强调了城市地下空间开发的必要性。《城市地下空间开发利用"十三五"规划》提出:合理开发利用城市地下空间,是优化城市空间结构和管理格局,增强地下空间之间以及地下空间与地面建设之间有机联系,促进地下空间与城市整体同步发展,缓解城市土地资源紧张的必要措施,对于推动城市由外延扩张式向内涵提升式转变,改善城市环境,建设宜居城市,提高城市综合承载能力具有重要意义。

我国城市地下空间开发也伴随着城镇化、工业化的进程快速发展。纵观世界,中国的城市地下空间开发利用虽然较欧美等发达国家起步晚,但目前中国已成为名副其实的地下空间开发利用大国。"十三五"以来,中国新增地下空间建筑面积达到 8.44 亿 m^2。2018 年我国地下空间新增建筑面积约 2.72 亿 m^2,其中,上海、天津、重庆、广州等城市近 3 年的年均增加建筑面积超过 500 万 m^2。据初步统计的最新数据,北京、上海、深圳地下空间开发规模分别达到 9600 万 m^2、9400 万 m^2、5200 万 m^2,近 3 年平均增长分别为 410 万 m^2、650 万 m^2、680 万 m^2。

一般而言,城市地下空间根据功能类型的不同可分为六个大类,分别涵盖了交通、公共服务、市政公用设施、仓储物流、防灾减灾、能源环保等方面。具体分类见表 1-1。

如此多功能类型的地下建(构)筑物构成了庞大的地下空间,同时我国大量的城市地下空间开发已成规模,对缓解市中心用地紧张、交通拥挤等问题作出了较大的贡献。然而,目前我国地下空间开发存在动态协调不足,缺乏衔接,甚至相互矛盾的问题。这些地下空间中的绝大多数仅仅是作为独立的地下室及地下公共空间存在,并未与周边的地下

表1-1

地下空间功能类型

城市功能	设施系统分类	具体设施
交通功能	地下轨道交通	区间隧道
		车站
	地下道路	过境到发道路
		地下环路
	地下步行街	地下人行通道
	地下停车场	机动车停车场
		非机动车停车场
		地下公交场站
公共服务功能	地下商业	地下商业
	地下文化娱乐设施	地下文化设施
		地下娱乐设施
		地下体育设施
	地下科教试验	地下教育
		地下科研
		地下医院
	地下展览展示	地下展览展示
市政公用设施功能	地下市政管线	给水管线
		排水管线
		污水管线
		燃气管线
		热力管线
		电信管线
		电力管线
	地下综合管廊	综合管廊
	地下市政场站	地下变电站
		地下燃气调压站
		地下调节池
		地下水库
防灾减灾功能	地下防空防灾	地下防空防灾工程
	地下防涝防灾	地下河川
		地下蓄水池
仓储物流功能	地下仓储	地下石油库
		地下天然气库
		地下冷库
		地下核废料库
		地下仓库
	地下物流	地下物流
能源环保功能	地下能源	地下发电厂
		地下热能储藏库
	地下环保	地下污水处理场
		地下垃圾中转站

空间进行连通，相邻地块地下空间开发缺乏联系和贯通，存在零星、分散、孤立开发等问题。这就导致了城市中心区域众多的地下空间未能形成网络，从而无法发挥更大的作用。

随着城市地下空间的大规模开发，地上、地下空间的开发与建设逐渐呈一体化、网络化的发展态势，地下空间互联互通成为地下空间开发利用的必然性趋势。城市地下空间开发不能只搞单一的某一项工程，只考虑单一的某一项功能，而是要综合考虑各方面的需要，建成地下互联互通的多功能综合体，地下和地上协调一致才能充分发挥作用。一个城市可以先确立几个大的项目，如地铁、地下商城、地下大型公共设施等，竖向分层开发与地面建筑相呼应、相衔接，依次带动其他单体工程的开发。大型项目预留出接口，点线结合，滚动开发，逐步完善，形成由大型工程连带起来的地上、地下相互联系的主体网络体系。

城市地下空间互联互通的作用有如下三点：

一是连接地下服务设施并发挥集聚效应。以商务或交通枢纽为核心，轨道交通及地下通道为连接线，将商业功能、交通功能和文化服务功能的空间组合为一个整体，形成多方面的地下综合体，促进城市地下空间的网络发展，优化地下空间结构，使地下商业产生充分的经济聚集效应。

二是扩大公共空间，丰富空间活力。地下人行系统充分组织连接的流线，并结合地下节点以安排商业、广场和文化服务，从而形成主要的公共空间。商业和文化服务功能分别布置在公共空间主轴的两侧。次要公共空间与社区的街坊绿地充分结合，通过社区之间的地下人行道相连，关键枢纽设有露天下沉式广场和垂直商业设施，从而形成立体公共空间。地下人行网络系统与公共空间相结合，提供多层次且有吸引力的公共空间。

三是连接地下交通系统，以消除城市的交通拥堵。建造地下交通设施的主要目的是解决交通问题，例如人和车辆的分流、城市的拥堵以及停车位严重缺乏。但是，地下空间的开发权属不同，使得每个停车场都是独立的，其出入口与城市交通直接相通，导致十字路口交通拥堵，反过来影响了地下空间的开发建设。通过将地下停车库相互连接而减少地下停车位的出入口数量，不仅形成了地下交通系统，而且实现了地下停车位的共享使用，这对于解决出入口超载问题具有现实意义。还可以通过地下轨道交通车站与地下车库相连，创建"乘+停"模式，该模式结合了地下空间的动态和静态交通选择，并在疏散交通和缓解城市交通问题方面发挥了积极作用。

1.2 国内外地下空间互联互通发展现状

国外的大城市在过去几十年中开发建设了大量的地下空间，解决了城市矛盾，实现了较好的综合效益。在日本、北美、西欧等地下空间建设起步较早的国家和地区，很多城市中心区域的地下空间通过地铁、地下通道的连接，已形成了网络体系，甚至达到地下城的规模。

在美国，互邻的高层建筑地下室连接成片，成为整个建筑群的组成部分，设置停车场、商场、地下通道、游乐设施等，如纽约的曼哈顿区，费城的市场东街，芝加哥的中心区等。其中，最为典型的是洛克菲勒中心地下步道系统，如图1-1所示。它把10个街区范围内主要的大型建筑在地下连接起来，组成大面积地下综合空间，通过下沉式广场连通到地面，形成别有情趣的街景。

日本是一个人多地少的岛国，土地资源尤其显得珍贵。长期以来，日本在地下空间的利用上都处于世界先进水平，日本较大型的城市往往都有较大规模的地下综合体，以及在其基础上形成的地下空间网络，如名古屋荣地下街、东京八重洲地下街、大阪梅田地下街等大型地下综合体。

尽管日本地铁站厅面积较小，但换乘站面积很大。地铁车站与商业空间紧密结合。日本地下空间开发坚持以规划为先导，非常重视人性化设计理念。商业与站厅的公共区直接连通，地下商城与地面、地下交通融为一体，为人们购物、会友、娱乐、休闲、公务活动等提供了保障，也带动了城市的繁荣。

日本名古屋久屋大通公园如图 1-2 所示，位于名古屋市中心，是名古屋市政府在第二次世界大战后，为营造市中心的绿色空间而兴建的。久屋大通公园从南到北长约2km，占地 11.18hm²，是一座长方形的街心公园，园内有电视塔、中央大桥，可谓都市中的绿洲，充满了自然的情趣。公园地下建造了中央公园地下街，总面积5.6万 m²，包括容量为570辆车的地下停车库和面积约1万 m²的各种商店110家。地下街通过两处下沉广场与大通公园及其周边设施巧妙衔接，将人流有序引入地下。同时，地下街扮演人流、交通集散地的角色，将20多条公交终点站设在地下一层，以解决公交和地铁的换乘过渡问题。

图1-1 洛克菲勒中心

图1-2 名古屋久屋大通公园

纵观发达国家的地下空间开发，分析其地下空间开发不同发展阶段的建设情况，可以看出一个共同的趋势，即地下空间开发呈"点→线→面→三位一体"的趋势发展，这个趋势就是地下空间以地铁枢纽站或大型地下商业中心为起点，以城市空间的视角向空中、地下和周围地区辐射发展，把城市地下、地上空间进行系统的有机整合，使所有的地下空间成为互联互通的整体。地下空间正成为城市公共空间的延伸和新的重要组成部分。

国内同样在地下空间互联互通开发方面进行了有益的尝试。上海陆家嘴CBD中心区地下空间整合开发利用项目位于陆家嘴中心区域，结合绿地地下空间的建设设置四条地下通道，将上海中心、金茂大厦、环球金融中心、国金中心等地下部分相连通；同时，与轨道交通2号线、14号线形成换乘，组成一个大型的地下综合体，并与项目基地北侧的人行天桥相衔接，形成一个完整的立体步行网络系统，对陆家嘴中心区的步行网络体系起到很好的补充和完善作用。

如图1-3和图1-4所示，以上海中心、金茂大厦和国金中心三个地块间的绿地为中心，通过对其进行整体的地下空间开发，并在相邻地块间设置地下通道，包括上海中心与环球金融中心间的地下通道，实现各个地块地下室的互通互联；同时，西侧与轨道交通地下站点相连，形成整体的地下空间网络。

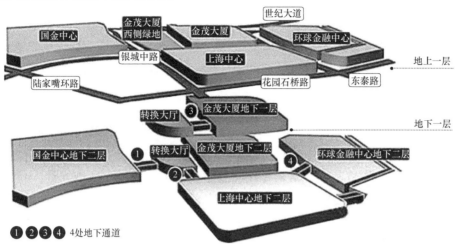

图1-3 陆家嘴地下空间互联互通示意图

图1-4 陆家嘴地下通道

1.3 城市地下空间互联互通施工技术

我国因其幅员辽阔、地大物博的特点，造就了地质结构复杂、地质形态多样化的客观情况，在不同的地区均具有不同的地质及水文条件，也由此导致了各地地下空间开发所应用的施工技术各有不同。本书主要以软土地区城市地下空间互联互通的施工技术及装备为对象进行阐述。

在软土地区的互联互通施工方法中，多以下面几种方法为主。

1.3.1 明挖法

明挖法是最为简单易行的互联互通地下空间施工方法（图1-5）。它作为一种从地面自

图1-5　明挖法

上而下开挖的方法，既安全又经济，并得到了最为广泛的应用。

19世纪50年代以后，世界各国都在修建地下铁道，在施工中明挖法是应用最广泛的方法，伦敦、纽约、柏林等城市的地下铁道几乎都是采用明挖法修筑的，日本和我国也不例外。但就城市隧道的施工而言，明挖法具有以下特点：受地形、地貌、环境条件的限制；易造成周围地层的沉降，进而威胁周围构造物的安全；长时间中断交通，给周围居民出行带来麻烦；商业街停业会带来巨大的经济损失；长时间切断供水管道、通信电缆、电力电缆、下水道、煤气管道等地下管线，给周围居民带来诸多不便；施工中的出土、回填土等土方作业严重影响空气质量；施工噪声和振动污染环境；施工易受天气影响，且在穿越铁路、公路、河流、建筑物等时很难施工。

因此，城市隧道的施工方法，从20年前的明挖法为主流方法，逐渐变成以盾构法为主流方法，但在盾构法不能施工的场所，例如车站和车库等大断面的结构物以及垂直方向分部开挖的场合，主要还是采用明挖法，特别是大规模地下车站，几乎都是采用明挖法修筑的。例如，近年来上海地铁建设中的地下车站施工一般均采用明挖法施工。

1.3.2　冻结暗挖法

冻结暗挖法是将冻结法土体加固与暗挖法开挖构筑相结合的一种地下非开挖施工工艺，具有适用于复杂地质条件，不受加固范围和深度的限制，止水效果好、方法灵活多样、绿色、环保等优点，广泛应用于煤矿竖井、建筑基础、隧道、地铁和其他岩土工程领域。

冻结法加固地层的原理是，利用人工制冷的方法，将低温冷媒通过冻结管送入地层，使地层中的水冻结成冰，从而使地层的强度和弹性模量都比未冻时增大许多，把要开挖土体周围的地层冻结成封闭的连续冻土墙，以抵抗土压和水压，并隔绝地下水和开挖土体之间的联系，然后在形成的封闭连续冻土墙的保护下，辅助于其他结构工艺共同封水和承载，进行地下开挖和施工永久支护。

人工地层冻结法源于天然冻结现象。早年俄国人在西伯利亚采金，利用天然冻土层开凿立井；1862年，英国威尔士的建筑基础中首次使用了人工制冷加固土壤；1880年，德国工程师F. H. Poetch首先提出了人工冻结法原理，并于1883年在德国阿尔巴里煤矿成功采用冻结法建造103m深的竖井井筒。人工冻结法应用在城市土木工程，始于1886年瑞典24m长的人行隧道建设工程，并在1906年应用于横穿法国塞纳河底的地铁工程。从此，这项地层特殊加固技术被许多国家广泛应用并得到了不断发展。

我国第一次应用地层冻结法是1955年开滦煤矿林西风井，井筒直径5m，冻深105m。20世纪70年代初，我国把冻结技术首次应用于北京地铁建设工程中。1992年，上海地铁隧道中利用液氮与盐水冻结相结合，形成了520m³长方体冻结体。1993年，上海地铁1号线工程建设中，用冻结法完成旁通道和泵站施工，自此，冻结法被广泛应用于市政工程，特别是地铁工程建设中。

2003年，上海市轨道交通明珠线二期工程"上体场"车站穿越地铁1号线"上体馆"站段并与地铁1号线斜交成约79°，方向大致为由东向西。因穿越段上方有地铁车站和地面立交，开挖跨度大约为22.6m且范围内有饱和粉土，紧贴1号线车站底板，需穿越两道800mm厚地墙，施工风险极大，所以工程采用冻结法加固地层与矿山暗挖法开挖构筑相结合的技术，如图1-6所示。

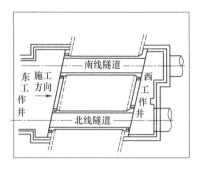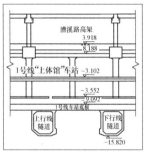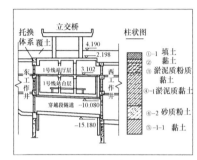

图1-6　上海市轨道交通明珠线二期工程"上体场"车站穿越地铁1号线"上体馆"站段工程平面、剖面图

2017年，上海轨道交通13号线二期华夏中路站，因一C类建筑侵入了上行线轨行区，为了"豆腐块里挖条路"，采用了冻结暗挖法，开挖尺寸为20.6m（长）×11.8m（宽）×8.35m（高），冻结体量是常规地铁旁通道的16倍之多，也是全国首例软土地区超大断面矩形冻结暗挖构筑车站主体的工程，如图1-7所示。

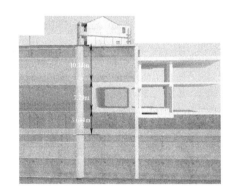

图1-7　上海轨道交通13号线二期华夏中路站冻结暗挖轨行区

2019年，上海市轨道交通18号线国权路站采用冻结法进行地层加固后，再进行暗挖法开挖施工，以清除运营地铁车站的4道地下连续墙及多根格构柱桩，实现地铁10号线与18号线之间的互联互通，项目单向水平冻结孔深43m，是全国首例长距离单向打孔水平冻结暗挖及清障工程，如图1-8所示。

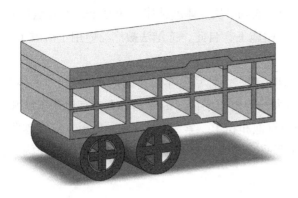

图1-8　上海市轨道交通18号线国权路站穿越地铁10号线冻结暗挖工程

据不完全统计，截至2012年底，中国大陆利用冻结法完成凿井近1000个，最大冻结深度955m，冻结法用于地铁等市政工程总数量超过130项，冻结法正在被越来越广泛地应用于地下工程建设中。

1.3.3　矩形顶管法和矩形盾构法

顶管法和盾构法分别是指采用顶管机或盾构机进行地下通道或隧道非开挖施工的技术。它不需要开挖地面，并且能够穿越公路、铁路、市政道路、河川、地面建筑物等。

世界上最早采用矩形盾构法施工的隧道是1826年开始建造的英国伦敦穿越泰晤士河底的公路隧道，隧道断面为11.4m×6.8m的矩形，由于采用人工挖掘方法和施工中出现涌水淹没事故，长458m的矩形隧道掘进了18年才完工。1965—1968年，日本名古屋和东京都采用4.29m×3.09m手掘式矩形盾构掘进了两条长534m和298m的共同沟。1981年，日本名古屋中部电力公司采用5.23m×4.38m的手掘式矩形盾构掘进了一条长374m的电力隧道。此后，日本的各大建设公司和盾构机制造商都进行了各类机械式矩形盾构的研制和试验，其中最为成功的是石川岛播磨重工（IHI）研制的DPLEX矩形盾构，它是一种偏心多轴刀盘切削的土压平衡盾构。1995年，日本大丰建设（株）采用一台4.38m×3.98m的DPLEX矩形盾构，在日本千叶县习志野市菊田川2号干线掘进了两条并列的矩形排水隧道，隧道在道路下2.4~3.6m，隧道上有上水道、下水道、煤气管、电信电缆管等地下管线，两隧道之间水平距离仅为0.6m，通道掘进引起地面沉降小于2cm。1999—2004年，日本鹿岛、奥村等组成的共同体，采用一台日立造船与小松共同体生产的10.24m×6.87m矩形盾构机，完成了760.79m的京都市地下铁道东西线的六地藏北工区施工，隧道断面为9.9m×6.5m，渡线部分为一层单跨（采用复合衬砌），一般线路部分为一层双跨（采用铸铁衬砌）。2009—2015年，日本鹿岛·西松·铁建共同体采用川崎重工生产的10.64m×7.44m阿波罗刀头矩形盾构机完成了东横线涩谷至代官山区间的地下工程施工，区间长度577m，如图1-9和图1-10所示。

在我国，1995年11月，上海隧道工程股份有限公司在南汇区航头生产基地，采用自行研制的2.5m×2.5m可变网格式方形顶管机，试验推进了一条60m长的方形混凝土顶管。1999年3月，在延安东路工地采用自行研制的3.8m×3.8m组合刀盘方形土压平衡顶管机，推进了两条62m长的地下人行通道。2003年10月，上海隧道工程股份有限公司在浙江省宁波市采用自行研制的 4m×6m 偏心多轴刀盘式方形土压平衡顶管机，推进了两条 50m 长的地下人行通道，矩形顶管机如图 1-11 所示。

图 1-9　矩形盾构机　　　　　　　　图 1-10　阿波罗刀头矩形盾构机

图 1-11　矩形顶管机

　　2005 年，上海市机械施工有限公司与小松（中国）株式会社共同设计研发了享有自主知识产权的国内首台大截面土压平衡式矩形顶管机，截面为 4.39m×6.27m，并于 2006 年采用该顶管机成功建成了上海市轨道交通 6 号线浦电路车站 3 号出入口通道。2007 年，上海市机械施工有限公司又独立设计和研制了具有自主知识产权的大截面矩形顶管机，截面为 4.21m×6.91m，并已成功完成十几个工程的建设，如图 1-12 所示。

图 1-12　矩形顶管机

　　2011 年 8 月，广东省基础工程公司采用合作研制的 4.3m×6.0m 泥水平衡式矩形顶管机，建成了广东省佛山市南海区广佛地铁桂城站市政过街通道，如图1-13所示。

2014年11月，上海隧道工程股份有限公司采用研制7.5m×10.4m"中州一号"矩形顶管机，建成了郑州纬四路下穿中州大道工程，工程全长909m，其中，隧道段长775m，如图1-14所示。

2015年，上海市机械施工集团有限公司采用自主研制的国内首台大截面（截面为10.1m×5.3m）矩形盾构机，成功实施了上海虹桥临空地块地下连接通道工程，如图1-15所示。

图1-13　矩形顶管机

图1-14　矩形顶管机

图1-15　矩形盾构机

2016年，上海隧道股份工程有限公司采用研制的截面11.83m×7.27m类矩形盾构机，成功实施了宁波轨道交通3号线出入场段，如图1-16所示。

图1-16　类矩形盾构机

1.3.4　管幕法

管幕法是利用微型顶管技术在拟建的地下建筑物四周顶入钢管，钢管之间采用锁口连接并注入防水材料而形成水密性地下空间，再在此空间内修建地下建筑物的方法。

最早出现采用管幕法的工程是1971年日本 Kawase-Inae 穿越铁路的通道，1971—1980年采用 Iseki 公司设备施工的管幕法工程就有六项。欧洲比较早期采用管幕法的工程是1979年的修建的比利时 Antewerp（安特卫普）地铁车站。1982年，新加坡采用管幕法在城市街道下修建地下通道，使用24根直径为600mm的钢管围成管幕。目前，日本在管幕工法方面的发展处于领先地位。管幕类型有钢管、方形空心钢梁和纵向可施加预拉力的方形空心混凝土梁（PRC-method）。

1.3.5 箱涵法

以往，在修建下穿铁路的立交通道时，常采用便梁法施工，即采用便梁加固线路，然后用预制箱涵顶进施工。世界上最早的箱涵顶进工程是德国于1957年初在奥芬堡市的铁路线下，顶进宽2.5m、高2.4m的盒式钢筋混凝土框架人行通道。后来，又在德国其他地方采用顶进箱涵的方法修建了截面更大的地下通道。接着，箱涵法在英国得到一定的发展。美国从20世纪60年代开始进行箱涵顶进施工，之后30多年的时间里，箱涵顶进法得到显著发展，从截面3m×2m的地下人行通道到单孔截面为25m×12m的铁路地下通道。1999年修建的波士顿I-90和I-91州际高速公路与火车南站交叉处3座箱涵通道，截面尺寸均为25m×12m，长为50～110m，采用箱涵顶进结合冻结法施工，是当时世界上最大断面和最复杂的箱涵顶进工程，使得美国在箱涵顶进施工方面达到新的高度。英国于2003年首次在北安普顿高速公路采用顶进箱涵技术。日本在箱涵工法方面也达到很高的水平，自20世纪70年代以来，箱涵顶进技术在日本有了很大发展，陆续研发了很多工法，如 URT（Under Railway Tunneling）工法、PCR（Prestressed Concrete Roof）工法、SC工法等。日本这些年有较多重大工程采用箱涵顶进技术：1991年，新建松原海南线松尾近几公路中顶推121m的大断面箱涵（宽26.6m，高8.3m）；1997年，东海道线新庄立体交叉工程中顶入长82m，断面为25.5m×7.7m箱涵；日本宝来隧道箱涵截面为21.6m×7.8m，总长为279.5m；日本信太山隧道箱涵截面为26.6m×8.3m，总长为156m。

采用箱涵顶进工法修建下穿立交地道在我国已广泛应用，主要为穿越铁路的公路立交。我国箱涵顶进施工技术开发应用始于1963年，北京永定门外穿越京广、京山铁路的下穿立交是用顶进法建成的国内第一座顶进箱涵工程。1966年，天津东风下穿地道采用箱涵施工法，该结构自地下穿越8股铁路线，总长近60m，横断面内部净空为：宽15m、高4.05m（边孔）和4.2m（中孔）。后来又完成了新开路地道等几个地下通道。20世纪70年代以来，顶进箱涵法在华北、西北、华东等地陆续有了较多的应用，并在设计和施工工艺上逐渐有所改进。1975年，上海市军工路下立交工程顶进25.8m×19.4m×6.28m（长×宽×高）的三孔箱涵取得成功；1985年，上海市真北路下立交工程分别顶进四个单孔箱涵；1998年，南京玄武湖水底隧道穿越古城墙部分采用箱涵顶进工艺，长45m，箱涵截面24.6m×9.25m（宽×高）。2008年，王海云介绍了北京首都国际机场扩建工程3号航站楼至2号航站楼 AMP 和汽车隧道工程 JT-5 合同段工程的箱涵顶进施工情况及关键技术，该主跑道在不停航情况下，在管幕支撑下进行单端顶进断面尺寸为23.2m×8.55m，长达232m的大断面箱涵，为更长距离或更大口径的箱涵顶进施工积累了经验。2009年，邬忠勤介绍了上海轨道交通3号线北延伸工程箱涵顶进段（外轮廓为长14m×宽11.3m×高6.95m）穿越宝钢铁路专用线的工程经验及箱涵顶进方法，并指出了顶进过程中应注意的事项。2012年，孙田柱以上海桃浦路下穿既有铁路线框架的箱涵顶进工程为例，介绍了在箱涵顶进施工中，通过对基坑底及线路下进行高压旋喷桩地基加固的方法，控制了框架高程和方向，为在软土地基中进行箱涵顶进施工提供了施工经验。2012年建成通车的南昌市洛阳路下穿铁路隧道工程中，箱涵是隧道主体框架的一部分，也是隧道的通行通道，隧道总长149m，需安装9节162m的箱涵。

1.3.6 结合管幕（或管棚）的箱涵顶进工法

由于采用单个矩形顶管机施工地下矩形隧道时，受矩形顶管机设备限制，矩形隧道断面不可能多变；当矩形隧道断面过大时，设备的制造难度大、制造成本高，如果设备不能多次使用，则会导致工程造价大幅增加，所以，为了适应断面的不断变化和超大断面通道施工，国内外研发了多种结合管幕（或管棚）的箱涵顶进工法进行矩形地下通道的非开挖施工。

日本在箱涵顶进工法方面有很高的水平，自20世纪70年代以来，结合箱涵顶进工艺研究开发出了许多工法，如ESA工法、FJ工法、R&C工法、SFT工法等。1991年，日本近几公路松原海南线松尾工程采用ESA工法推进大断面箱涵，箱涵宽26.6m、高8.3m、长121m。1997年，东海道线新庄立体交叉工程，大断面箱涵长82m、宽25.5m、高7.7m，采用管幕结合FJ工法施工，注浆加固管幕内土体。2000年，大池成田线高速公路下大断面箱涵长47m、宽19.8m、高7.33m，采用管幕结合FJ工法施工，注浆加固管幕内土体。据资料记载，日本采用这几种工法施工的地下矩形通道已有1200多座，如图1-17和图1-18所示。

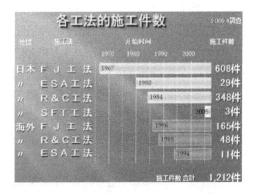

图1-17　SFT工法施工现场　　　　图1-18　箱涵顶进方法的工程应用统计

中国首次应用结合管幕的箱涵顶进工法是1984年在香港地区修建地下通道。1989年，中国台北市修建了下穿松山机场跑道及滑行道的地下通道工程，该工程由日本铁建公司承建。地下通道全长1037m，其中有505m在机场范围内，在穿越跑道处上覆土层只有5.24m厚，穿越地层主要为砂土及黏土。为减少施工难度，在穿越60m宽跑道部分，在两侧距离跑道边线外20m设置工作井，推进距离约100m，箱涵断面为22.2m×7.5m，采用管幕＋ESA工法，水平注浆法加固管幕内土体，该工程在晚上飞机休航后进行施工，如图1-19所示。

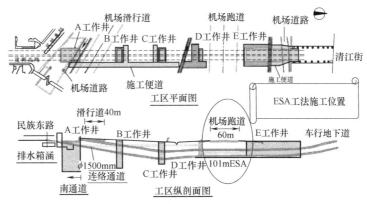

图1-19　中国台北市下穿松山机场跑道及滑行道的地下通道工程

中铁十六局于2005年采用钢管棚预支护＋箱涵顶进技术施工了北京首都国际机场下穿滑行道货运通道，箱涵宽13.7m、高6.45m，双孔，穿越段长127.5m，分南北区对顶就位，北区长86.25m，南区长41.25m。该工程施工过程中，虽然没有中断滑行道运营，但是造成了局部滑行道表面开裂，如图1-20所示。

图1-20　北京首都国际机场下穿滑行道货运通道

中国路桥集团于2006年采用管棚—箱涵顶进施工技术施工了郑州至开封快速通道下穿京港澳高速公路分离式立交工程，长52m、箱涵宽23.4m、高9.3m，如图1-21所示。

上海市第二市政工程有限公司于2005年采用ESA工法施工了上海市中环线北虹路（虹桥路—虹许路）地道，长126m，箱涵宽34m、高7.85m，如图1-22所示。

图1-21　郑开高速公路下穿京港澳高速公路分离式立交工程　　　图1-22　上海市中环线北虹路地道

上海市机械施工有限公司于2011年采用箱涵全断面双重置换技术施工了上海金山铁

路改建工程中倪家一组下立交工程，顶进段长 16.75m，箱涵为单孔，宽 6.04m、高 4.5m，如图 1-23 所示。

图 1-23　上海金山铁路改建工程中倪家一组下立交工程

第2章
明挖施工技术

2.1 明挖法基本原理

明挖法是指先从地表向下开挖基坑至设计标高，然后在预定位置由下而上建造主体结构及其采取防水措施，最后回填基坑或恢复地面的施工方法。简单地说，就是先从地面上直接挖掘再盖上钢筋混凝土层，在主体结构完成后掩土覆盖，恢复地面，是一种"开敞"式的施工方法。

明挖法是修建城市地下空间互联互通工程的常用施工方法，具有施工作业面多、速度快、工期短、易保证工程质量、工程造价低等优点。因此，在地面交通和环境条件允许的地方，应尽可能采用。

明挖法施工基坑可以分为放坡开挖基坑和有围护结构的基坑两大类。若基坑所处地面空旷，周围无需要保护的重要建（构）筑物，施工场地能够满足施工需要且不影响周边环境时，则采用放坡开挖基坑。这种开挖方法施工简便、速度快、噪声小，但是缺点也很明显，随着现在城市发展加快，越来越多的工程都面临着周边环境复杂、保护建（构）筑物繁多的局面，因此放坡开挖的应用范围也越来越小。以上海为例，上海属于软土地区，地下水位高，地质条件较为不利，而基坑工程的发展趋势是越来越深，特别是许多工程又处于繁华的闹市区，地面建筑物密集，交通繁忙，无足够场地满足放坡施工的需要，则多采用有围护结构的基坑。

2.2 明挖法施工

2.2.1 放坡开挖基坑

软土地区基坑施工中，当基坑周边环境条件允许，并且经过验算能够保证基坑边坡稳定时，可采用放坡开挖基坑。当基坑的开挖深度超过4m时，应该采用多级放坡的开挖形式。但是，一般开挖深度超过7m的基坑，不宜采用放坡开挖的形式。

放坡开挖的基坑边坡坡度应根据土层性质、开挖深度确定，各级边坡坡度不宜大于1:1.5，淤泥质土层中不宜大于1:2.0。多级放坡开挖的基坑，其坡间放坡平台宽度不宜小于3.0m，且不应小于1.5m。

放坡开挖基坑时，边坡表面常采取的护坡措施有现浇钢筋混凝土护坡面层、钢丝网水泥砂浆和钢丝网喷射混凝土等。同时，护坡面层在坡顶可与施工道路相连，坡脚可与垫层相连，增加坡面的稳定性。护坡的关键点在于基坑降排水工作，必须保持坡脚和边坡的干燥，坡顶应设置截水明沟。严禁在基坑边坡坡顶1~2m范围内堆放材料、土方和其他重物以及停置或行驶重型施工机械。当边坡有失稳迹象时，应及时采取削坡、坡顶卸荷、坡脚压载或其他有效措施。

2.2.2 有围护结构基坑

基坑围护结构体系主要的作用是抵挡坑外的土体压力，防止土体变形及位移，并防止坑外地下水的渗漏。其主要由围护桩（墙）、围檩（圈梁）及其他附属构件等组成。围护桩（墙）主要承受基坑开挖卸荷所产生的土压力和水压力，并将此压力传递到围檩（圈梁）和支撑。

软土地区的明挖法基坑有很多种围护结构形式可供采用，其施工方法、工艺和所用的施工机械也各有优劣，应根据基坑安全等级、环境保护等级、工程地质和水文地质条件、地面环境条件等，特别要考虑城市施工特点，经技术经济综合比较后确定。常见的围护结构有水泥土重力式围护墙、地下连续墙、排桩围护墙、型钢水泥土搅拌墙、板桩围护墙等多种形式。

1. 水泥土重力式围护墙

应用深层搅拌法形成的水泥土重力式围护墙，可以较充分利用水泥土的强度支撑基坑周边土体，并可利用水泥土防渗性能起到隔水作用。施工时无振动、无噪声、无污染，开挖基坑一般不需要支撑和拉锚，基坑内整洁、干燥，有利于文明施工。

但是由于水泥土重力式围护墙相比其他围护墙体，位移控制能力较弱，所以在软土地区基坑周边环境保护要求较高的情况下，若采用水泥土重力式围护墙，基坑深度应控制在5m范围以内，以降低工程的风险。

水泥土重力式围护墙的主要类型包括搅拌桩、高压喷射注浆桩等。搅拌桩根据搅拌形式的不同，可以分为双轴搅拌桩与三轴搅拌桩，分别由双轴搅拌桩机[图2-1（a）]和三轴搅拌桩机[图2-1（b）]施工形成。高压喷射注浆桩中使用最为广泛的是高压旋喷桩机，高压旋喷桩桩机如图2-1（c）所示。

(a)　　　　　　　　　(b)　　　　　　　　　(c)

图2-1　水泥土重力式围护墙施工机械

（a）双轴搅拌桩机；（b）三轴搅拌桩机；（c）高压旋喷桩机

1）水泥土搅拌桩

水泥土搅拌桩的施工主要包括测量放样、搅拌机安装就位、搅拌钻进下沉、钻头喷浆提升等工艺流程，其具体的施工工艺流程如图2-2所示。

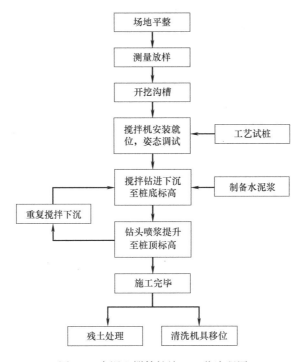

图2-2 水泥土搅拌桩施工工艺流程图

水泥土搅拌桩的施工顺序如图2-3所示。

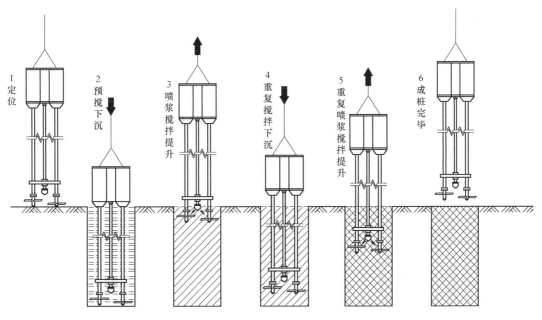

图2-3 水泥土搅拌桩施工顺序图

　　首先，根据基坑开挖边线及设计要求，确定搅拌桩位置并放线；然后，沿线挖沟槽。场地遇有地下障碍物时，利用镐头机将地下障碍物破除干净，如破除后产生过大的空洞，则需回填压实，重新开挖沟槽，确保施工顺利进行。暗浜区埋深较深，应对浜土的有机物含量进行调查，若影响成桩质量，则应清除及换土。

　　然后，根据定位铺设枕木并组装搅拌桩机，要求枕木铺设水平。在开挖的工作沟槽两侧设计定位辅助线，按设计要求在定位辅助线上画出钻孔位置。开钻前，应用水平尺将平台调平并调直机架。

　　待搅拌机的冷却水循环正常后，启动搅拌机电机，放松起重机钢丝绳，使搅拌机沿导向架搅拌切土下沉，下沉过程中不得采用冲水下沉。待搅拌机下沉到一定深度时，开始拌制水泥浆并倒入压浆机。当搅拌机下沉到设计深度时，开启注浆机，将水泥浆压入土中，边注浆边旋转，同时提升搅拌机。当搅拌机提升到设计高度时，再次下沉，进行第二次搅拌，同样进行第二次提升注浆搅拌。在施工中根据地层条件，严格控制钻头下沉速度和提升速度，确保搅拌时间。钻头每转一周提升（下沉）不得过快，最后一次提升搅拌应慢速提升。当喷浆口到达桩顶标高时，宜停止提升，搅拌数秒，以保证桩头均匀、密实。搅拌机提升出地面后，向集料斗中注入清水，开启灰浆泵，清洗压浆管道及其他所用机具，然后移位再进行下一根桩施工。

　　2）高压旋喷桩

　　高压旋喷桩具体的施工工艺流程如图2-4所示。

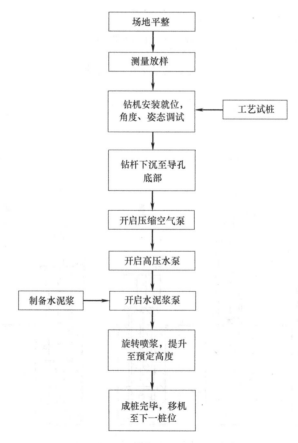

图2-4　高压旋喷桩施工工艺流程图

先进行场地平整，清除桩位处地上、地下的一切障碍物。

采用全站仪根据高压旋喷桩的里程桩号放出试验区域的控制桩；使用钢卷尺和麻线根据桩距放出旋喷桩的桩位位置，用小竹签做好标记并撒白灰标识，确保桩机准确就位。

采用起重机悬吊桩机到达指定桩位附近，利用桩机底部步履装置，缓慢移动至施工部位，由专人指挥，用水平尺和定位测锤校准桩机，使桩机水平，导向架和钻杆应与地面垂直。对不符合垂直度要求的钻杆进行调整，直到钻杆的垂直度达到要求。为了保证桩位准确，必须使用定位卡。

桩机准确就位后就可以开钻，记录好开钻时间，钻进时详细记录成孔情况、遇障碍物标高、进尺难易程度、时间及土层情况。成孔完成后移开钻机，然后旋喷机就位，将注浆管下放至设计标高。

高压旋喷桩的水泥浆液严格按试验确定的水灰比配制。搅拌灰浆时，先加水，然后加水泥，每次灰浆搅拌时间不得太短。水泥浆应在使用前1h制备，浆液在灰浆拌合机中要不断搅拌，直到喷浆前。喷浆时，水泥浆从灰浆拌合机倒入集料斗后，过滤筛，把水泥硬块剔出。水泥浆通过胶管送到旋转振动钻机的喷管内，最后射出。

旋喷作业系统的各项工艺参数都必须按照预先设定的要求加以控制，并随时做好关于旋喷时间、用浆量，冒浆情况、压力变化等的记录。喷射时，先应达到预定的喷射压力后喷浆旋转一段时间，水泥浆与桩端土充分搅拌后，再边喷浆边反向匀速旋转提升注浆管，直至设计加固桩顶标高时停止喷浆，在桩顶原位转动，保证桩顶密实、均匀。中间发生故障时，应停止提升和旋喷，以防桩体中断；同时，立即检查排除故障，重新开始，喷射注浆的孔段与前段搭接不应太短，以防止固结体脱节。

喷射施工完成后，应将注浆管等机具设备采用清水冲洗干净，以防止凝固堵塞。管内、机内不得残存水泥浆。通常，将浆液换成清水在地面上喷射，以便把泥浆泵、注浆管和软管内的浆液全部排除。

重复以上操作，进行下一根桩的施工。

2. 地下连续墙

1）现浇地下连续墙

地下连续墙被公认为深基坑工程中的最佳挡土结构，常用于对坑外周边环境的变形和地下水控制要求较严格、开挖深度较大的基坑工程，其不仅作为围护结构，有时还可兼作永久结构的一部分。

地下连续墙的优点在于墙体刚度大，隔水性好，环境影响小，满足开挖深度大的基坑围护需求，且适用于所有地层，但是地下连续墙的造价较高，也存在粉砂地层易引起槽壁坍塌和接缝渗漏等问题。必须经过技术经济比较，确定经济、合理时，才可采用地下连续墙作为基坑的围护结构。

地下连续墙的施工，首先在地面上开挖浅沟槽，施工导墙作为定位导向，在防止泥浆护壁坍塌的条件下，采用特种成槽设备开挖形成竖向深沟槽，清除槽底淤泥及渣土后向槽内放入钢筋笼；然后，利用导管向槽中从低到高逐渐浇灌水下混凝土，同时将泥浆置换出来，形成单元槽段，并逐段进行相邻槽段施工，最终形成连续的刚度极大的地下钢筋混凝土墙体，以达到抵抗墙后水土压力、挡土截水的目的。

软土地区常用的特种成槽设备主要有抓斗式和回转式两种。抓斗式成槽机（图2-5）是目前国内地下连续墙施工中应用最为广泛的设备。使用抓斗成槽，可以单抓成幅，也可以多抓成幅，常见的槽段幅宽一般为3.8～7.2m。

图2-5　抓斗式成槽机

回转式成槽机分为两类，即垂直回转式和水平回转式。垂直回转式又分为单轴和多轴两种设备，通常分别被称为"单头钻"和"多头钻"（图2-6），通过钻杆的回转带动钻头旋转，切削破碎土体，再用旋挖斗等设备挖出孔外，或采用正循环或泵吸反循环的方式排出渣土。水平回转式成槽设备主要为双轮铣成槽机(图2-7)，通过两个铣轮相向旋转成槽，利用泵吸反循环的方式将泥土转化为泥浆吸出。铣槽机能够适用于各类地层，成槽深度大、精度高，又能够直接切削混凝土，使两幅相邻槽段之间的缝隙成为锯齿形搭接，浇灌混凝土后形成止水性极佳的铣接头，可以替代地下连续墙常用的锁口管接头，因此在软土地区超深地下连续墙的施工中得到广泛应用。

图2-6　垂直多轴回转成槽机（多头钻）

图2-7　双轮铣成槽机

地下连续墙施工工艺流程如图2-8所示。

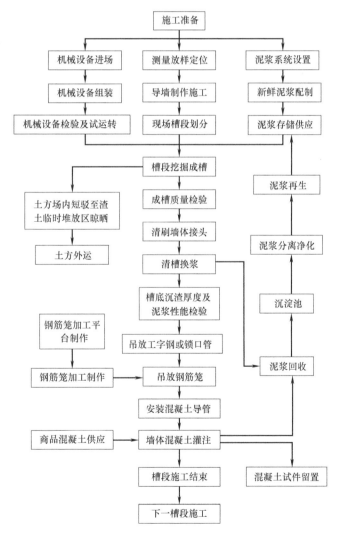

图2-8　地下连续墙施工工艺流程图

地下连续墙的施工顺序如图2-9所示。

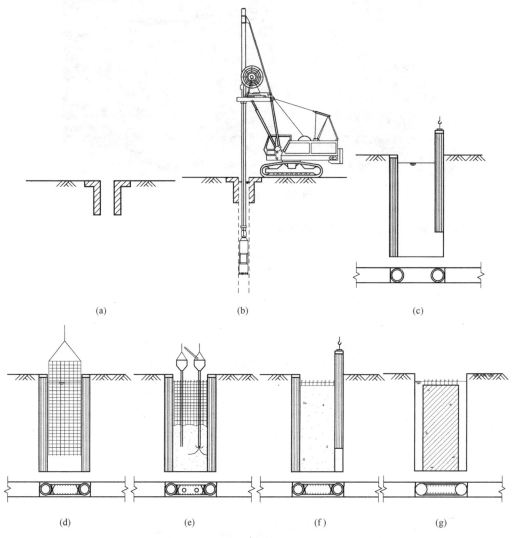

(a)　　　　　　　　　(b)　　　　　　　　　(c)

(d)　　　　　(e)　　　　　(f)　　　　　(g)

图2-9　地下连续墙施工顺序图（以抓斗式成槽机为例）

(a)开挖沟槽，制作导墙；(b)成槽；(c)安放锁口管；(d)吊放钢筋笼；(e)水下混凝土浇筑；

(f)拔出锁口管；(g)已完工的槽段

　　导墙的施工顺序为：场地平整→测量定位→挖槽及处理弃土→垫层→绑扎钢筋→支模板→浇筑混凝土→拆模及设置横撑。导墙外侧用黏土回填密实，以防止地面水从导墙背后渗入槽内，引起槽段塌方。导墙浇筑时应对称，一般按30～50m作为一个区段，进行流水施工。采用液压反铲挖掘机挖槽，人工配合修槽。模板采用标准钢模板，用槽钢固定，强度达到70%后方可拆模。模板拆除后应统一设置原木支撑，及时做好沟槽回填土工作，混凝土养护期间起重机等重型设备不应在导墙附近作业停留，以防止导墙在强度增长阶段变形破坏。导墙墙顶上用红漆标明单元槽段的编号，同时测出每幅墙顶标高，标注在施工图上。经常观察导墙的间距、整体位移和沉降并做好记录，成槽前做好复测工作。

　　泥浆应根据工程的地质情况进行配置。泥浆拌制材料优先采用膨润土，如采用黏土，应进行物理、化学分析和矿物鉴定，其黏粒含量、塑性指数、含砂量、二氧化硅与氧化铝含量比值均应符合规范的要求。泥浆具有护壁的功能，在地墙成槽时应及时灌入护壁泥浆。泥浆对挖槽施工影响很大，泥浆性能直接影响地墙成槽施工时槽壁的稳定性。泥浆的相对密度和黏度应视土质而定，遇有粉砂、细砂地层时，适当提高泥浆黏度；当地下水位较高时，可提高泥浆相对密度，但也不宜过大。护壁泥浆在循环使用中要经常测定其性能指标，施工过程中如果泥浆指标不能保证槽壁稳定，应及时对泥浆指标进行调整，对用过的浆液进行净化处理且达到指标后重复使用。

地下连续墙应根据设计图纸地墙槽段划分要求，在成槽施工前应将所施工的每一幅地下连续墙的分幅宽度标志，用红漆直接显著标在导墙顶面上，以便进行挖槽控制。挖槽施工中随时注意液压抓斗或铣槽机的垂直度，注意保持成槽设备机械头中心平面和导墙中轴平面重合，机械头入槽、出槽应慢速、稳当，根据成槽机械仪表及垂直度情况及时纠偏，确保开挖槽壁面的垂直度和水平位置精度。成槽前必须对上道工序进行检查，合格后方可进行下道工序。严格控制垂直度和泥浆液面。成槽机掘进速度不宜过快，以防槽壁失稳。当挖至槽底3m左右时，用测绳测深，以防止超挖和少挖。成槽后，大型机械设备尽量不在槽段边缘行走，以确保槽壁稳定。

根据施工场地的实际情况搭设钢筋笼制作平台，现场加工钢筋笼，平台常采用槽钢制作。为便于钢筋放样布置和绑扎，在平台上根据设计的钢筋间距、预埋件及钢筋接驳器的设计位置画出控制标记，以保证钢筋笼和各种埋件的布设精度。

钢筋笼宜一次制作和整体吊放，采用双机抬吊的方式吊装，如图2-10所示。主钩起吊钢筋笼顶部，副钩起吊钢筋笼中部，多组葫芦主副钩同时工作，使钢筋笼缓慢吊离地面，并改变笼子的角度，逐渐使之垂直，吊车将钢筋笼移到槽段边缘，对准槽段按设计要求位置缓缓入槽并控制其标高。钢筋笼放置到设计标高后，利用槽钢制作的扁担搁在导墙上。钢筋笼吊放入槽时，不允许强行冲击入槽，同时注意钢筋笼基坑面与迎土面，严禁反放。

图2-10 钢筋笼双机抬吊

一字形、L形槽段的钢筋笼起吊方式分别如图2-11和图2-12所示。

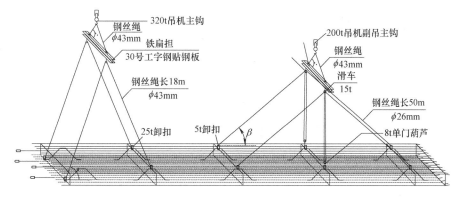

图2-11 一字形钢筋笼起吊示意图

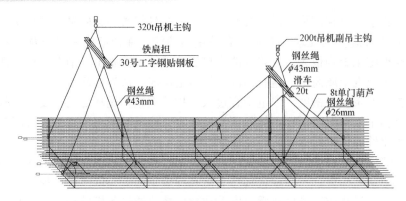

图2-12　L形钢筋笼起吊示意图

水下混凝土浇筑采用导管法施工，导管选用圆形螺旋快速接头型，导管距槽端部不宜大于1.5m。用吊车将导管吊入槽段规定位置，导管顶端上安放方形浇灌漏斗。在导管吊放时应避免碰撞插筋和接驳器。在混凝土浇筑前要测试混凝土的坍落度，并按每幅地下连续墙做2组抗压试块和1组抗渗试块。导管插入到离槽底标高300~500mm方可浇筑混凝土，浇筑混凝土前应在导管内临近泥浆面位置安设好混凝土隔水球。检查导管的安装长度，并做好记录。每车混凝土测一次混凝土面上升高度并填写记录，导管插入混凝土的深度应保持在2~6m。为了保证混凝土在导管内的流动性，防止出现混凝土夹泥的现象，槽段混凝土面应均匀上升且连续浇筑，导管间的混凝土面高差不宜大于50cm。混凝土泛浆高度为30~50cm，以保证墙顶混凝土强度满足设计要求。

2）预制地下连续墙

现浇地下连续墙工艺应用在市中心狭小区域施工时会显得有些捉襟见肘，其尚存在一些问题，如现浇墙体混凝土成墙质量较难控制——因墙体夹泥、露筋导致浇筑混凝土后内部存在空洞或缝隙，成为渗漏水的通道；因槽壁坍塌造成的"大肚皮"等现象，对墙体质量及后续基坑开挖有极大影响；槽段接头处整体性欠佳，易发生渗漏；施工周期相对较长，对地面交通有一定影响。这些问题会制约现浇地下连续墙在城市中心城区的应用，特别是类似医院、科研中心这样对环境、噪声、振动等非常敏感的建（构）筑物附近，施工现场高频率电焊作业产生光污染、超大型机械设备高频运作制造噪声、基坑渗漏水引起周边建（构）筑物破坏等危害影响极大，常规施工方法与工艺难以胜任。

因此，为满足城市建设发展需求，特别是既有城区改造完善，新型的围护施工工艺——预制地下连续墙得到了长足的发展与应用，如图2-13所示。

这是一种具有工厂化生产、现场装配式特点的预制式地下连续墙。与现浇地下连续墙相比，其工程质量更易控制，预制地下连续墙在工厂预制，其混凝土浇筑质

图2-13　预制地下连续墙吊装

量完全可以得到保证，墙面的平整度和渗漏问题可控，而且预制墙板由于采用空心截面形式，在满足构件刚度要求的前提下，可以大幅减少混凝土用量，并省去钢筋笼吊装时防止变形的构造钢筋，减轻构件自重，又无须考虑水下混凝土浇筑不可避免的充盈损耗，避免了基坑开挖过程中混凝土的凿除工作，符合现代社会倡导的节约环保的要求。预制地下连续墙场外制作，不占用施工工期；成槽完成后即可连续吊放墙段，无须养护，施工速度大大加快；同时，现场施工工序减少，缩短了施工周期。并且，它能起到很好的止水防渗作用，墙体和接缝质量更好，可直接作为地下室的外墙，无须施工另一道内衬墙，实现"两墙合一"，这既节约材料又提高了地下空间的利用率。

预制地下连续墙的施工方法与现浇地下连续墙类似，同样是测量放样、导墙施工、利用泥浆护壁成槽，区别在于地下连续墙直接吊运入槽，下沉到位后进行接头桩的施工，常采用的形式有树根桩等，最后，进行墙趾注浆施工，确保止水、防渗可靠。

3. 排桩围护墙

排桩围护墙是基坑工程中较为传统且应用较为广泛的围护结构之一，主要有钻孔灌注桩、旋挖桩等形式的钢筋混凝土桩。钻孔灌注桩之间的桩缝需施工旋喷桩、水泥土搅拌桩等止水帷幕，并配合降水一起使用，如图2-14（a）所示。当施工场地较为狭窄，无法同时设置排桩和止水帷幕时，可采用咬合桩的形式，形成可起到止水作用的排桩围护墙，如图2-14(b)所示。

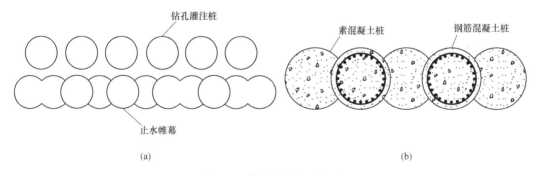

图2-14 排桩围护墙示意图
(a)钻孔灌注桩+止水帷幕；(b)咬合桩

明挖法基坑的钻孔灌注桩围护多采用正、反循环钻机进行成孔施工。由于正、反循环钻机采用泥浆护壁成孔，故成孔时噪声低，适用于城区施工，在地铁及地下通道基坑和建筑基坑施工中得到广泛应用。

钻孔灌注桩的施工工艺流程如图2-15所示。

钻孔灌注桩施工前应试成孔，且数量不得少于2个。成孔须一次完成，中间不得间断。成孔完毕至灌注混凝土的间隔时间不得大于24h。为保证孔壁的稳定，应根据地质情况和成孔工艺配制不同的泥浆。成孔完成后，应对孔深、孔径、垂直度、沉浆浓度、沉渣深度等测试检查，确认符合要求后，方可进行下一道工序施工。

灌注混凝土前，应进行清孔，通常清孔应分两次进行，第一次清孔在成孔完毕后立即进行，第二次清孔在下放钢筋笼和灌注混凝土导管安装完毕后进行。常用的清孔方式有正循环清孔、泵吸反循环清孔和空气升液反循环清孔，通常随成孔时采用的循环方式而定。清孔时先将钻头稍作提升，然后通过不同的循环方式排除孔底沉积的淤泥，同时不断注入洁净的泥浆水，用于降低桩孔泥浆水中的泥渣含量。清孔过程中应测定沉浆指标。清孔后的泥浆相对密度应小于1.15。清孔结束时应测定孔底沉淤厚度，一般应小于30cm。第二次清孔结束后孔内应保持水头高度，并应在30min内完成混凝土灌注。若超过30min，灌注混凝土前应重新测定孔底沉淤厚度。

钢筋笼宜分段制作。分段长度应按钢筋笼的整体刚度、来料钢的长度及起重设备的有效高度等因素确定。钢筋笼在起吊、运输和安装中，应采取措施防止变形。

混凝土是确保成桩质量的关键工序，灌注前应做好一切准备工作，保证混凝土灌注连续、紧凑地进行。钻孔灌注桩排桩要特别注意孔壁护壁问题。当桩距较小时，由于通常采用跳孔法施工，当桩孔出现坍塌或扩径较大时，会导致两根已施工的桩之间插入后施工的桩时发生成孔困难，必须把该根桩向排桩轴线外移才能成孔。一般而言，柱列式排桩的净距不宜小于0.2m。

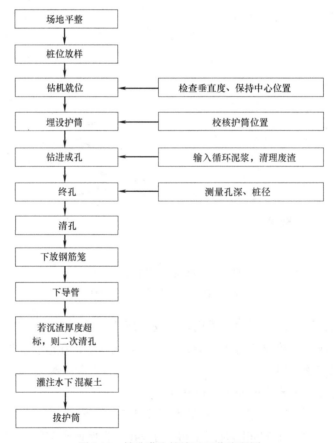

图2-15 钻孔灌注桩施工工艺流程图

4. 型钢水泥土搅拌墙

型钢水泥土搅拌墙是利用水泥土搅拌设备就地切削土体，注入水泥类混合液，搅拌形成均匀的止水挡墙，最后，在水泥土浆液还未硬化时插入H型钢，形成一种劲性复合截水围护结构，常被称为SMW（Soil Mixed Wall）工法。

这种围护结构的特点主要表现在止水性好，构造简单，型钢插入深度一般小于搅拌桩深度，施工速度快，型钢可以部分回收、重复利用。

型钢水泥土搅拌墙是基于深层水泥土搅拌桩施工工艺发展起来的，目前工程上常用的有双轴搅拌桩和三轴搅拌桩。它是用搅拌桩机将水泥、石灰等和地基土相拌和，从而达到加固地基的目的，通过连续搭接布置形成止水帷幕。

型钢水泥土搅拌墙具体的施工工艺流程如图2-16所示。

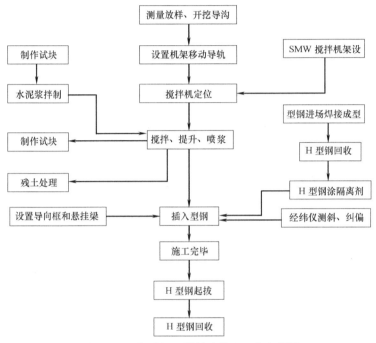

图2-16 型钢水泥土搅拌墙施工工艺流程图

型钢水泥土搅拌桩施工完毕后，吊机应立即就位，准备吊放H型钢。H型钢的常规布置形式有密插型、插二跳一和插一跳一三种，如图2-17所示。H型钢应预涂减摩剂，以便回收。

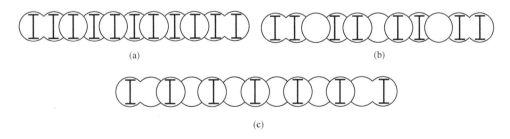

图2-17 H型钢布置形式
（a）密插型；（b）插二跳一；（c）插一跳一

起吊前，在H型钢顶端开一个中心孔，装好吊具和固定钩，然后用吊机起吊H型钢，必须保持垂直。在槽沟定位型钢上设H型钢定位卡固定，定位卡必须牢固、水平，然后将

H型钢底部中心对正桩位中心并沿定位卡徐徐垂直插入水泥土搅拌桩体内，用线坠或经纬仪控制垂直度。当H型钢插放到设计标高时，用吊筋将H型钢固定。待水泥土搅拌桩硬化到一定程度后，将吊筋与槽沟定位型钢撤除。

5. 板桩围护墙

用作围护结构的板桩主要有拉森钢板桩、预制钢筋混凝土板桩等。围护墙之间同样需要设置止水措施。

板桩围护墙的优点在于成品制作，可反复使用，经济性好且施工简便；缺点在于接缝处止水性能较差，需增加防水措施，仅适用于开挖深度较小的基坑。

板桩围护墙的施工方式主要有冲击式、振动式和压入式三种。冲击式打桩机打桩时，施工噪声一般都在100dB以上，大大超过环境保护法规定的限值。因此，这种围护结构一般用于郊区的基坑施工中，城市中不适宜使用。在软土地区的饱和淤泥等地层中多采用振动打桩机和静力压桩机进行成桩。振动打桩机的原理是将机器产生的垂直振动传给桩体，导致桩周围的土体结构因振动而降低强度。静力压桩机特别适用于黏土，在硬土地区可采用辅助措施沉桩。静力压桩机一般以液压驱动，从先前沉入的一片或多片板桩获得反作用力，如图2-18所示。

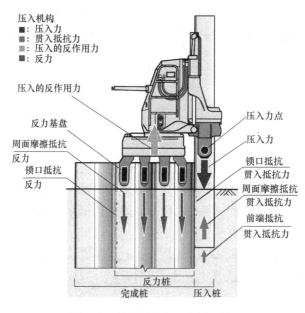

图2-18　静力压桩机工作原理图

随着装备技术的发展，装备企业推出了免共振锤施工机械，如图2-19所示。免共振锤在施工时通过高频振动将土体液化，再把桩体压入土壤中。由于其振动频率大于土体共振频率，因此不会与土体发生共振效应，对土也无挤土效应，也不损伤周围建筑和已有桩基。同时，也不会在施工过程中会产生大量泥浆。插打桩体施工中基本不扰民，还能大大提高桩体施工的质量和效率，适用于敏感地基、管线众多、紧邻居民的闹市区等中心城区。

图2-19　免共振锤施工机械

2.2.3　土体加固施工

明挖法基坑中的土体加固主要有坑内土体加固和围护体接缝及外侧土体加固两类。

坑内土体加固一般是对基坑内被动区土体进行加固。基坑开挖时，由于坑内开挖卸荷，造成围护结构在内外压力差作用下产生水平位移，进而引起围护外侧土体的变形，造成基坑外地表或建（构）筑物的沉降；同时，开挖卸荷也会引起坑底土体隆起。采用水泥土搅拌法、高压喷射注浆法、注浆法或其他方法对坑底的地基土掺入一定量的固化剂使土体固结，以提高土体的强度和土体的侧向抗力，并增加地基承载能力，减少围护结构位移，以保证围护、地表、邻近建（构）筑物不致发生超过允许的沉降和侧向位移，对基坑变形和坑底稳定进行有效控制。加固形式主要有抽条加固、裙边加固及两者相结合的形式。

随着基坑深度的不断增大，地下水，尤其是承压水对基坑安全的影响也越来越大，国内出现了多次由于围护体接缝渗漏所导致的基坑事故，因此需要对围护体接缝或围护外土体进行封闭加固，形成可靠的防水保障或止水帷幕。

1. 常见加固方法

1）注浆法

注浆法多用于坑内局部深坑的周边土体加固。

注浆法是利用液压、气压或电化学原理，通过注浆管把浆液均匀地注入地层中，浆液以填充、渗透和挤密等方式，赶走土颗粒间或岩石裂隙中的水分和空气后占据其位置，经人工控制一定时间后，浆液将原来松散的土粒或裂隙胶结成一个整体，形成一个结构新、强度大、防水性能好和化学稳定性良好的"结石体"。

2）水泥土搅拌法

水泥土搅拌法适用于加固饱和黏性土和粉土等地基。它利用水泥（或石灰）等材料作为固化剂，通过特制的搅拌机械，就地将软土和固化剂（浆液或粉体）强制搅拌，使软土硬结成具有整体性、水稳性和一定强度的水泥加固土，从而提高地基土强度。目前，水泥土搅拌机械在国内常用的有双轴、三轴及多轴搅拌机，见2.2.2节。

水泥土搅拌法既可用于坑内土体加固，也可作为地下连续墙两侧的槽壁加固，保证成槽时的槽壁稳定。但是，水泥土搅拌法因其极佳的止水效果而常应用于围护体外侧的止水帷幕。基坑工程通过在围护体外侧设置止水帷幕截断地下水的渗流路径，减弱坑内与坑外地下水的水力联系。止水帷幕的厚度应满足基坑防渗要求。当基坑的环境保护等级为一、二级时，止水帷幕底端应进入隔水层。

3）高压喷射注浆法

高压喷射注浆法的应用范围同样也很广，不但可用于坑内局部土体加固或裙边加固、围护体外侧土体加固等，更重要的是可用于围护体接缝处的止水加固，常为"品"字形排列。

高压喷射注浆法使用的压力大，因而喷射流的能量大、速度快。当它连续和集中地作用在土体上，压应力和冲蚀等多种因素便在很小的区域内产生效应，对从粒径很小的细粒土到含有颗粒直径较大的卵石、碎石土，均有巨大的冲击和搅动作用，使注入的浆液和土拌和凝固为新的固结体。实践表明，这种方法对淤泥、淤泥质土、流塑或软塑黏性土、粉土、砂土、黄土、素填土和碎石土等地基都有良好的处理效果。

2. 新型加固方法

随着基坑的深度越来越大，周边环境越来越复杂，新型超深止水帷幕施工技术及配套机械也逐渐涌现并日益成熟，在软土地区基坑施工中得到了越来越多的应用。下面介绍四种新型土体加固方法。

1）MJS工法

MJS（Metro Jet System）工法即全方位高压喷射注浆法，在传统高压喷射注浆工艺的基础上，采用了独特的多孔管和前端装置，实现了孔内强制排浆和地内压力监测，并通过调整强制排浆量来控制地内压力，大幅度减少对环境的影响，而地内压力的降低也进一步保证了成桩直径，常用于超深基坑坑内土体加固，如图2-20和图2-21所示。

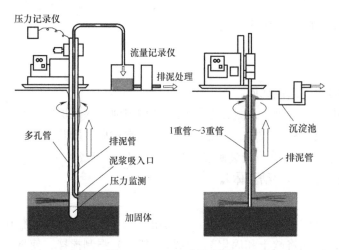

图2-20　MJS工法原理图

图2-21　MJS工法设备

MJS工法可以进行水平、倾斜、垂直各方向、任意角度的施工，特别是其特有的排浆方式，使得在富水土层、需进行孔口密封的情况下进行水平施工变得安全可行。

MJS工法使用单喷嘴喷射，喷射流能量大，作用时间长，再加上稳定的同轴高压空气的保护和对地内压力的调整，使得MJS工法成桩直径较大，可以达到2～2.8m。由于直接采用水泥浆液进行喷射，其桩身质量较好，强度指标大于1.5MPa。

传统高压喷射注浆工艺产生的多余泥浆是通过土体与钻杆的间隙，在地面孔口处自然排出。这样的排浆方式往往造成地层内压力偏大，导致周围地层产生较大变形、地表隆起。同时在加固深处的排泥比较困难，造成钻杆和高压喷射枪四周的压力增大，往往导致喷射效率降低，影响加固效果及可靠性。MJS工法通过地内压力监测和强制排浆的手段，对地内压力进行调控，可以大幅度较少施工对周边环境的扰动，并保证超深施工的效果。

2）RJP工法

RJP（Rodin Jet Pile）工法即超高压喷射注浆法，主要是利用上段超高压（压力可达50MPa）水与压缩空气喷射流体先行切削土体，再利用下段超高压（压力可达40MPa）水泥浆液与压缩空气喷射流体接力扩大切削土体，并使被破坏的土颗粒与硬化材料混合搅拌，形成大直径水泥土加固桩体，常用于大直径超深土体加固与深基坑围护体接缝止水加固，如图2-22和图2-23所示。

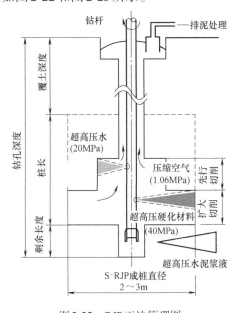
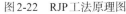

图2-22　RJP工法原理图　　　　　　　图2-23　RJP工法设备

RJP工法可以实现大深度地基的改良，成桩最大深度可达到80m，桩径较大的同时确保桩体的质量良好，并且可以根据工程实际需要形成扇柱状的改良体，即加固范围在5°～360°之间可以自由选择。施工过程中，可以随时改变旋喷参数来控制固结体的大小，提高成桩质量。由于成桩过程中两次切削土体，可以确保土粒和浆液搅拌均匀。

3）TRD工法

TRD（Trench cutting Re-mixing Deep wall method）工法即等厚水泥土连续墙工法，常作为超深止水帷幕对超深基坑围护外侧土体进行加固，如图2-24和图2-25所示。

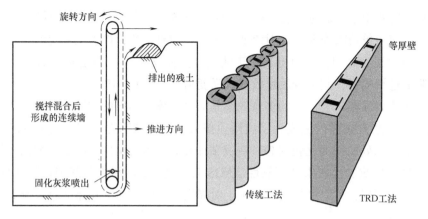

图 2-24　TRD 工法原理图

图 2-25　TRD 工法设备

　　TRD 工法将水泥土连续墙的搅拌方式由传统的垂直轴螺旋钻杆水平分层搅拌改变为水平轴锯链式切割箱沿墙深垂直整体搅拌。其基本原理是利用链锯式刀具箱竖直插入地层中，然后做水平横向运动，同时由链条带动刀具做上下的回转运动，搅拌混合原土并灌入水泥浆，形成一定厚度的墙体。其主要特点是成墙连续、表面平整、厚度一致、墙体均匀性好、止水性高。

　　4）CSM 工法

　　CSM（Cutter Soil Mixing）工法即铣削式水泥土搅拌墙法，同样常作为超深止水帷幕得到应用，如图 2-26 和图 2-27 所示。

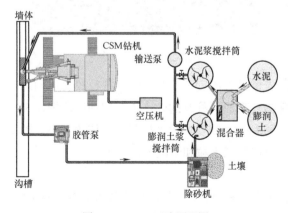

图 2-26　CSM 工法原理图

CSM 工法源于双轮铣技术，是结合现有液压铣槽机和深层搅拌技术进行创新的新技术。通过对施工现场原位土体与水泥浆进行搅拌，可以用于型钢水泥土墙、止水帷幕等工程。CSM 工法的原理是在钻具底端配置两个铣轮，两个铣轮以竖直轴向旋转搅拌方式，通过下沉成槽和提升成墙，竖向强制性切削松化土体，同时注入水泥、水，混合搅拌形成矩形的改良土体，必要时可添加膨润土和外加剂。

图2-27　CSM工法设备

2.2.4　降排水施工

近年来，软土地区的基坑开挖深度越来越深，规模越来越大，而基坑安全与地下水是息息相关的。对于城市区域的基坑而言，基坑降排水已成为必不可少的施工措施之一。

为了减少地下水对基坑开挖的影响，保证土方开挖在干燥条件下进行，常用的控制措施主要有两种：一种是直接排水；另一种是通过抽取地下水，降低地下水位。其中，依据抽水类型的不同，后者又分为疏干降水和减压降水。

在城市建设过程中，由于软土地区多含富水地层，目前因降排水不当造成的工程事故仍时有发生，需对基坑降排水施工技术不断地进行改进。

1. 直接排水

地下工程排水常用的方法是集水明排。基坑开挖深度较小时，一般采用排水沟和集水井进行集水明排。

集水明排一般可以采用以下方法：

（1）基坑外侧设置由集水井和排水沟组成的地表排水系统，避免坑外地表明水流入基坑内。多级放坡开挖时，可在分级平台上设置排水沟。

（2）基坑内宜设置排水沟、集水井和盲沟等，以疏导基坑内明水。集水井中的水应采用抽水设备抽至地面。盲沟中宜回填级配砾石作为滤水层。排水沟、集水井尺寸应根据排水量确定，抽水设备应根据排水量大小及基坑深度确定，可设置多级抽水系统。集水井尽可能设置在基坑阴角附近。

2. 疏干降水

疏干降水的目的是将基坑内部已经被围护体隔离起来的、开挖深度范围内的上层滞水或潜水进行疏干，有效降低被开挖土体的含水量，达到提高开挖稳定性、增加坑内土体的固结强度、便于机械挖土及提供坑内干作业施工条件等诸多目的。当开挖深度较大时，疏干降水涉及微承压与承压含水层上段的局部疏干降水。

当基坑周边设置隔水帷幕来隔断基坑内外含水层之间的地下水水力联系时，一般采用坑内疏干降水，其类型为封闭型疏干降水。当基坑周边未设置隔水帷幕、采用大放坡开挖时，一般采用坑内与坑外疏干降水，其类型为敞开型疏干降水。当基坑周边隔水帷幕深度不足、仅部分隔断基坑内外含水层之间的地下水水力联系时，一般采用坑内疏干降水，其类型为半封闭型疏干降水。

常用疏干降水方法一般包括轻型井点（含多级轻型井点）降水、喷射井点降水、电渗井点降水、管井降水（管材可采用钢管、混凝土管、PVC硬管等）、真空管井降水等方法。可根据工程场地的工程地质与水文地质条件及基坑工程特点，选择针对性较强的疏干降水方法，以求获得较好的降水效果。

3. 减压降水

在大多数自然条件下，软土地区的承压水压力与其上覆土层的自重应力相互平衡或小于上覆土层的自重应力。当基坑开挖到一定深度后，导致基坑底面下的土层自重应力小于下伏承压水压力，承压水将会冲破上覆土层涌向坑内，坑内发生突水、涌砂或涌土，即形成所谓的基坑突涌。基坑突涌往往具有突发性质，导致基坑围护结构严重损坏或倒塌、坑外大面积地面下沉或塌陷、危及周边建（构）筑物及地下管线的安全、施工人员伤亡等。

在深基坑工程施工中，必须十分重视承压水对基坑稳定性的重要影响。由于基坑突涌的发生是承压水的高水头压力引起的，所以通过承压水减压降水可降低承压水位（通常也称为"承压水头"），以达到降低承压水压力的目的，这已成为最直接、最有效的承压水控制措施。

减压降水主要分为两类，一类是坑内减压降水，另一类则是坑外减压降水。当止水帷幕进入承压含水层的深度为该层层厚的一半以上，或已穿过承压含水层并进入承压含水层以下的隔水层中时，意味着止水帷幕已经形成有效截水边界，则仅需要对坑内的承压水进行减压降水。当止水帷幕底端未进入承压含水层或进入该层的长度有限，未能完全截断基坑内外承压含水层之间的水力联系，则需选择坑外减压降水。当然，当基坑的现场实际条件无法满足选用条件时，可综合考虑地质水文情况、施工条件和周边保护要求等，合理选择坑内、坑外组合降水。

减压降水最重要的原则是"按需减压降水"，一般不允许或不提倡超降。当含承压水地层的上层或下层隔水层被打穿或被破坏后，容易给后续施工或邻近工程施工带来威胁。

2.2.5 土方开挖及支撑施工

1. 土方开挖

基坑开挖前应根据工程地质与水文地质资料、结构和支护设计文件、环境保护要求、施工场地条件、基坑平面形状、基坑开挖深度等，遵循"分层、分段、分块、对称、平衡、限时"和"先撑后挖、限时支撑、严禁超挖"的原则编制基坑开挖施工方案。基坑开挖施工方案应履行审批手续，并按照有关规定进行专家评审论证。

基坑周边、放坡平台的施工荷载应按照设计要求进行控制，一般设计的允许荷载为20kN/m²，有特殊要求的区域可以通过增大围护体的强度或范围适当提高。同时，基坑开挖的土方不应在邻近建筑及基坑周边影响范围内堆放，并应及时外运。

基坑开挖应采用全面分层开挖或台阶式分层开挖的方式，分层厚度按土层确定，开挖过程中的临时边坡坡度按计算确定。当采用机械挖土时，坑底以上200~300mm范围内的土方应采用人工修底的方法挖除，严禁超挖。

在整个开挖过程中，最关键的一点是基坑开挖至坑底标高后必须立刻完成垫层及底板浇筑施工，大部分基坑事故都是由于不及时浇筑垫层及底板所导致的。

基坑开挖深度范围内有地下水时，应采取有效的降水与排水措施，确保地下水在每层土方开挖面以下50cm，严禁有水挖土作业。

1）开挖方式

软土地区常用的开挖方式主要有两种——盆式开挖及岛式开挖。

先开挖基坑中部的土方，挖土过程中在基坑中部形成类似盆状的土体，然后再开挖基坑周边的土方，这种挖土方式通常称为盆式开挖，如图2-28所示。盆式开挖由于保留了基坑周边的土方，减小了基坑围护墙暴露的时间，对控制围护墙的变形和减小周边环境的影响较为有利，而基坑中部的土方可在支撑系统养护阶段进行开挖。盆式开挖一般适用于周边环境保护要求较高或支撑布置较为密集的基坑，或采用竖向斜撑的基坑。

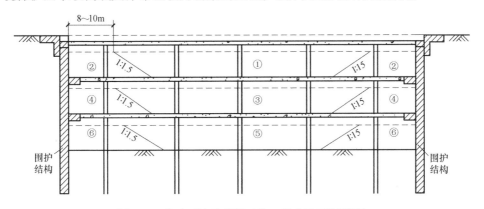

图2-28 盆式开挖示意图（①～⑥表示开挖顺序）

开挖基坑周边的土方，挖土过程中在基坑中部形成类似岛状的土体，再开挖基坑中部的土方，这种挖土方式通常称为岛式开挖，如图2-29所示。岛式开挖可在较短时间内完成基坑周边土方开挖及支撑系统施工，这种开挖方式对基坑变形控制较为有利。基坑中部大面积无支撑空间的土方开挖较为方便，可在支撑系统养护阶段进行开挖。岛式开挖适用于支撑系统沿基坑周边布置且中部留有较大空间的基坑。边桁架与角撑相结合的支撑体系、圆环形桁架支撑体系、圆形围檩体系的基坑采用岛式土方开挖较为典型。

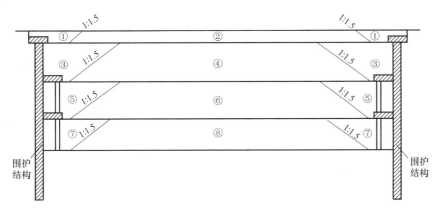

图2-29 岛式开挖示意图（①～⑧表示开挖顺序）

狭长形基坑，如地下通道等明挖基坑工程，应根据狭长形基坑的特点，选择合适的斜面分层分段挖土方法。采用斜面分层分段挖土方法时，一般以支撑竖向间距作为分层厚度，斜面可采用分段多级边坡的方法，多级边坡间应设置安全加宽平台，加宽平台之间的土方边坡一般不应超过二级；各级土方边坡坡度一般不应大于1:1.5，斜面总坡度不应大于1:3。狭长形基坑的第一道支撑采用钢筋混凝土支撑，其余支撑采用钢支撑的形式，在上海等软土地区被广泛应用，实践证明采用这种方式对基坑整体稳定是行之有效的。对于第一道钢筋混凝土支撑底部以上的土方，如图2-30所示，可采取不分段连续开挖的方法，待钢筋混凝土支撑强度达到设计要求后再开挖下层土方；下层土方应采取斜面分层分段开挖的方法。

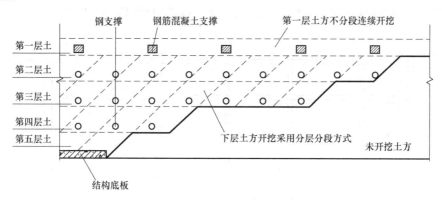

图2-30　第一道支撑采用钢筋混凝土支撑的基坑斜面分层分段开挖方法

狭长形基坑在平面上可采取从一端向另一端开挖的方式，也可采取从中间向两端开挖的方式。从中间向两端开挖方式一般适用于长度较长的基坑，或为加快施工速度而增加挖土工作面的基坑。分层分段开挖方法可根据支撑形式合理确定，以第一道为钢筋混凝土支撑，其余各道为钢支撑的狭长形基坑为例，基坑边界面斜面分层分段开挖方法如图2-31所示。

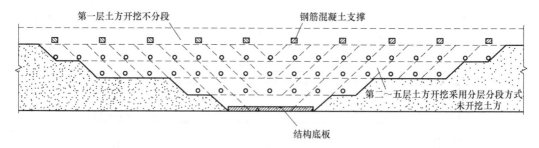

图2-31　从中间向两端开挖的狭长形基坑边界面斜面分层分段土方开挖方法

2）纵向放坡

明挖法地下通道的基坑通常为长条形基坑，在开挖过程中应着重关注纵向放坡。坑内纵向放坡是动态的边坡，在基坑开挖过程中不断变化，其安全性在施工时往往被忽视，非常容易产生滑坡事故。纵向边坡一旦坍塌，就可能冲断横向支撑并导致基坑挡墙失稳，酿成灾害性事故。

上海等软土地区曾多次发生纵向滑坡的工程事故，分析原因大都是由于坡度过陡、雨期施工、排水不畅、坡脚扰动等引起。应编制开挖方案，慎重确定放坡坡度。在施工期间，特别是雨天必须制定监护与保护措施。上海等地软土地区施工经验表明，降雨可能使土坡的安全系数大幅降低，应严密监护，做好坡面的保护工作，必要时可事先在放坡处加固土体，严防土坡失稳。

基坑纵向放坡较大处，往往是坑外地表纵向差异沉降较大处，土坡越缓，沉降曲线就越平缓。因此，若在土坡附近有需保护的建筑或管线，应减缓该处坡度，以减小管线弯曲和建筑物的差异沉降。

3）施工设备

用于基坑开挖的施工机械设备一般为履带式挖掘机，它可分为反铲挖掘机、正铲挖掘机、抓铲挖掘机、拉铲挖掘机等，如图2-32所示。

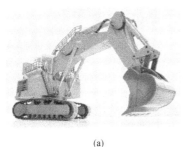  

(a)　　　　　　　　　　　(b)　　　　　　　　　　　(c)

图2-32　基坑开挖机械设备
(a)反铲挖掘机；(b)正铲挖掘机；(c)抓铲挖掘机

反铲挖掘机是应用最为广泛的土方挖掘机械，具有操作灵活、回转速度快等特点。近年来反铲挖掘机市场飞速发展，挖掘机的生产向大型化、微型化、多功能化、专用化的方向发展。基坑土方开挖可根据实际需要，选择普通挖掘深度的挖掘机，也可以选择较大挖掘深度的接长臂、加长臂或伸缩臂挖掘机等。

反铲挖掘机每一挖掘作业循环包括挖掘、回转、卸土和返回四个过程。反铲挖掘机停在土方作业面上，挖掘时将铲斗向前伸出，动臂带着铲斗落在挖掘处，铲斗向着挖掘机方向转动，挖出一条弧形挖掘带，此时铲斗装满土方，然后铲斗连同动臂一起升起，上部转台带动铲斗及动臂回转到卸土处，铲斗向前伸出，斗口朝下进行卸土，卸土后将动臂及铲斗回转并下放至挖掘处，准备下一循环的挖掘作业。

基坑内分层多机挖土，一般采用接力挖土的方式。该方式可实现多层土方流水作业，即可由多台挖掘机进行接力挖土，每台挖掘机负责自身所停放一层土方的挖取工作，并卸土至上一层，如图2-33所示。

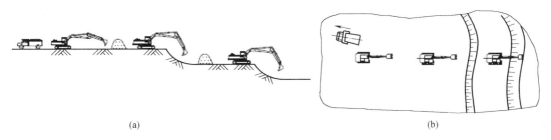

(a)　　　　　　　　　　　　　　　　　　　　　(b)

图2-33　坑内分层多机挖土方法
(a)剖面；(b)平面

基坑定点挖土与坑中挖掘机配合挖土适用于开挖较深的基坑。这种方法是基坑土方工程中应用最为广泛的方法，为明挖法基坑工程所普遍采用。该方法一般采用中小型挖掘机进行土方开挖，同时由其他的挖掘机在坑内进行水平驳运，并由停放在基坑边或基坑栈桥上的定点挖掘机将土方卸料至运输车辆并外运，如图2-34所示。

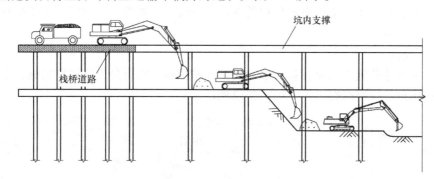

图2-34　定点挖土与基坑内挖掘机配合挖土方法

4）基坑开挖注意事项

支护结构或基坑周边环境出现下列的报警情况或其他险情时，应立即停止土方开挖：

（1）支护结构位移达到设计规定的位移限值。

（2）支护结构位移速率增长且不收敛。

（3）支护结构构件的内力超过其设计值。

（4）基坑周边建（构）筑物、道路、地面的沉降达到设计规定的沉降、倾斜限值；基坑周边建（构）筑物、道路、地面开裂。

（5）支护结构构件出现影响整体结构安全性的损坏。

（6）基坑出现局部坍塌。

（7）开挖面出现隆起现象。

（8）基坑底部、侧壁出现流沙、管涌或渗漏等现象。

此外，基坑出现险情停止开挖后，应根据危险产生的原因和可能发生的进一步的破坏形式，采取控制或加固措施。危险消除后，方可继续开挖。必要时，应对危险部位采取基坑回填、地面卸土、临时支撑等应急措施。当危险由地下水管道渗漏、坑体渗水造成时，应及时采取截断渗漏水源、疏排渗水等措施。

2. 支撑施工

支撑的总体施工原则为，土方开挖的顺序、方法必须与设计工况一致，并遵循"先撑后挖、限时支撑、分层开挖、严禁超挖"的原则进行施工，尽量减小基坑无支撑暴露时间和空间。同时应根据基坑工程等级、支撑形式、场内条件等因素，确定基坑开挖的分区及其顺序。宜先开挖周边环境要求较低的一侧土方，并及时设置支撑。环境要求较高一侧的土方开挖，宜采用抽条对称开挖、限时完成支撑或垫层的方式。

基坑开挖应按支护结构设计，降排水要求等确定开挖方案，开挖过程中应分段、分层、随挖随撑、按规定限时完成支撑的施工，做好基坑排水，减少基坑暴露时间。基坑开挖过程中，应采取措施防止碰撞支护结构、工程桩或扰动原状土。支撑的拆除过程中，必须遵循"先换撑、后拆除"的原则进行施工。

在基坑的施工支护结构中，常用的支撑系统按其材料可分为现浇钢筋混凝土支撑体系和钢支撑体系两类。现浇钢筋混凝土支撑体系由围檩（圈梁）、支撑及角撑、立柱和围檩托架或吊筋、托架锚固件等其他附属构件组成。钢结构支撑（钢管、型钢支撑）体系通常为装配式，由围檩、角撑、支撑、预应力设备（包括千斤顶自动调压或人工调压装置）、轴力传感器、支撑体系监测监控装置、立柱桩及其他附属装配式构件组成。

1）现浇钢筋混凝土支撑

其截面形式通常为矩形，可根据断面要求确定截面尺寸。布置形式有对撑、边桁架、环梁结合边桁架等，形式灵活多样。特点为刚度大，安全可靠性强，但支撑浇筑和养护时间长，围护结构处于无支撑的时间长，施工周期较长，且拆除困难。

2）钢支撑

其截面形式通常为圆钢管、工字钢、H型钢、槽钢及以上型钢的组合形式。竖向布置形式有水平撑、斜撑；平面布置形式一般有对撑、井字撑、角撑等。特点为装拆方便，可循环使用，支撑中可施加预应力，可有效控制围护墙变形，但施工要求较高，如节点处理不当，易造成失稳。

上述两种支撑的区别见表2-1。

两种支撑的区别   表2-1

材料	截面形式	布置形式	特点
现浇钢筋混凝土	可根据断面要求确定断面形状和尺寸	有对撑、边桁架、环梁结合边桁架等，形式灵活多样	混凝土硬结后刚度大、变形小、安全可靠性强，施工方便，但支撑浇筑和养护时间长，软土中被动区土体位移大，如对控制变形有较高要求时，需对被动区土体加固，拆除困难
钢结构	圆钢管、工字钢、H型钢、槽钢及以上型钢的组合	竖向布置形式有水平撑、斜撑；平面布置形式有对撑、井字撑、角撑等；也有与钢筋混凝土支撑结合使用的形式，但要谨慎处理变形协调问题	装拆施工方便，可周转使用，支撑中可施加预应力，通过调整轴力而有效控制围护墙变形；施工工艺要求较高，如节点和支撑结构处理不当，或施工支撑不及时、不准确，易造成失稳

2.2.6 地下结构回筑

1. 钢筋工程

钢筋工程的重点是粗钢筋的定位和连接以及钢筋的下料、绑扎，确保钢筋工程质量满足相关规范要求。

1）钢筋的进场及检验

钢筋进场必须附有出厂证明（试验报告）、钢筋标识，并根据相应检验规范分批进行见证取样和检验。钢筋进场时分类码放，做好标识，存放钢筋场地要平整并设有排水坡度。堆放时，钢筋下面要垫设木枋或砖砌垫层，保证钢筋离地面高度不宜少于20cm，以防钢筋锈蚀和污染。

2）钢筋加工制作

钢筋的加工制作方面，受力钢筋加工应平直、无弯曲，否则应进行调直。各种钢筋弯钩部分弯曲直径、弯折角度、平直段长度应符合设计和规范要求。箍筋加工应方正，不得有平行四边形箍筋，截面尺寸要标准，这样有利于钢筋的整体性和刚度，不易发生变形。钢筋加工要注意首件半成品的质量检查，确认合格后方可批量加工。批量加工的钢筋半成品经检查验收合格后，按照规格、品种及使用部位，分类堆放。

3）钢筋的连接

钢筋的连接方面，根据设计及规范要求，可以采用直螺纹套筒连接、焊接连接或者绑扎连接。钢筋绑扎按规范进行，对节点钢筋绑扎应引起充分注意，由于在节点上的钢筋较密，钢筋的均匀摆放、穿筋合理安排将对施工质量和进度有较大的影响。

4）钢筋的质量检查

钢筋工程属于隐蔽工程，在浇筑混凝土前应对钢筋进行验收，及时办理隐蔽工程记录。钢筋加工均在现场加工成型，钢筋工程的重点是粗钢筋的定位和连接以及梁的下料、绑扎，钢筋绑扎，以上工序均严格按照相关规范要求进行施工。钢筋绑扎、安装完毕后，应进行自检，重点检查以下几方面：

（1）根据设计图纸检查钢筋的型号、直径、根数、间距是否正确。

（2）检查钢筋接头的位置及搭接长度是否符合规范规定。

（3）检查混凝土保护层厚度是否符合设计要求。

（4）钢筋绑扎是否牢固，有无松动变形现象。

（5）钢筋表面不允许有油渍、漆污。

2. 模板工程

模板工程的目标为混凝土表面颜色基本一致，无蜂窝、麻面、露筋、夹渣、锈斑和明显气泡存在。结构阳角部位无缺棱掉角，梁柱、墙梁的接头平滑方正，模板拼缝基本无明显痕迹。表面平整，线条顺直，几何尺寸准确，外观尺寸允许偏差在规范允许范围内。

钢筋混凝土底模一般采用土模法施工，即在挖好的原状土面上浇捣10cm左右素混凝土垫层。垫层施工应紧跟挖土进行，及时分段铺设。为避免支撑钢筋混凝土与垫层粘在一起，造成施工时清除困难，在垫层面上用油毛毡做隔离层。隔离层采用一层油毛毡。油毛毡铺设尽量减少接缝，接缝处应用胶带纸满贴紧，以防止漏浆。

结构回筑施工中的关键点在于结构混凝土浇筑之前的模板支撑系统，应对其进行设计、验算，并经安全专项论证、报审批准。

3. 混凝土工程

混凝土工程施工目标为确保混凝土质量优良，确保混凝土的设计强度，特别是控制混凝土有害裂缝的发生。确保混凝土密实，表面平整，线条顺直，几何尺寸准确，色泽一致，无明显气泡，模板拼缝痕迹整齐且有规律性，结构阴阳角方正顺直。

1）技术要求

坍落度方面：混凝土采用输送泵浇筑的方式，其坍落度要求入泵时最高不超过20cm，最低不小于16cm；确保混凝土浇筑时的坍落度能够满足施工生产需要，保证混凝土供应质量。

和易性方面：为了保证混凝土在浇筑过程中不离析，在搅拌时，要求混凝土要有足够的黏聚性，要求在泵送过程中不泌水、不离析，保证混凝土的稳定性和可泵性。

初凝、终凝时间要求：为了保证各个部位混凝土的连续浇筑，要求混凝土的初凝时间保证在7~8h；为了保证后道工序的及时跟进，要求混凝土终凝时间控制在12h以内。

2）混凝土输送管布置原则

根据工程和现场平面布置的特点，按照混凝土浇筑方案划分的浇筑工作面和连续浇筑的混凝土量大小、浇筑的方向与混凝土输送方向进行管道布置。管道布置在保证安全施工、装拆维修方便、便于管道清洗、故障排除、便于布料的前提下，尽量缩短管线的长度，少用弯管和软管。

在输送管道中应采用同一内径的管道，输送管接头应严密，有足够强度，并能快速拆装。在管线中，高度磨损、有裂痕、有局部凹凸或弯折损伤的管段不得使用。当在同一管线中有新、旧管段同时使用时，应将新管尽量布置在泵前的管路开始区、垂直管段、弯管前段、管道终端接软管处等压力较大的部位。

管道各部分必须保证固定牢固，不得直接支承在钢筋、模板及预埋件上。水平管线必须每隔一定距离用支架、垫木、吊架等加以固定，固定管件的支承物必须与管卡保持一定距离，以便排除堵管、装拆清洗管道。垂直管宜在结构的柱或板上的预留孔上固定。

3）混凝土浇筑

钢筋混凝土支撑采用商品混凝土泵送浇捣，泵送前应在输送管内用适量的与混凝土成分相同的水泥浆或水泥砂浆润滑内壁，以保证泵送的顺利进行。混凝土浇捣采用分层滚浆法浇捣，防止漏振和过振，确保混凝土密实。混凝土必须保证连续供应，避免出现施工冷缝。混凝土浇捣完毕，用木泥板抹平、收光，在终凝后及时铺上草包或者塑料薄膜覆盖，防止水分蒸发而导致混凝土表面开裂。

4）施工缝处理

当前基坑工程的规模呈越大越深的趋势，如某些地下通道的基坑长度甚至达到了200m以上，混凝土浇筑后会发生压缩变形、收缩变形、温度变形及徐变变形等效应，负作用非常明显。为减少这些效应的影响必须分段浇筑施工。

分段施工时设置的施工缝处必须待已浇筑混凝土的抗压强度不小于1.2MPa时，才允许继续浇筑，在继续浇筑混凝土前，施工缝混凝土表面要剔毛，剔除浮动石子，用水冲洗干净并充分润湿，然后刷素水泥浆一道，下料时要避免靠近缝边，缝边采用人工插捣，使新旧混凝土结合密实。

需要埋设止水条的连接部位，还须在连接面表面干燥时，用钢钉固定延期膨胀型止水条。在浇筑混凝土前要冲洗混凝土接合面，使其保持清洁、润湿，即可进行混凝土浇筑。

5）混凝土养护

结构上表面采用覆盖薄膜进行养护，侧面在模板拆除后采用浇水养护，一般养护时间不少于7d。

4. 支撑拆除工程

在地下结构回筑施工中，无法避免的一道工序就是支撑拆除。支撑形式仅仅是为了地下结构工程施工所采用的临时性结构，在回筑过程中需要逐步拆除。通常来说，拆撑的总体思路是"先换后拆"，通过换撑加以解决。

钢支撑一般拆除起来比较方便，预应力卸载之后直接采用吊车吊离即可，难度较大的是钢筋混凝土支撑的拆除。

最原始的一种拆撑方法就是人工破碎拆除，常用风镐破碎，需要大量的人力及风镐设备，风镐持续性工作会产生极大的噪声，且这种方式的拆除效率也很低。利用这种方法进行拆撑，在城区施工中越来越少见。

还有一种方法是爆破拆除，通常是在支撑浇筑前按照爆破参数在支撑梁上预埋管，待拆撑条件成熟后，在管内装入炸药，通过爆炸将混凝土炸裂成块状与钢筋分离，后期配合人工切断钢筋并外运。这种拆除方法属于特种行业施工范畴，危险性较大，且爆破对格构柱、支护桩、帷幕桩的影响不确定性较大，也属于运用的比较少的方法。

目前拆撑最常用的施工方法就是采用金刚石链条锯切割拆除，其原理是通过高速运转的金刚石链条（转速可达26m/s）切割物体，如图2-35和图2-36所示，具有无振动、无损伤、无灰尘、低噪声的优点，是支撑拆除施工中较为高效和稳妥的施工方法。利用链锯将支撑切割成段，用叉车将切割成段的支撑运至地面，随后转运至吊装井口，用吊车吊出基坑并装车外运。

图2-35　金刚石绳锯切割拆除支撑

图2-36　切割后的支撑吊离

金刚链切割机切割拆除支撑施工悄然无声，工地周边无振感；切割时自动喷水作业，现场无扬尘；切割的切口平整，拆除的钢筋混凝土可整块吊装外运，极大地减少了施工现场清理的工作量；同时拆除效率高，缩短施工周期，从而也减少了由于施工带给周边居民的不便。金刚链切割工艺与人工凿除及爆破工艺的对比见表2-2。

"金刚链切割工艺"与"人工凿除、爆破工艺"比较   表2-2

序号	对比项	金刚链切割	人工凿除、爆破
1	施工噪声和灰尘污染	无噪声、灰尘等污染： ①支撑切割过程中无噪声； ②支撑切割过程中无灰尘； ③整个支撑切割过程中现场很安静； ④满足文明施工要求	噪声较大、有灰尘等污染： ①人工凿除、爆破产生的噪声较大； ②人工凿除、爆破产生的灰尘较大； ③现场较杂乱； ④不能满足文明施工要求
2	日产量	施工期短： ①每天能切割钢混凝土筋支撑约200m³； ②支撑切割分段时间短； ③支撑切割施工工期短	施工期长： ①每天能凿除钢筋混凝土支撑约150m³； ②支撑人工凿除、爆破耗用时间长； ③支撑凿除、爆破清理施工工期长
3	交通	大门等交通状况较好： ①每天有支撑段外运车辆； ②但没有出废钢筋的车辆	大门等交通组织繁忙： ①每天要有大量的破碎的混凝土块石外运车辆进出； ②每天要有大量的废钢筋外运车辆进出
4	振动	施工振动小： ①没有支撑切割时带来的振动； ②对周边环境干扰小	施工振动大： ①有支撑破碎、爆破时带来的振动； ②对周边环境干扰较大
6	施工机械	使用机械少： ①支撑切割采用机械少； ②需配置支撑段出场大型运输车辆； ③配置多台支撑段吊运的大型机械	使用机械多： ①支撑破碎采用机械多； ②其破碎混凝土块出场运输车辆多； ③无须配备吊运机械，但需配备挖土机

一般基础混凝土全部浇筑完毕，混凝土强度等级达到设计强度的85%以上，且换撑已经施工完成，方可进行拆撑施工。

采用链锯拆撑的施工流程一般是：放切割线→凿穿绳孔→搭支撑架→绳锯就位→块体拆卸→块体外运。在链锯切割支撑时，有两条原则必须遵循：一是"先撑后拆"；二是"对角对撑切割"。

需要特别注意的是，拆撑过程中，第三方监测的频率应当加密，监测数据及时反馈，防止事故发生。

2.2.7　基坑稳定性及环境影响分析

基坑开挖不仅要保证基坑本身的安全与稳定，而且要有效控制基坑周围地层移动以保护周围环境。在地层较好的地区（如可塑、硬塑黏土地区，中等密实以上的砂土地区，软岩地区等），基坑开挖所引起的周围地层变形较小，如适当控制，不至于影响周围的市政环境，但在软土地区（如天津、上海、福州等沿海地区），特别是在软土地区的城市建设中，由于地层的软弱复杂，进行基坑开挖往往会产生较大的变形，严重影响紧靠深基坑周围的建筑物、地下管线、交通道路和其他市政设施，因而是一项很复杂而带风险性的工程。在基坑工程中应对基坑的稳定性和环境影响进行分析，确保基坑施工的安全。

1. 基坑稳定性分析

保证明挖法基坑工程安全是施工的关键，基坑的位移、变形甚至是破坏倒塌会对周边环境造成极大的影响和破坏，因此在基坑施工之前应对其进行稳定性分析。

基坑稳定的影响因素有基坑的工程地质、水文条件及支护结构体系自身的变形稳定等。基坑的失稳一般包括基坑内外侧土体整体滑动失稳、基坑底土体隆起、地层因较深的承压水突涌或管涌渗漏导致基坑破坏、支护体系强度、刚度、稳定性不足导致支护系统破坏失效等，而基坑稳定性验算的内容与其破坏及失稳类型息息相关，相互对应。

常规基坑的稳定性验算应包括整体稳定性、抗倾覆稳定性、坑底抗隆起稳定性、抗渗流稳定性、抗承压水稳定性。采用水泥土重力式围护体系的基坑除了上述的验算外，还应对抗水平滑动稳定性进行验算。采用放坡开挖方式的基坑同样应对边坡和多级放坡各级的稳定性进行验算。对于采用各类围护墙类型的基坑，围护墙体的内力和变形计算也是必不可少的。

2. 环境影响分析

在基坑开挖施工前，采用数值方法分析基坑开挖对周边环境的影响，分析时应考虑如下因素：

明挖法地下通道多为狭长形基坑，基坑短边或角部的断面，围护变形及地表沉降空间效应明显，如采用平面有限元方法进行施工过程分析，其分析结果同现场实测往往差距较大，因此可采用土与结构共同作用的三维有限元方法进行分析。

建立包括土层分层情况、支护结构、分层开挖工况及周围建（构）筑物在内的有限元模型，采用合理的计算假定及符合实际情况的边界条件，对基坑开挖进行全过程模拟。有限元模拟中的一个关键点在于土体本构模型的选取。由于我国各地区的地质条件多有不同，应根据工程所在区域的实际地质、水文情况，并综合考虑其他的影响因素后选择合适的本构模型。

在模拟基坑的开挖过程时，宜先模拟基坑周围既有建（构）筑物对初始地应力场的影响。多采用单元的"生死"（即激活与钝化）功能来实现结构施工与土体的挖除的模拟，并采用分步计算功能来模拟具体的施工过程。一般来说，应对所有的风险较大工况进行模拟计算，并根据计算结果在施工中对最不利工况加以重视，进行控制或采取必要加固措施。

3. 保护措施

应从支护结构施工、降水及开挖三个方面分别采取相关措施减小对周围环境的影响，必要时可对被影响的建（构）筑物及管线采取土体加固、结构托换、架空管线等防范保护措施。

1）基础托换

当基坑周边有较为重要的建筑物，对变形控制要求很严时，可考虑采用锚杆静压桩等措施对建筑物基础进行托换，以增强建筑物自身抵抗变形的能力。

2）隔断

在建筑物与基坑之间施工一些隔离桩来切断基坑开挖卸载所导致的应力和变形传递，从而减少建筑物基础的沉降和位移。常用的隔离桩形式有钻孔灌注桩排桩、钢板桩、钢管桩等。

3）管线开挖暴露

当管线离基坑太近甚至就在基坑施工范围内，又无法进行搬迁改线时，可以采用管线直接开挖暴露的方法，将其悬吊或支撑固定进行保护。

4）注浆加固

在基坑开挖前在邻近建（构）筑物下方进行预先注浆加固，增强基础下方土体抵抗变形和位移的能力。

5）跟踪注浆

基坑开挖过程中，当邻近建（构）筑物或管线发生较大位移或变形时，对其进行注浆加固，并根据注浆后的监测结果，实时调整注浆点位和注浆量，使其变形受控。值得注意的是，注浆加固应严格控制注浆压力和注浆量，防止注浆施工对保护对象造成损坏。这一方法在地铁区间隧道附近的基坑中得到大量应用。

6）基坑钢支撑轴力补偿

在软土地区基坑常见的钢管支撑体系使用中，由于环境温度变化、周边土体变化、钢支撑自身的应力松弛，以及钢部件塑性变形等因素，会导致钢支撑的轴力出现损失，无法有效抵制基坑变形，因此在施工过程中经常需要进行轴力补偿。常规的补偿方法一般是通过手动泵对支撑油缸加压，给钢管支撑施加预应力，一旦出现支撑轴力损失的情况，很难进行预应力补偿，即使操作后，也会因为缺少精确监视和自动控制，导致补偿不及时，或者补偿的预应力不足或过大等情况，危及基坑和周边环境安全。基坑工程支撑轴力控制系统作为新兴的控制工艺得到了越来越广泛的应用，如图2-37所示。

支撑轴力控制系统可以随时采集、分析基坑工程中支撑轴力的变化情况，根据基坑特点和支撑分布，结合基坑应力、变形监测数据，对支撑轴力进行动态设定、动态调整，保证基坑开挖的安全。

图2-37 基坑工程支撑轴力补偿系统

一般支撑轴力补偿系统由工具式自适应钢支撑、电液比例驱动、计算机集散控制构成。

2.2.8 周边环境监测

1. 监测目的

由于地质条件、环境条件、荷载条件、施工条件和外界其他因素的复杂影响，基坑工程开挖实施过程中的不确定因素很多，而基坑工程的设计计算以及变形影响估算等理论分析工作也还在不断发展和完善，这使得支护体系受力和变形都难以准确计算。因此，利用监测信息及时掌握基坑围护结构、周边环境变化程度和发展趋势，有利于及时采取措施应对异常情况，防止事故的发生。信息化施工是保障基坑工程安全的必不可少的一项工作，积累监测资料也是验证设计参数、完善设计理论、推动设计水平进步的必要手段。

基坑工程的风险性随开挖深度的增加和环境条件的日益复杂而增大。由于基坑围护设计体系的半经验半理论性、岩土性质的多样性和不确定性、城市环境条件的复杂性，对监测工作提出了更高的要求。基坑监测对象主要为自身围护结构和基坑周边环境。基坑工程整体安全与基坑开挖深度、周边环境条件和场地工程地质条件等密切相关，所以在确定监测项目时，应与安全等级和环境保护等级相联系。其中，基坑支护体系的监测项目主要根据安全等级确定，周边环境监测项目主要根据环境保护等级确定。当然，在综合考虑基坑工程安全度时，也要紧密结合基坑围护形式、围护体变形大小和对周边环境的影响程度，有针对性地选择相应的监测项目、编制监测方案。

2. 监测要求

基坑工程应根据安全等级与环境保护等级进行相对应的监测。

基坑工程安全等级是根据基坑开挖深度进行划分的，主要体现基坑工程的难易程度以及开挖过程中的风险级别。根据基坑的开挖深度，基坑工程安全等级分为三级，见表2-3。

基坑工程的安全等级　　　　　　　　　　　　　　表2-3

分级依据	基坑工程的安全等级
基坑开挖深度大于等于12m	一级
基坑开挖深度小于7m	三级
除一级和三级以外的基坑	二级

基坑工程环境保护等级反映的是基坑周边环境的重要性程度及其与基坑的距离，共分为三级，见表2-4。

基坑工程的环境保护等级　　　　　　　　　　　　表2-4

环境保护对象	保护对象与基坑的距离关系	基坑工程的环境保护等级
优秀历史建筑,有精密仪器与设备的厂房,采用天然地基或短桩基础的医院、学校和住宅等重要建筑物,轨道交通设施,隧道,防汛墙,原水管,自来水总管,煤气总管,共同沟等重要建(构)筑物或设施	$s \leqslant H$	一级
	$H < s \leqslant 2H$	二级
	$2H < s \leqslant 4H$	三级
较重要的自来水管、煤气管、污水管等市政管线,采用天然地基或短桩基础的建筑物等	$s \leqslant H$	二级
	$H < s \leqslant 2H$	三级

注：1. H 为基坑开挖深度，s 为保护对象与基坑开挖边线的净距。

2. 基坑工程环境保护等级可依据基坑各边的不同环境情况分别确定。

3. 位于轨道交通设施、优秀历史建筑、重要管线等环境保护对象周边的基坑工程，应遵照政府有关文件和规定执行。

3. 监测内容

在基坑工程施工全过程中，应对围护结构、支撑、基坑周围土体及周边环境进行监测。基坑边线外2倍基坑深度的范围均为监测范围。

基坑支护体系的监测项目按表2-5选用。

基坑支护体系监测项目表　　　　　　　　　　　　　表 2-5

序号	施工阶段 支护形式和安全等级 监测项目	坑内加固体施工和预降水阶段 —	基坑开挖阶段					
			放坡开挖 三级	水泥土重力式围护墙 二级	水泥土重力式围护墙 三级	板式支护体系 一级	板式支护体系 二级	板式支护体系 三级
1	支护体系观察	—	√	√	√	√	√	√
2	围护墙(边坡)顶部竖向、水平位移	○	√	√	√	√	√	√
3	围护体系裂缝	—		√	√	√	√	√
4	围护墙侧向变形(测斜)	○		√	○	√	√	√
5	围护墙侧向土压力	—				○	○	
6	围护墙内力	—	—	—	—			
7	冠梁及围檩内力	—	—	—	—			
8	支撑内力	—	—	—	—	√	√	○
9	锚杆拉力	—	—	—	—	√		
10	立柱竖向位移	—	—	—	—			
11	立柱内力	—	—	—	—	○	○	
12	坑底隆起(回弹)	—	—	—	—	○	○	
13	基坑内、外地下水位	√	√	√	√	√	√	√

注："√"应测项目；"○"选测项目（视监测工程具体情况和相关单位要求确定）。

基坑周边环境的监测项目按表2-6选用。

基坑支护体系的周边环境监测项目表　　　　　　　　表 2-6

序号	施工阶段	土方开挖前			基坑开挖阶段		
		一级	二级	三级	一级	二级	三级
1	基坑外地下水水位	√	√	√	√	√	√
2	孔隙水压力	○	—	—	○	○	—
3	坑外土体深层侧向变形(测斜)	√	○	—	√	○	—
4	坑外土体分层竖向位移	○	—	—	○	—	—
5	地表竖向位移	√	√	○	√	√	○
6	基坑外侧地表裂缝(如有)	√	√	√	√	√	√
7	邻近建(构)筑物水平及竖向位移	√	√	√	√	√	√
8	邻近建(构)筑物倾斜	√	○	○	√	○	○

序号	施工阶段	土方开挖前			基坑开挖阶段		
		一级	二级	三级	一级	二级	三级
9	邻近建(构)筑物裂缝(如有)	√	√	√	√	√	√
10	邻近地下管线水平及竖向位移	√	√	√	√	√	√

注：1. "√"应测项目；"○"选测项目（视监测工程具体情况和相关单位要求确定）。

2. 土方开挖前是指基坑支护结构体施工、预降水阶段。

4. 监测频率

基坑工程监测频率的确定应满足能系统反映监测对象所测项目的重要变化过程而又不遗漏其变化时刻的要求。监测工作应从基坑工程施工前开始，直至地下工程完成为止，贯穿于基坑工程和地下工程施工全过程。对有特殊要求的基坑周边环境的监测应根据需要延续至变形趋于稳定后结束。

基坑工程的监测频率不是一成不变的，应根据基坑开挖及地下工程的施工进程、施工工况以及其他外部环境影响因素的变化及时地做出调整。一般在基坑开挖期间，地基土处于卸荷阶段，支护体系处于逐渐加荷状态，应适当加密监测；当基坑开挖完后一段时间，监测值相对稳定时，可适当降低监测频率。当出现异常现象和数据，或临近报警状态时，应提高监测频率甚至连续监测。当监测数据变化速率或累计变化量达到预警值、基坑存在异常现象或天气持续异常时，同样应提高监测频率。

5. 监测报警值

根据大量工程事故案例分析发现，基坑工程发生重大事故前都有预兆，这些预兆首先反映在监测数据中：如围护结构变形过大、变形速率超常、地面沉降加速、周围构筑物墙体产生裂缝、支撑轴力过大等；每一测试项目都应根据实际情况，事先确定相应的控制值，根据位移或受力状况是否超过允许的范围来判断当前工程是否安全、可靠，是否需要调整施工步序或优化原设计方案，所以警戒值的确定是个非常关键的问题。

监测报警值可以根据以下三方面综合确定：

一是基坑的设计计算结果。基坑工程设计人员对于围护墙、支撑或锚杆的受力和变形、坑内外土层位移、建筑物变形等均进行过详尽的设计计算或分析，其计算结果可以作为确定监测报警值的依据。

二是相关规范标准的规定值以及有关部门的规定。随着地下工程经验的积累和增多，各地区的工程管理部门陆续以地区规范、规程等形式，对地下工程的稳定判别标准做出了相应的规定。如上海地区，可以参照上海市基坑工程施工规程中的规定。

三是工程经验类比。如刘建航、刘国彬等人根据对上海地铁几百个车站基坑数据的统计和挖掘，提出了软土地铁车站基坑的危险判别标准，可参照使用。

6. 监测仪器

每个实际工程的地质、水文条件及周边环境均各有不同，应根据其基坑安全等级、环境保护等级综合确定监测内容，并针对各项内容的监测要求和监测频率合理选择监测仪器。下面介绍一下基坑监测中常用的监测仪器。

1）位移监测

位移监测包括地下管线、周边建筑物、基坑外地表、围护墙顶、工程桩桩顶、基坑外深层土体、基坑外土体分层等的沉降位移及水平位移监测。一般来说，裸露在外界的监测对象可以采用直接在表面张贴监测标志的方式进行监测，而埋在土体中的监测对象可以通过间接点法将位移传递反映至地表，然后进行监测。

位移监测中常用的监测仪器有水准仪、光学经纬仪和全站仪，如图2-38所示。

(a)　　　　　　　　(b)　　　　　　　　(c)

图2-38　水准仪、经纬仪及全站仪

（a）水准仪；（b）经纬仪；（c）全站仪

基坑外深层土体位移和地下连续墙墙体水平位移常用数显自动记录测斜仪进行监测，基坑外土体分层沉降常采用磁性沉降环进行监测，如图2-39所示。

(a)　　　　　　　　　　　　　　(b)

图2-39　数显自动记录测斜仪及磁性沉降环

（a）数显自动记录测斜仪；（b）磁性沉降环

2）地下水位监测

水位监测包括基坑外潜水水位监测和承压水水位监测，一般通过地面钻孔、埋设水位管的方法进行监测。常用的监测仪器有平尺水位计，如图2-40所示。水位计测量示意图如图2-41所示。

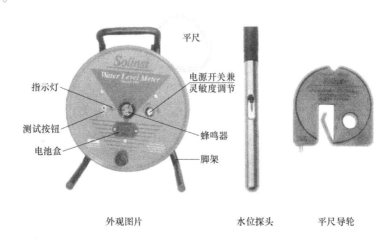

外观图片　　　　　　水位探头　　　　平尺导轮

图2-40　平尺水位计

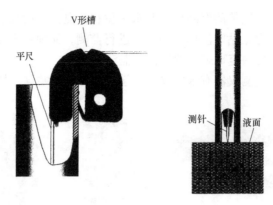

图2-41 水位计测量示意图

3）水土压力监测

水土压力监测包括围护墙体内、外侧的水压力和土压力监测，以及坑底地下水的浮力监测。一般常用的监测仪器有渗压计和土压力计，如图2-42所示。值得一提的是，土压力计有时也叫总压力计或总应力计，用于测量土体应力或土结构的压力，土压力计不仅反映土体的压力，而且也反映地下水的压力或毛细管的压力，因此实际土压力值应该是测得的土压力值与水压力值的差值。

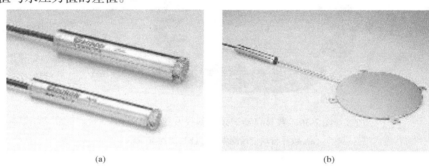

(a)   (b)

图2-42 渗压计及土压力计

（a）渗压计；（b）土压力计

4）应力-应变监测

应力-应变监测包括围护墙体的钢筋应力、支撑轴力、立柱桩桩身应力、混凝土应变等监测。常用的监测仪器有钢筋计、振弦式钢筋测力计、应变计、振弦式应变计、滑动测微计等，如图2-43～图2-45所示。

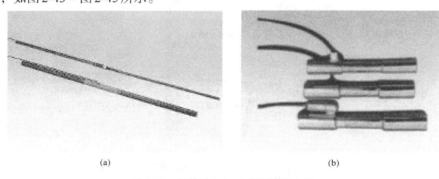

(a)   (b)

图2-43 钢筋计和振弦式钢筋测力计

（a）钢筋计；（b）振弦式钢筋测力计

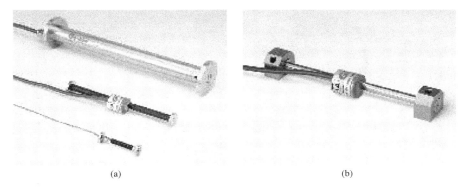

(a)   (b)

图2-44　应变计和振弦式应变计

（a）应变计；（b）振弦式应变计

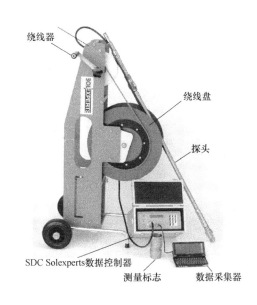

图2-45　滑动测微计

2.3　工程案例1——上海地铁13号线金沙江路站换乘通道工程

2.3.1　工程概况

上海地铁13号线金沙江路站与3、4号线轻轨换乘通道位于宁夏路凯旋北路口，从在建的13号线东端井下行线上方向东斜伸，穿过3、4号线轻轨高架桥，再转向北，与目前的轻轨3、4号线金沙江路站南侧出口处相连（从地下一层至地面）。横跨换乘通道的上方有一条220kV高压电缆箱涵无法搬迁，该电缆为2m宽、1m厚的混凝土箱涵，箱涵埋深1.5m左右，距拟建换乘通道顶板约590mm。3号线的一处高架桩基承台位于换乘通道转角处，距离换乘通道围护墙最近处只有3m。通道绕过承台后连接3号线车站地面站厅层，如图2-46～图2-48所示。

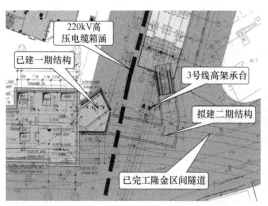

图 2-46　13 号线金沙江路站换乘通道平面图

图 2-47　换乘通道与 3、4 号线位置关系

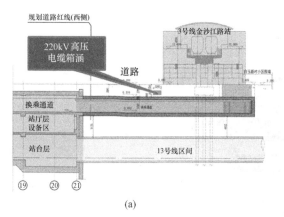

(a)

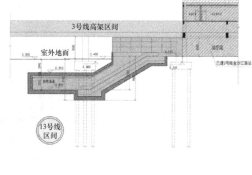

(b)

图 2-48　13 号线金沙江路站换乘通道剖面图
(a) 东西剖面；(b) 南北剖面

换乘通道基坑标准宽度为 10.14m，开挖深度为 7.65~7.86m，与 3、4 号线连接段宽度为 8.9m，开挖深度为 7.65m（局部挖深至 10.0m），均为地下一层结构。该基坑平面形状为不规则的"7"字形。

2.3.2　技术路线

根据施工场地、总体部署安排及施工风险分析，将换乘通道基坑划分为 3 个区域，分别为二 1 区、二 2 区及二 3 区，如图 2-49 所示。

采用先进的 MJS 加固及止水工艺对基坑上方浅埋的 220kV 高压电缆进行原位悬吊保护，对 3 号线高架承台进行外扩和托换保护。

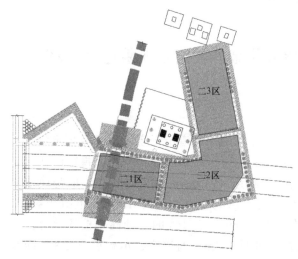

图 2-49　开挖区域分区示意图

施工顺序按二2区、二1区及二3区进行施工，在二2区结构完成及覆土回填后，可开挖二1区及二3区。开挖原则为"限时、对称、快速、少量"，减小对周边保护建（构）筑物的影响。开挖施工中，利用隧道内压重补偿及隧道纵向拉紧技术；开挖完成后，在换乘通道基坑底板上同样利用压重补偿技术，保护换乘通道下方的已建地铁区间隧道，实现微扰动施工。

2.3.3　关键技术

1. 基坑上方浅埋220kV高压电缆原位保护技术

换乘通道二1区基坑上方有一根220kV电缆箱涵。该电缆箱涵呈南北走向，与换乘通道十字交叉。电缆所横穿的通道结构宽度为10.2m，挖深约8.1m，通道顶板埋深约2.89m。220kV电缆箱涵距拟建换乘通道顶板为590mm。该电缆为上海西北区域供电主电缆，关系到市中心区域大范围内供电保障，影响范围非常大。而且其电缆箱涵为素混凝土箱涵，刚性差，基坑开挖对其影响较大。根据基坑保护等级的要求以及电力管线单位的规定要求，施工期间220kV电缆箱涵允许日沉降量小于等于3mm/次，累计不均匀沉降差和平面位移均不允许超过10mm。

针对上述情况制定了相应的保护对策，先对箱涵两侧的换乘通道围护采用全回转套管钻孔灌注桩进行施工，端头两侧打入拉森钢板桩后用MJS工法进行重力坝加固。坑内地基加固采用MJS工法满堂加固，然后放坡开挖电缆箱涵土体，施作钢筋混凝土梁。在对电缆箱涵进行妥善悬吊保护的前提下，采用一定技术措施开挖电缆箱涵下方土体，逆作法将箱涵范围内的顶板先进行施工，随后在顶板上加撑将其撑住，两侧施作挡墙，采取一定的措施后进行后续土方开挖及结构施工。

1）两端重力坝加固及坑内地基加固

基坑坑内加固采用MJS工法进行满堂加固，加固深度为第二道支撑底至坑底以下4.5m。根据地质条件，第2层土为砂性土，土质松散、不均，呈欠固结状态，在钻孔灌注桩施工时易发生坍塌，因此在220kV电缆箱涵两端同样采用MJS工法进行重力坝加固后进行采用钻孔灌注桩施工，如图2-50和图2-51所示。

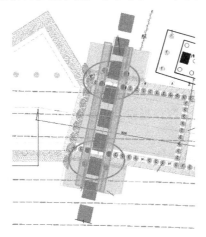

图2-50　MJS工法加固范围及施工

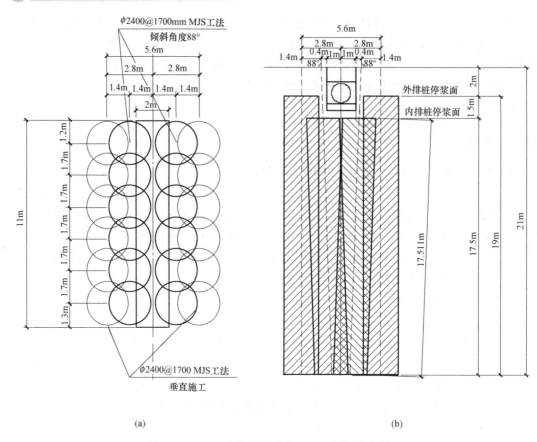

图 2-51　220kV 电缆箱涵下方 MJS 工法加固示意图
(a)平面；(b)剖面

2）全回转套管钻孔灌注桩施工

在基坑外电缆箱涵立柱桩两端各施工 6 根 ϕ800 的钻孔灌注桩，采用全回转套管钻机进行钻孔施工。

施工工艺：钻机就位→下套管→切桩（MJS 工法桩）→取出加固土体→下钢筋笼→下混凝土导管→浇筑混凝土（一半）→拔除一节套管→浇筑混凝土（剩余一半）→拔除全部套管→移机→进入下一施工任务。

3）拉森钢板桩施工

如图 2-52 所示，在电缆箱涵两端约 5m 范围内，在箱涵两侧分别打入拉森钢板桩，打入深度为 6m，作为悬吊保护开挖时的围护，防止开挖暴露、悬吊保护时坍方。

4）悬吊搁置大梁施工

开挖电缆箱涵两侧土体，施工两根悬吊搁置大梁。大梁截面积为 800mm×1200mm，大梁顶离地面为 1m。考虑到电缆通道两侧重力坝加固完成后，南侧第二阶段翻交后路面为人非混行道，北侧为施工通道。为确保后期管线悬吊后与两侧产生不均匀沉降，因此考虑将两侧混凝土大梁延伸，然后在大梁上方施作一混凝土板，上铺褐色路面后作为第二阶段

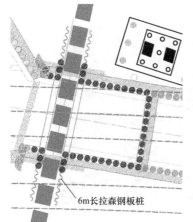

图 2-52　钢板桩平面布置图

翻交后的路面板，如图2-53所示。

5）开挖悬吊保护

为了保证后续坑内地基加固及开挖阶段电力电缆的安全，在两根悬吊搁置大梁施工完成后，首先分段开挖对电缆箱涵进行悬吊保护。

放坡开挖箱涵两侧土体，开挖至箱涵底有操作空间，随后分段开挖箱涵下方土体，分段长度控制在50cm，开挖均采用人工开挖。一段开挖完成后，将预先制作好的型钢托板塞入箱涵底部。型钢上覆1cm厚钢板，南北方向两侧用0.3mm薄钢板包住，然后在钢板上铺2cm厚黄沙（与箱涵底部接触面找平），如图2-54所示。

随后用5/8号钢丝绳穿绕上下工字钢吊耳上用花篮螺栓固定在悬挂于顶部的型钢上。分段逐步开挖至电缆箱涵底全部拖住及悬吊。悬吊完成后，在箱涵四周用角钢包住，随后在两侧及顶部用8mm钢板封住，使其形成一整体钢框架，如图2-55和图2-56所示。

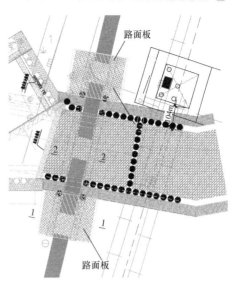

图2-53 两侧大梁及路面板平面示意图

图2-54 型钢托板结构图

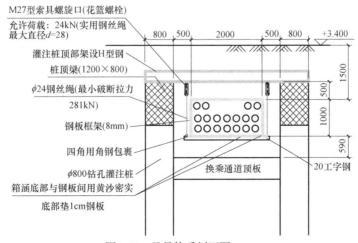

图2-55 悬吊体系剖面图

6）逆作换乘通道顶板

电缆箱涵悬吊保护后，逆作施工电缆箱涵底部的顶板，顶板两端锚入钻孔灌注桩内，

图 2-56 电缆箱涵开挖悬吊

同时顶板两侧（顺着大梁方向）通过大梁下的预留接驳器进行连接，浇筑混凝土使其连成一个 U 形的整体，确保后续施工过程中电缆箱涵的安全，如图 2-57 所示。

2. 运营地铁高架区间承台保护技术

换乘通道 2 期自西向东在绕过轻轨 3、4 号线一处高架承台后，向北转与轻轨 3、4 号线金沙江路站相连。该处承台位于换乘通道转角处。距离换乘通道围护，最近处只有 3m，为减少施工过程可能对高架承台基础产生的扰动，确保高架安全，对该处承台进行外扩加强。

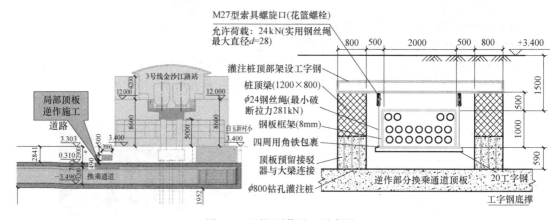

图 2-57 顶板逆作施工示意图

1）静压套筒钻孔灌注桩

在承台东西两侧施工 6 根钻孔灌注桩，桩径 800mm，桩长 42m。为防止施工时钻孔灌注桩浅层塌孔，桩顶以下 14m 范围内采用锚杆静压套筒施工，然后施工钻孔灌注桩。如图 2-58 所示。

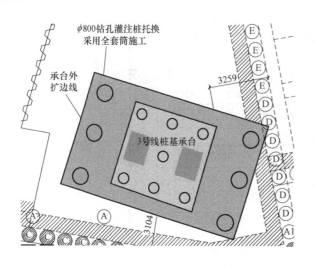

图 2-58 静压套筒钻孔灌注桩施工

2）MJS工法加固及钢板桩隔离

根据地质条件，第2层土为砂性土，土质松散、不均，呈欠固结状态，因此在围护结构外侧采用MJS工法桩单向摆喷（背向3号线承台），如图2-59所示。电缆通道处打入拉森钢板桩，按1:2进行放坡开挖，保护电缆安全。

3）托换

通过种筋将高架承台接出，并将东西共6根钻孔灌注桩的桩顶钢筋锚入，浇筑为一体，实现托换。

图2-59 MJS工法加固

3. 已建地铁隧道上方基坑开挖技术

本换乘通道二期工程施工过程中，其二1区及二2区均位于已建的13号线隆德路站~金沙江路站区间下行线隧道的上方，长度约为36m，对应的区间隧道环号为834~866环。上下行线隧道中心距为12.5m。平面相对位置关系如图2-60所示。隧道上方基坑开挖深度约7.8m，基坑开挖后，隧道上方覆土深度仅5m左右。在基坑开挖过程中应确保已建隧道的安全，防止隧道在土体卸载后上移及产生变形。

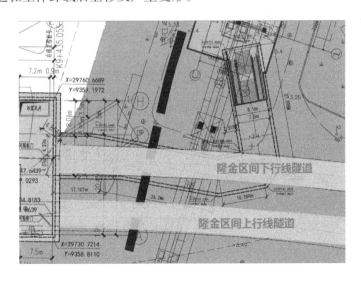

图2-60 已建隧道与换乘通道平面位置示意图

换乘通道二1区及二2区基坑开挖标高为-4.466~-4.040m，基坑开挖投影面下方对应的区间隧道顶标高为-9.671~-10.234m（对应环号为866~834环），即换乘通道开挖至底板后，隧道顶部最小覆土为5.2m，最大覆土为6.2m，如图2-61所示。

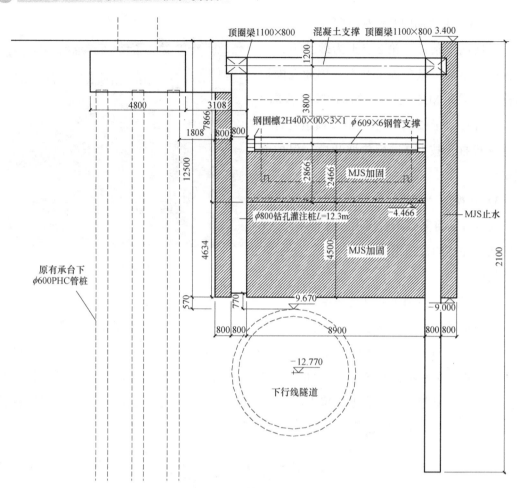

图2-61 基坑与已建隧道相对位置剖面示意图

对基坑开挖卸载与压重补偿量进行精确计算，确保换乘通道基坑微扰动施工。

1）基坑开挖深度

换乘通道二期基坑场地标高为+3.1m，第一道混凝土支撑底标高为+1.6m，第二道钢支撑底标高为-1.7m，第二道支撑以上覆土厚度为4.8m。

换乘通道基坑坑底标高为-4.466m，第二道支撑至坑底的挖土厚度为2.76m。

区间隧道顶标高为-9.67m，隧道顶至基坑底板底的覆土厚度为5.2m（按最不利因素考虑）。

2）影响范围

换乘通道二期分3区进行施工，分别为二1区、二2区及二3区，其中，二1区及二2区位于已建隆金区间下行线隧道上方，因此考虑在二1区及二2区基坑开挖时，对隧道上方的土体卸载进行相应的补偿。

3）开挖卸荷

第一层土方开挖：换乘通道二期基坑在完成圈梁及第一道混凝土支撑养护后，进行第一层土方开挖。基坑场地标高为+3.1m，第二道钢支撑底标高为−1.7m，因此第一层土方开挖至第二道钢支撑安装完成，卸土厚度为4.8m，此时隧道顶部覆土厚度仍约8m，根据已有工程实践经验，该部分卸土原则上不予以补偿，这样并不会对隧道隆起产生影响。

第二层土方开挖：从第二层土方开挖至基坑底板底，该部分卸土厚度为2.75m，根据设计要求，对该部分卸土应予以补偿。

本换乘通道基坑宽度为8.9m，根据隧道上方每延米的覆土重量来计算，从第二层土方开挖至基坑底板时，卸土厚度为2.5m，即卸土荷载为2.75×18×8.9=440.55kN/m。

4）压重计算

道床重量：换乘通道基坑开挖前，隧道内混凝土道床已全部浇筑完毕。道床混凝土为底板面高约60cm，采用C50混凝土（26kN/m³）浇筑，道床横断面为1.38m²，则每延米的荷载为1.38×2.6=36kN/m。

平板车压重：压载平板车采用隧道内铺轨电机车，每节平板长度为10m，宽度为2.5m，平板自重10t，载重约30t，即荷载约为40kN/m。

隧道内提供的压重荷载为36+40=76kN/m。

底板混凝土重量：本换乘通道宽度为8.9m，垫层为20cm，底板厚度为80cm，共计1m。在换乘通道底板浇筑完成后，则每延米提供的压重为1×25×8.9=222.5kN/m；则隧道内压载及底板自重之和为76+222.5=298.5kN/m，相对于卸载440kN/m，补偿完成约70%。

底板压重：底板混凝土浇筑完成后，待混凝土初凝并达到一定强度后，对换乘通道底板上进行压载，压载为20kN/m，则每延米提供的压载为20×8.9=178kN/m。此时，每延米提供的总计荷载为298.5+178=476.5kN/m。这时，第二层土方开挖后隧道上方的卸荷已完成补偿。

4. 基坑下方已建隧道保护技术

为减少换乘通道基坑开挖时隧道的上浮变形，采用区间隧道内纵向拉紧技术将区间隧道纵向进行拉结，使其连成一刚性整体，减少局部开挖后隧道上浮的变形量。

1）安装范围

换乘通道二期基坑开挖投影面下，对应区间隧道为834～866环。由于离金沙江路站洞口只有12环的距离，因此对822～878环管片纵向采用槽钢拉紧，纵向加4根拉条。纵向拉条采用14号槽钢，分别固定于B1块、B2块、L1块、L2块上。每环固定于举重螺栓处，用举重螺栓将槽钢紧固于管片内壁上。

2）拉紧装置安装

槽钢在金沙江路车站内的吊装孔用吊车进行下井，采用人工运输的方式将其搬运至金沙江路站下行线隧道内。利用下行线隧道内的管片堵漏登高操作平台，逐条进行安装。在每环管片对应的举重螺栓孔处，对槽钢进行开孔，随后用举重螺栓将其固定于管片内壁上。槽钢与槽钢之间采用焊接连接牢固，槽钢纵向拉紧装置如图2-62所示。

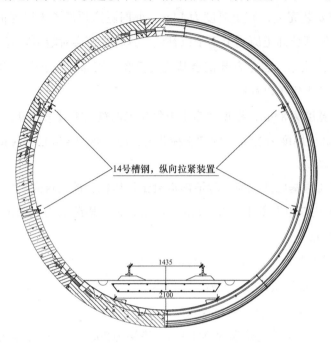

图2-62　隧道内槽钢纵向拉紧装置示意图

2.3.4　实施效果

　　顺利完成了13号线金沙江路站换乘通道施工，过程中保护了基坑下方已建隧道区间，保护了基坑上方浅埋220kV高压电缆，保护了运营中3、4号线高架区间承台。在复杂地质和周边环境中，很好地完成了换乘通道建造，极大地方便了市民地下换乘，为13号线顺利开通奠定了基石。现地铁13号线已正式运营，换乘通道投入正常使用，如图2-63所示。

图2-63　金沙江路换乘通道

2.4 工程案例2——虹桥国展地下人行通道工程

2.4.1 工程概况

国展地下人行通道（简称国展通道）位于虹桥会展中心和虹桥商务区核心区（一期）之间，是作为国展综合体项目与虹桥商务区联系的一个重要通道，该通道为国家会展配套工程。该地下通道可有效沟通虹桥商务区与中国博览会会展综合体之间的人流，满足人行交通要求，不仅带动了商务区的发展，同时为国家会展吸引庞大的人流。此工程地理位置规划范围西至涞港路，东至虹桥商务区申滨南路，如图2-64所示。

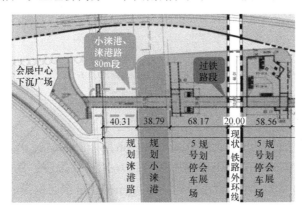

图2-64 虹桥国展地下人行通道平面位置示意图

国展通道施工期间正逢国家会展中心同期建设，作为国展配套工程之一的地下人行通道工程，工期就显得十分紧张，同时由于国展通道需下穿规划小涞港，而规划小涞港也在同步施工过程中且小涞港计划提前完成通水，施工中不可避免地会与国展通道发生冲突，如何在既有河道内进行地下通道施工的方案就显得尤为重要了。

在国展通道的施工过程中，为配套国展正式运营，需在通道上排布一根110kV的高压电缆，而此时国展通道正处于基坑开挖阶段，电缆跨越既有基坑的方案也成了工程施工中的一大难点。

2.4.2 技术路线

通过对河道过流条件以及区域排水能力的分析研究，在有限场地内设置过流涵管，采用全断面围堰的方法进行下穿河道的大断面地道结构施工，以避免常规分期围堰的实施。

研发适用于大跨度电力箱涵排管的钢便桥结构，通过架设临时钢桥，避免超高压电缆的多次割接。

2.4.3 关键技术

1. 基于排涝计算分析的过水涵管埋设技术

1）临时便道下的过水涵管

在新建小涞港的跨河便道下埋设导流涵管，如图2-65所示。为确保施工期小涞港过流，管涵规模为9根*DN*1500双层铺设，管底标高为−0.3m，长度10.0m。

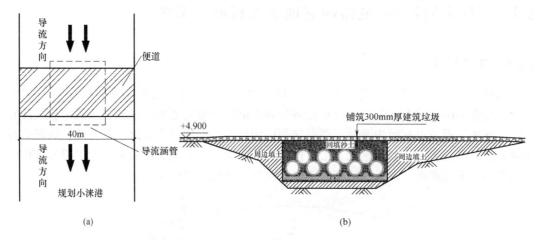

(a)　　　　　　　　　　　　(b)

图2-65　临时便道过水涵管埋设方法

(a) 平面；(b) 剖面

2）全断面围堰边的过水涵管

混凝土临时过水管位于小涞港东岸，如图2-66所示。临时过水管北侧自围堰北侧引出，南侧在围堰南侧穿越驳岸。由于受施工区域场地条件限制，两排最多只能布置5根*DN*1000管道，长度约75m，底排管道底标高为0.7m，总过水面积为3.93m²。

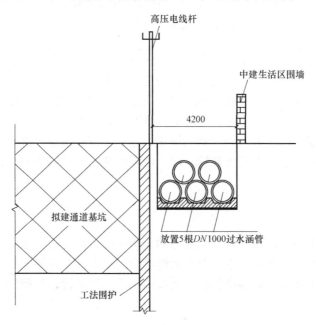

图2-66　全断面围堰边的过水涵管埋设方法

3）排涝计算模型

（1）设计暴雨：由于管涵仅在枯水季节使用，汛期则拆除管涵恢复设计河道过流断面，故采用相对较低的标准进行论证，本工程采用5年一遇标准的暴雨进行论证，5年一遇最大24h、6h、1h面雨量频率分析成果分别为119.2mm、72.8mm、36.01mm。

（2）设计雨型：设计降雨过程按1963年9月12日8：00～9月13日8：00最大24h实际降雨过程同频率放大得到，其中最大1h降雨强度调整至36mm，与城市排水系统采用的"1年一遇"1h降雨历时对应的排水强度标准相吻合，如图2-67所示。

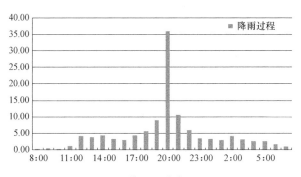

图2-67　单日设计降雨量图

（3）边界条件：苏州河水位采用《苏州河沿线设计高水位研究》的成果，黄浦江潮位采用年平均高潮位。

（4）计算初始条件：区域内河常水位2.5m，预降水位2.0m，初始流速0.0m/s，由于是非汛期，不考虑内河预降，故初始水位取2.5m。

（5）下垫面组成：根据相关土地利用规划，结合水系现状及规划情况拟定。模型将淀北片的下垫面分为水面、绿地及不透水地面。

（6）泵闸控制：在除涝时段，水闸能开则开，尽量自排；水闸不能开，则启用泵站抽排。

（7）其他限制条件：根据苏州河水质保护的要求，当苏州河两翼内河水位低于3.3m时，限制向苏州河排水。

4）排涝计算工况

为分析论证临时排水管涵规模，拟定两种工况分别对小涞港过流量进行分析计算，工况1为非汛期5年一遇暴雨小涞港按规划设计断面实施的正常工况；工况2为非汛期5年一遇暴雨通过临时排水管涵连通小涞港的临时过水工况。

工况1：5年一遇暴雨，无管涵，小涞港口宽34m，底宽10m。

工况2：5年一遇暴雨，有两处管涵，会展通道处管涵规模为5根DN1000，施工便道处管涵规模为9根DN1500。

5）排涝计算结果及分析

（1）工况1排涝计算成果

如图2-68所示计算成果可以看出，发生5年一遇暴雨小涞港的水流主要流向为由北向南汇入东西向河道，通过龙华港和张家塘泵闸排往黄浦江。小涞港崧泽高架路处最高水位为3.583m，小涞港三泾港处最高水位为3.578m，水位差为0.005m，最大过流量为10.1m³/s。

时刻 (hr.)	管涵北侧水位 (m)	管涵南侧水位 (m)	水位差 (m)	流量 (m³/s)
21:00	3.535	3.531	0.004	5.905
22:00	3.583	3.578	0.005	10.068
23:00	3.546	3.542	0.004	9.447
0:00	3.477	3.473	0.004	9.306
1:00	3.403	3.399	0.004	9.264
2:00	3.341	3.337	0.004	8.733
3:00	3.282	3.278	0.004	8.471
4:00	3.206	3.202	0.004	8.082
5:00	3.126	3.123	0.003	7.541
6:00	3.04	3.037	0.003	7.09
7:00	2.936	2.934	0.002	6.549

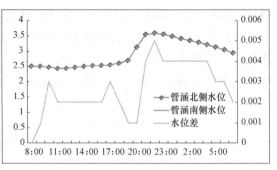

(a)   (b)

图 2-68　工况 1 排涝计算结果

(a) 计算结果；(b) 计算结果图

（2）工况 2 排涝计算成果

如图 2-69 所示计算成果可见，采用临时排水管涵连通期间，发生 5 年一遇暴雨，小涞港的水流主要流向同样是由北向南汇入东西向河道，通过龙华港和张家塘泵闸排往黄浦江。小涞港崧泽高架路处的最高水位为 3.649m，小涞港三泾港处的最高水位为 3.574m，水位差为 0.075m，该工况下最大过流量为 3.37m³/s。

时刻 (hr.)	管涵北侧水位 (m)	管涵南侧水位 (m)	水位差 (m)	流量 (m³/s)
21:00	3.591	3.528	0.09	3.074
22:00	3.649	3.574	0.102	3.368
23:00	3.59	3.539	0.078	2.750
0:00	3.533	3.47	0.09	3.074
1:00	3.454	3.397	0.084	2.916
2:00	3.392	3.335	0.084	2.916
3:00	3.339	3.276	0.09	3.074
4:00	3.263	3.2	0.09	3.074
5:00	3.184	3.121	0.09	3.074
6:00	3.092	3.035	0.084	2.916
7:00	2.989	2.932	0.084	2.916

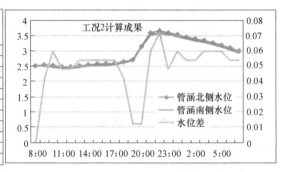

(a)   (b)

图 2-69　工况 2 排涝计算结果

(a) 计算结果；(b) 计算结果图

（3）计算结论

非汛期发生 5 年一遇暴雨，小涞港两处临时排水管涵将会对过流量和河道最高水位产生一定影响，小涞港三泾港以北段过流能力由 10.1m³/s 下降至 3.37m³/s，根据河网水力模型成果可知，小涞港减少的流量（6.73m³/s）主要通过蟠龙港、三泾港及与小涞港平行的南北向河道新角浦、东向阳河往南往东排至黄浦江，小涞港崧泽高架路处最高水位由 3.583m 增加至 3.649m，增幅 0.066m。由此可见，小涞港两处临时排水管涵对小涞港局部产生一定影响，但对区域排涝安全影响较小，没有改变排水流向，没有大幅提高河道最高水位，因此，如表 2-7 所示，会展通道处的 5 根 *DN*1000 临时排水管涵和施工便道处的 9 根 *DN*1500 临时排水管涵可以满足小涞港非汛期的排水要求，不会出现排涝问题。

小涞港过流量及流速对比表 表2-7

工况	方案	小涞港崧泽高架路处水位(m)	小涞港三泾港处水位(m)	相应最大过流量(m³/s)	流速(m/s)
工况1	无管涵	3.583	3.578	10.1	0.10
工况2	有管涵	3.649	3.574	3.37	0.82(通道) 0.21(便道)

2. 全断面围堰施工技术

采用沿河道横向全断面围堰(兼施工通道)+岸边混凝土管临时过水方案。如图2-70~图2-72所示。

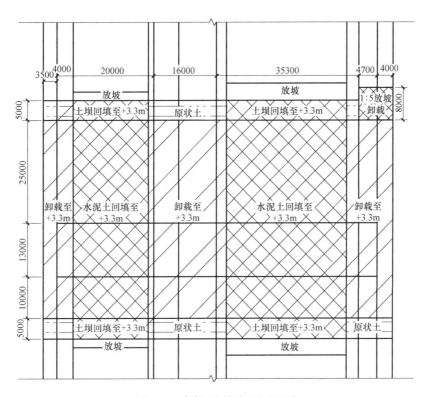

图2-70 全断面围堰加固平面图

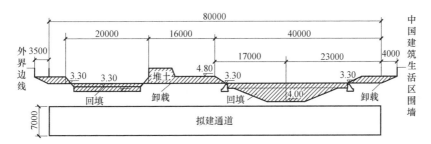

图2-71 全断面围堰加固剖面图

图 2-72　全断面围堰实际施工图

下穿小涞港区段采用 ϕ1000 SMW 工法桩围护形式。围堰实施完毕后，在围堰顶打设围护桩，然后进行基坑开挖、支撑布置及内部结构施工。

围堰顶标高 3.6m，高出已建驳岸压顶梁 0.3m，可避免拆除围堰范围内驳岸（仅需拆除基坑范围内驳岸），减小对河道的影响范围。

在通道红线以南 10m 分别在原有、已建小涞港处堆砌宽 5m 的挡土坝；同时，通道红线以北 25m 也堆砌相同宽幅的挡土坝，挡土坝上采用 7cm 厚混凝土护坡，回填作业区域划定后对两河道进行河水抽干及采用挖掘机清除淤泥土。

河道清底完毕后拌入生石灰，最后采用 5% 水泥土分层回填、压实至 +3.3m，压实系数为 0.93。同时，将原有小涞港与已建小涞港之间以及河道两侧的堆土卸载至 +3.3m。

3. 在已建基坑上排设 110kV 电力排管箱涵的施工技术

基坑西侧的通道上方需穿越一根 110kV 电力排管箱涵，排管宽度为 2.66m，高度为 0.6m，在排管上浇筑混凝土，形成混凝土箱涵。箱涵南北跨越通道基坑，跨度为 13m。为保证排管顺利实施，研究采取相应措施进行电力箱涵施工，并对其进行保护施工。

为保证电力排管能够跨越基坑，拟采用钢梁结构对电力排管进行顶托，如图 2-73 所示。采用 900mm×300mm×16mm×18mm 的 H 型钢作为钢梁主体，架设在通道围护顶圈梁上，确保钢梁结构的整体稳定性，同时，在钢梁之间焊接 175×90×5×8@500 的 H 型钢，并铺设 5mm 钢板，作为电力排管箱涵的底模。

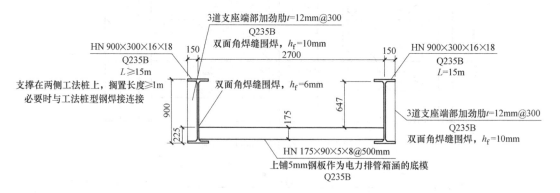

图 2-73　电力排管顶托结构示意图

4. 110kV 电力排管施工技术

为了做到对 110kV 电力排管箱涵安全、有效、有序的保护，具体施工安排如下：

1）第一阶段保护措施（电力箱涵钢便桥）

国展通道基坑已完成土方开挖，同时大底板也已浇筑完成。为保证电力箱涵施工的正常进行，需在国展通道基坑围护上设置一座钢便桥，使得电力箱涵能够架设在钢便桥上。

设计计算如图2-74所示。

说明 1.除特别注明外，本计算书均参照《钢结构设计规范》GB 50017-2003编写；
　　　2.红色底案的表格内容需根据实际情况手工输入。

1.钢架截面特性

h(mm)	b(mm)	t_w(mm)	t_1(mm)	A(mm^2)	A_w(mm^2)	h_w(mm)	g(kg/m)
900	300	16	28	30304	13504	844	237.9
l_x(mm^4)	W_y(mm^3)	l_y(mm^4)	W_y(mm^3)	i_x(mm)	i_y(mm)	S_m(mm^3)	S_1(mm^3)
4.0E+09	8.88E+06	1.3E+08	8.4E+05	363	65	5.1E+06	3.7E+06

钢材屈服强度f_y=345MPa

E_x=206000MPa

f=295MPa

f_w=170MPa

重要性系数γ_0=1.1

M_x=2081kN·m

跨度L=14m

钢梁间距b=1.5m

附加恒载：D=34.0kN/m^2

活载：L=3.5kN/m^2

1.2D+1.4L=78.5kN/m

1.35D+0.98L=84.9kN/m

V_x=594kN

2.强度验算

Y_x=1.05

$\sigma_M=M/(Y_x W_x)$=223MPa=0.76f OK

$T_m=VS_m/(l_x t_w)$=47MPa<f_v OK

$M_c=Y_x W_x f$=2751kN·m

$\sigma_w=\sigma_M(h_w/h)$=209MPa

$T_w=VS_1/(l_x t_w)$=34MPa

$\sigma_1=\sqrt{(\sigma_w^2+3T_w^2)}$=217MPa<$\beta_1 f$ OK

3.稳定验算

侧向无支撑跨距L_b=7.0m

$\zeta=L_d t_y/(bh)$=0.73　β_b=1.40

h_y=108　η_b=0

$\varphi_b=\beta_b(4320/A$
$y^2)\gamma$ (A h/W_x) $\sqrt{[1+(A}$
y $t_f/4.4h)^2]^a(235/f_y)$=1.36　　φ_b'=0.86

M/(φbW_x)= 271.8MPa =0.92f OK

b_0/t_1= 5.1 < 13$\sqrt{[235/f_y]}$=10.7 OK

h_w/t_w= 52.8 < 80$\sqrt{[235/f_y]}$=66.0 OK

L_b/b=23.3>16 $\sqrt{235/f_y}$=13.2 NG

β_b计算见《钢规》表 B.1

项次	侧向支撑	荷载	位置
1	跨中无侧向支撑	均布	☐上翼缘
2			☐下翼缘
3		集中	☐上翼缘
4			☐下翼缘
5	跨中一个侧向支撑	均布	☐上翼缘
6			☐下翼缘
7		集中	☑任意
8	跨中≥2个等距支撑	任意	☐上翼缘
9			☑下翼缘
10	梁端有弯矩,跨中无荷载		☐任意

4.变形验算

$\Delta_D=5q_D L^4/(384EI)$=32mm

$\Delta_L=5q_L L^4/(384EI)$=3mm

$\Delta_1=\Delta_D+\Delta_L$=36mm

L/Δ_L=393≥250 OK

L/Δ_L=4389≥350 OK

图2-74　设计计算过程

如图2-75所示，钢便桥采用900mm×300mm×16mm×18mm的型钢作为主梁，175mm×90mm×5mm×8mm@500的H型钢作为次梁，并铺设5mm厚钢板作为电力箱涵底模。整个钢便桥在基坑边进行焊接制作，采用50t汽车式起重机配合进行钢便桥制作，确保钢便桥焊缝达到设计要求。钢便桥制作完毕后，割除钢便桥位于国展通道顶圈梁上的H型钢，使用50t汽车式起重机将钢便桥吊放至指定位置，并与周边H型钢焊接牢固，确保钢便桥不发生位移。

钢便桥施工完毕后，电力公司将在钢便桥上施工电力排管箱涵，箱涵施工完毕后，实施对此部分箱涵的保护工作。

2）第二阶段保护措施（结构施工阶段）

结构施工阶段，为避免施工设备碰触电力排管箱涵，如图2-76所示，在电力排管两侧

1m处设置防护隔离栏杆并悬挂警示标志,施工机械远离电力排管区域,吊装作业不在电力排管周边区域进行。

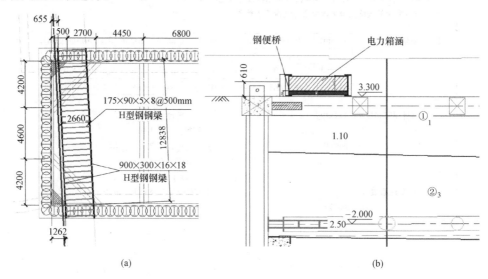

图2-75　第一阶段保护措施
(a) 平面;(b) 剖面

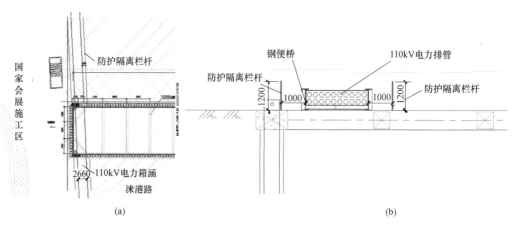

图2-76　第二阶段保护措施
(a) 平面;(b) 剖面

在钢筋吊放过程中,所有的钢筋及原材料吊放作业都由专人指挥,吊放位置远离电力箱涵5m以上并设置牵引绳,防止由于钢筋的旋转而误碰撞电力箱涵排管。

在顶板、侧墙混凝土浇筑阶段,针对电力箱涵排管下方的侧墙、顶板浇筑采用外接硬质泵管的措施,避免混凝土浇捣所引起的机械误碰撞。

在结构施工阶段也密切关注围护桩变形监测、围护桩顶水平垂直位移监测、支撑轴力监测、周围地表沉降监测、地下水位监测、电力排管箱涵沉降监测,通过以上的实时监测,确保电力排管箱涵的安全。

3)第三阶段保护措施(结构覆土、型钢拔除阶段)

在结构施工完毕后,如图2-77所示,施工顶板防水,同时进行人工覆土,覆土高度至电力排管箱涵底80cm并采用压密注浆工艺对此部分覆土进行密实处理。注浆施工完成后，在覆土上砌筑砖砌支撑墙，长度10m，在分隔墙内回填黄砂至电力排管箱涵底部。

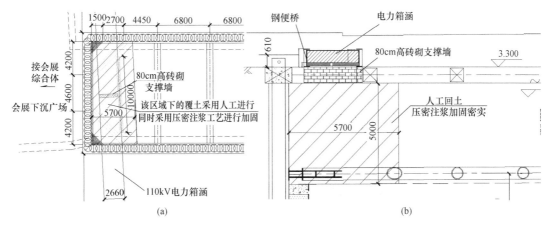

图2-77 结构覆土施工中的保护措施
（a）平面；（b）剖面

覆土完成后，进行周边H型钢拔除工作。为保证电力排管稳定，电力排管箱涵下的H型钢及周边1m范围内的型钢不进行拔除，周边的型钢拔除速度减缓。同时，该处的第一道混凝土角撑及圈梁也不进行拆除，确保电力排管箱涵的稳定性。型钢拔除范围如图2-78所示。

2.4.4 实施效果

该工程自2013年12月起开始施工，2014年6月完成主体结构施工，其采用的全断面围堰施工以及电力排管便桥技术大大减少了施工措施费用，缩短了施工工期，使得国家会展的配套工程小涞港、涞港路能够顺利按期实施完成，为国展的顺利开展打下了坚实的基础，极大地完善了国家会展中心与东侧虹桥商务区的互联互通。地下通道现已投入运营，如图2-79所示。

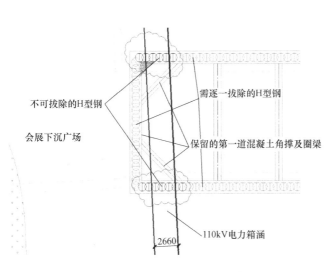

图2-78 型钢拔除范围

图2-79 运营中的国家会展地下通道

第3章

冻结暗挖施工技术

冻结法源于天然冻结现象，北半球的寒带国家最先开展工程应用。1862年，英国威尔士的建筑基础施工中，首次成功使用人工制冷加固土壤。1883年，德国阿尔巴里煤矿成功采用冻结法建造井筒。1886年，瑞典首次将冻结法应用于市政隧道工程中。1906年，法国把冻结法应用于穿越河床的地铁工程。1933年，苏联在地铁工程竖井建造中使用冻结法，随后在世界其他一些国家陆续得以应用。1955年，我国以波兰成套引进技术设备，在开滦煤矿林西风井建设中首次采用冻结法凿井成功。1956年，在苏联专家指导下，利用国产施工设备采用冻结法凿井完成唐家庄风井建设。随后矿井建设成为冻结法应用最广的领域，我国用冻结法建设的矿井近1000个，最深冻结深度达到955m。20世纪70年代初，冻结法施工技术首次应用于北京地铁建设。1992年，上海地铁隧道工程建设中首次应用冻结法加固土体，随后冻结法被广泛应用于地铁联络通道（泵站）施工。冻结法地层加固封水性好，与相邻构筑物可形成连续密接的整体结构。当地下工程施工遇到复杂水文地质条件和地面环境条件时，如盾构在富水砂性土地层始发及接收，盾构加固区上方管线密集或交通繁忙而不具备地面加固条件，建（构）筑物下暗挖构筑或清障，冻结法地层加固往往成为最佳的有效方法。

3.1 冻结暗挖法概述

3.1.1 土体冻结

土体冻结是一种地下工程地层加固方法。先在欲开挖的地下工程周围钻一定数量的孔，孔内安装冻结器，然后利用人工制冷的方法，把低温冷媒通过冻结管送入地层，使地层中的水冻结成冰，在地下工程周围形成一个封闭的不透水的帷幕——冻结壁，用以抵抗土压、水压，隔绝地下水与地下工程开挖土体之间的联系，然后在其保护下进行暗挖施工。冻结法施工按冻结管打设角度，一般分为垂直冻结和水平冻结两种方式。水平冻结充分发挥了不占用地面空间的灵活优势，是地下工程最常用的冻结方式，冻结后的土体封水性好、强度高，是松散富水地层最适宜的加固方式之一。

形成致密连续的冻结壁是冻结法的核心环节，是通过冻结系统的三大循环（盐水循环、氨循环和冷却水循环）而实现的。完整的冻结系统，如图3-1所示。

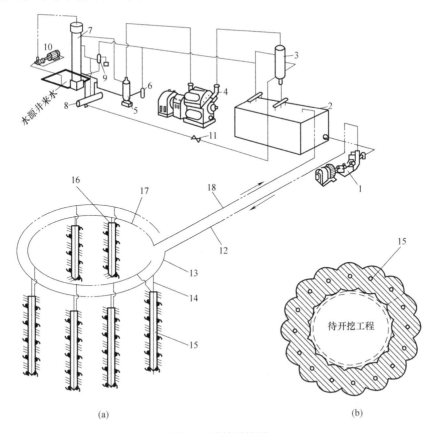

(a)   (b)

图3-1 冻结系统图

(a) 冻结系统图；(b) 冻结形成的帷幕

1—盐水泵；2—盐水箱（内置蒸发器）；3—氨液分离器；4—氨压缩机；5—油氨分离器；6—集油器；7—冷凝器；
8—储氨器；9—空气分离器；10—水泵；11—节流阀；12—去路盐水干管；13—配液圈；14—供液管；15—冻结管；
16—回液管；17—集液圈；18—回路盐水干管

1）盐水循环

盐水循环在制冷过程中起着冷量输送的作用，以泵为动力驱动盐水进行循环。盐水循环系统由盐水箱、盐水泵、去路盐水干管、配液圈、供液管、冻结管、回液管、集液圈及回路盐水干管组成。供液管、冻结管、回液管组合在一起称为冻结器，是低温盐水与地层之间的热量交换器。盐水流量越大，与地层的温差越大，热交换的强度就越大。低温盐水（−25～−35℃）在冻结器中流动，吸收其周围地层的热量，形成冻结圆柱，冻结圆柱逐渐扩大，然后连接成封闭的冻结壁。工程中使用的盐水（冷媒剂）通常为氯化钙溶液，其相对密度为1.25～1.27。

2）氨循环

氨循环在制冷过程中起主导作用，氨具有良好的热力性能，工程中一般用氨作为制冷剂。吸收了地层热量的盐水返回到盐水箱，在盐水箱内将热量传递给蒸发器中的液氨，由于蒸发器中氨的蒸发温度比周围盐水温度低5～7℃，使液氨变为饱和蒸汽氨，再被氨压缩机压缩成高温高压的过热蒸汽氨，进入冷凝器进行等压冷却，将地热和压缩机产生的热量传递给冷却水。冷却后的高压常温液氨，经储氨器、节流阀后变为低压液态氨，再进入盐水箱中的蒸发器进行蒸发，吸收周围盐水之热量，又变为饱和蒸汽氨。如此周而复始，构成氨循环。

　　3）冷却水循环

　　冷却水循环以水泵为动力，通过冷凝器进行热交换。冷却水循环在制冷过程中的作用是将压缩机排出的过热蒸汽氨冷却成液态氨，把氨蒸汽中的热量释放给大气。冷却水循环系统由水泵、冷却塔、冷却水池以及管路组成。冷却水温度一般较氨的冷凝温度低 5～10℃。冷却水温度越低，制冷系数就越高。

　　当需冻结的地层体量不是很大时，需要的制冷量也相应比较小，当制冷的温度不是特别低时，可使用一级压缩制冷系统，一级压缩制冷系统的经济蒸发温度只能达到−25℃。如果冻结工程量比较大，需要温度更低的盐水时，则需使用两级压缩制冷系统。两级压缩制冷系统与一级压缩制冷系统的主要区别是在氨循环中再串联一台压缩机，并在低压机和高压机之间增加一个中间冷却器，其他与一级压缩制冷系统基本相同。中间冷却器的作用是用来冷却来自低压级排出的过热蒸汽氨，同时对来自冷凝器的液态氨进行过冷，以便进入蒸发器进行高效蒸发。

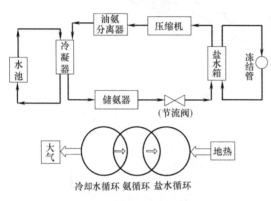

图3-2　三大循环的热量传递过程

　　三大循环的热量传递过程如图3-2所示。

3.1.2　暗挖构筑

　　在软土地区中，用冻结法加固地层进行暗挖施工的做法多用在地铁区间旁通道这一类小型的地下结构，目前也尝试用于暗挖修建大型的地下结构。冻结暗挖施工要充分发挥围护岩土的自承能力，尽快形成闭合支护结构，以信息化监测指导施工，即遵循"新奥法"大部分原理，以冻结土体改造地质条件为前提，以控制地表沉降为重点，以格栅（或其他钢结构）和喷锚作为初期支护手段。

　　暗挖前，需要作开挖条件判定。对冻结壁的温度、厚度参数、交圈情况和开挖准备情况做出详细的科学分析，对薄弱环节预先制订有效措施，减少开挖带来的工程风险。

　　开挖条件具备且应急准备工作齐备之后，对暗挖区进行开挖。开挖时，充分考虑冻结壁蠕变的时空效应，运用新奥法的短段掘砌技术，随挖随支，严格控制冻结壁和邻近保护建筑的变形。如开挖断面较大，处理十分复杂，一次性开挖暴露的掌子面过大容易导致坍塌，则需要分区进行开挖，开挖分区方法可采用矿山法中的双侧壁导坑法，如图3-3所示。它的优点是各部分封闭成环的时间短，结构受力均匀，形变小；由于支护刚度大，施工时隧道整体下沉较小，地层沉降量不大，而且容易控制。由于施工时化大跨为小跨，步步封闭，因此，每步开挖扰动土层的范围相对小得多，封闭时间短，结构很快就处于整体较好的受力状态。

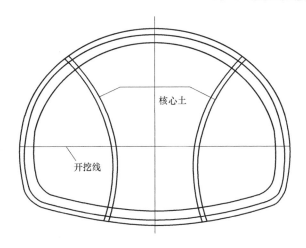

图3-3　双侧壁导坑法断面示意图

　　初期支护需要能够承受冻土失效后全部的荷载；初期支护分块需要快速安装，且对接方法不能采用大量焊接发热作业。暗挖通道开挖后，冻土暴露空气中会不断融化脱落，通道扩大，这样一方面会造成冻结壁减薄破坏，另一方面会使地层形成空洞。所以，初期支护需要能够尽快根据拟开挖地下通道的断面形状，形成闭合回路；初期支护需要具有一定的控制变形能力，初期支护安装顺序需要与开挖运输出土相适应。

　　待支护能有效支撑上部土体和既有建（构）筑物后，施工地下结构，最终形成大型断面地下通道。

　　地下结构形成后，冻土解冻时通过预埋融沉注浆管注浆控制后期的沉降，注浆时应加强监测。

　　软土地区冻结暗挖方法具有拆迁少、灵活多变、无须太多专用设备及不干扰地面交通和周围环境等特点，同时信息化技术的实施实现了暗挖技术的全过程控制，有效地减小了由于地层损失而引起的地表移动变形等，由于及时调整、优化支护参数，提高了施工质量和速度，目前形成了一套完整的综合施工技术。

3.1.3　冻结施工特点

　　1）可有效隔绝地下水，安全、可靠

　　冻结施工使土体中的大部分水结冰，冻土的强度和弹性模量较未冻之前的土有很大提高，在−10℃时其瞬时强度可达到3MPa(黏土)～10MPa(砂土)。松软含水地层经过冻结后形成致密的整体，且与相邻的构造物能很好地粘结在一起，形成连续的封水结构。其隔水效果是其他方法所无法比拟的。

　　2）适应性广

　　冻结施工适用于任何含一定水量的松散岩土层，在软土、含水不稳定层、流沙、高水压及高地压地层条件下冻结施工技术有效、可行。地面不具备加固条件的地方、水泥土加固易失效地方、水底（江河湖海、水库、水塘、水池）施工，基坑围护桩间止水、暗挖通道对接、地下清障、工程抢险等环境条件下均有用武之地。

3）灵活性好

冻结施工可以人为地控制冻结体的形状和扩展范围，必要时可以绕过地下障碍物进行冻结。

4）可控性较好

冻结加固土体均匀、完整。土层注浆和搅拌桩，在超深地层加固会受限于设备能力，在某些地质情况和工作条件下，存在加固范围不易控制、加固体强度不均匀等情况；而冻结施工技术可以把设计的土体全部冻成冻土，冻结加固体均匀、整体性好，可形成地下工程施工帷幕。

5）污染性小

冻结施工最大的污染是钻孔时少量的泥浆排出和融沉控制时融化土体的局部注浆，冻结过程中不向地层注入任何有害物质。冻结施工完毕后，地层自然融化，恢复原有状况，对地层的人为改变最小，不会在地层留下有碍于其他工程施工的地下障碍物。作为一种"绿色"施工方法，符合环境岩土工程发展趋势。

6）经济上合理

国内外的工程实例表明，冻结工法成本与其他施工法（如注浆法和旋喷桩）处于相同的数量级，而且随着加固深度的加大，冻结工法的经济性越来越明显。

冻结法施工有上述优势，但由于城市地下空间工程往往在高楼林立、地下管线密集、地面交通繁忙等复杂环境条件下进行施工，冻结实施过程中与周边建筑、管线等会产生相互作用，因此，必须掌握冻胀融沉规律，采取相应措施，确保与冻结土体相关联的建（构）筑物的安全稳定。

3.1.4 冻胀融沉

1. 冻胀机理

含水土体的冻结是土中的水结冰并将固体颗粒胶结成整体的过程，伴随着复杂的物理、物理化学、物理力学过程。在含水土体的冻结过程中，除土中的原位水发生冻结外，还会发生未冻水向冻结锋面的迁移，从而引起土中水分重新分布和析冰作用。因此，冻胀可分为原位冻胀和分凝冻胀。孔隙水原位冻结成冰后体积增大约9%，但由于冻结过程中外界水分补给，并在土体内迁移到某个冻结位置，体积增大会远大于9%，所以开放系统饱和土中分凝冻胀是构成土体冻胀的主要部分。

对冻土水分迁移机理及水—冰相转换的认识，是从微观角度研究冻土物理力学性质、土体冻胀融沉规律的基点。正是冻土冻结过程中的水分迁移，引起土中水分的重新分布和析冰作用，使土体的性质发生剧烈的跳跃式变化，如黏聚力增大、强度提高、体积大大增加。对于冻土中析冰作用，已经认识到，冻土中的析冰作用与土体类型、含水量及水分分布、温度和荷载条件密切相关。

水分迁移的机理十分复杂，目前还未能有十分全面的解释，但基于国内外大量的研究，已有下面的一些共同认识：

1）冻土中未冻水和冰的驱动力平衡原理

冻土中未冻水和冰的数量、成分及性质不是固定不变的，而是随外界热力作用的改变而处于动态平衡之中。换而言之，土体的相态平衡是一种动态的平衡，外部热力作用如温度、压力等的不断变化，使得水分迁移现象在土体中不断地发生着。这种迁移现象不仅发生在迁移面，而且也发生在已经冻结的土体中。

2）冻土温度及温度梯度对水分迁移的影响

黏性细粒土土体降温是水分迁移的基本外在因素。土体降温引起水结晶、冰分凝、土颗粒自由能量增长，使得冷源方向存在着各种分子力，引起土体内部液态水向冻结锋面不断迁移。

土体温度越低，土体中未冻水含量越少，含冰量越大。降低负温，不仅减少了土中未冻水含量，而且改变了未冻水的性质，如盐分浓度增大、黏度增大、冻结温度降低等。

冻土温度梯度决定着水分迁移的大小。在有外来水源补给的情况下，土体冻结锋面上的冷却温度越高，时间越长，外部渗入水分在冻结面上形成的冰晶体、冰夹层的厚度也越厚。所以说，冻土的温度梯度越小，水分迁移量越大；温度梯度越大，水分迁移量越小。

在已冻土中，当冰面及土颗粒表面存在着未冻水时，在温度梯度的影响下，未冻水迁移也遵循正冻土中薄膜水的迁移的基本规律。

3）荷载作用对水分迁移的影响

除冻土温度外，外荷载对未冻水含量的影响十分显著，外荷载越大，冻土中的未冻水含量越大，含冰量越小。这是由于在外部压力作用下，矿物颗粒的接触点上会产生巨大的接触应力，促使冻土中冰产生融解，因而使未冻水含量增加。

4）土的粒度组成对水分迁移的影响

土颗粒越细，土颗粒比表面积越大，自由表面能越大，因而结合水的厚度也相应增加，在相应的负温度条件下，未冻水含量也就越高，因此，冻融现象研究的主要对象是细粒土。

2. 融沉机理

冻土融沉在工程上包含冻土的融化沉降和压密沉降两种。富冰冻土融化时，融化后的土体由于冰变成水且体积减小而产生融化性沉降，同时由于在融化区域发生排水固结，引起土层的压密沉降。融化沉降的沉降量与外压力无关，而压密沉降与正压力成正比。冻土的融化沉降量及随时间而发生的过程不仅取决于冻土的性质（冻土构造及冰包裹体的存在等）及作用荷载，而且还取决于融化过程中土的温度状况。

通常融沉要大于冻胀，有时候融沉会变为突陷。融沉的不均匀性及突陷往往会导致结构的破坏。像冻胀一样，融沉也是与温度、温度梯度、上覆荷载以及土层的物理、力学及热学性质相关的。

3. 主要影响因素

土体的冻胀融沉与土体本身的性质和各种外部影响因素有关。土体本身的性质包括土的矿物成分、粒度组成、土体的含水量、土的结构、压缩系数以及土的热物理性质，土体本身的性质决定了土体冻胀融沉的机理。但是，各种外部因素对冻胀融沉也有极大的影响。这些外部影响因素主要包括上覆荷载、水源补给条件、冻结和融化温度、温度梯度等。

1）土的矿物成分和结构对冻胀融沉的影响

土的矿物成分和颗粒组成决定了土的基本性质，矿物成分决定了它的比表面积，从而决定了它与水的结合力，它的阴阳离子交换能力。土的结构主要是粒度组成及密度等，它们会影响土的孔隙水离子含量、毛细作用、渗透性、膨胀性。

很多研究表明，粒径为0.5～0.005mm的粉粒土持水性强，其孔隙结构为水分迁移创造了最好的条件，即毛细作用强，因此粉粒土层是冻胀敏感性最强的土层。

随着土层固体颗粒的变细，土层的比表面积增大，自由表面能越大，颗粒与水交界面上发生物理化学作用的场所就越大，与水的作用就越强，因而结合水的厚度也相应增加，在相应的负温条件下未冻水含量也越高。黏土等细小颗粒矿物的比表面积很大，具有很大的表面能，有时含量不足百分之几，但足以改变土的性质。在一定含水量条件下，土体密度越大，土的冻胀性越强；在一定土体密度条件下，当土体含水量达到初始冻胀含水量时，土的冻胀性随含水量增加而增加。

2）与温度的关系

土中温度降低是水分迁移的基本外在因素。土温降低引起水结晶、冰分凝、土粒自由能量增长，使得冷源方向存在各种分子力，引起土体内部液态水向冰锋面不断迁移。

冻土土温越低，土体中未冻水含量越少，则含冰量越大。降低土温，不仅减少了土中未冻水含量，且改变了未冻水的性质，如盐分浓度增大，黏度增大，冻结温度降低。

3）与温度梯度的关系

冻土的温度梯度决定着水分迁移量的大小。在有外来水源补给的条件下，土体冰锋面的冷却温度越高，时间越长，外部渗入水分在冰锋面上形成的冰晶体、冰夹层的厚度也越厚。所以说，冻土温度场梯度越小，水分迁移量越大，冻胀量越大；温度梯度越大，水分迁移量越小，冻胀量越小。冻土的温度梯度小，水分迁移量大，对土体的结构破坏大，含水量增加，相应的土体融化时的沉降量也要增大。

4）与荷载的关系

除冻土温度外，外荷载对未冻水含量的影响十分显著，外荷载越大，冻土中的含水量越大，含冰量越小。这是由于在外部压力作用下，矿物颗粒的接触点会产生巨大的接触压力，促使冻土中冰产生融解，因而未冻水含量增加。

5）外界水源补给条件

当无水源补给时，由于水分迁移受到限制，因此冻胀达到一定量时就不再增长。有水源补给时，水分迁移得到保证，只要其他条件适宜，冻胀就会持续增长，达到较大的数值。封闭系统土样的总冻胀量只有3%～5%；而开放系统中不同材料和温度条件下，冻胀量可以达到100%，甚至更大。

4. 冻胀融沉控制

在饱和软土地区浅层土冻结时，易产生较大的冻胀量，最后必然会产生较大的融沉。一般冻结施工前需对结构及周边土体按要求做加固，冻土通道的开挖导致应力平衡改变，应力重新分布，且会形成新的附加荷载作用于冻土帷幕，为控制变形发展需及时进行支护。帷幕开挖面的临时支撑要有足够的强度抵挡冻结压力，保证帷幕变形在控制范围之内。

为减少土体冻胀对结构及地表的影响，工程上防止冻胀的技术措施一般有：合理安排冻结顺序，将封闭型冻结改变为开放型冻结；设置卸压孔，降低冻胀压力和孔隙水压力；设置合理的冻土范围和冻结壁厚度；热水孔控制冻结边界；低温快速冻结；冻结前土体预注浆，减少含水量。

控制冻胀是避免融沉的根本手段，冻土内水分迁移是冻胀的主要原因，限制水分迁移、降低土的渗透性，从而减少冻土的冻胀和融沉。试验研究结果表明，土体中掺入一定量的水泥后，由于冻土的渗透性随掺入的水泥量增加而减少，可以将所产生的冻胀和融沉控制在很小范围内。在冻土融化过程中，冰变水，土颗粒发生位移，强度大幅降低且透水系数增加，在土体冻结前预先用水泥改良可减少由此带来的工程问题。

融沉充填注浆和一定时间的连续跟踪注浆是控制融沉的常用手段，在结构混凝土强度达到设计强度后，停止冻结且冻结孔封死后，在衬砌后充填注浆和冻结壁融沉注浆。在盾构联络通道（泵站）冻结暗挖施工后期，要持续在洞口管片处、联络通道管片处跟踪注浆，以降低融沉量，使它控制在很小范围内。注浆以少量多次为原则，根据结构变形监测和地层沉降监测情况，不断调整注浆参数，连续数月监测结果显示结构和地层变形稳定，才可以结束融沉注浆。

3.2 冻结暗挖法施工

3.2.1 工艺流程

1）现场勘探

要了解掌握冻结实施区域的现场环境，除常规项目外，应侧重了解含水层的层位、地下水流速及是否承压；黏土层分布、层厚及平面分布的连续性；气象及地温资料；土层含盐量和pH值；现场附近的地下埋设物、原有结构物的状况及位置以及周边施工降水情况及位置。

2）室内试验

要掌握冻结实施位置土的物理性质，包括土的颗粒级配、含水量、液限、塑限、密度及冻土中的未冻水含量和冻结温度等；掌握土的热物理性质，包括土的渗透系数、冻土和融土的比热、导热系数、冻胀和融沉特性；掌握土的力学性质，包括冻土的抗压、抗剪、抗拉和抗弯强度及蠕变特性。

3）设计

现场和土性了解清楚后，首先进行力学设计，根据现场地温条件及室内参数测试，通过计算确定冻结壁的厚度和冻结深度；然后进行热工设计，根据现场地温条件及室内参数测试，通过计算确定冻结管的数量、布局，冻结壁的交圈时间，冷冻机组的装机容量及配置。

4）现场施工

在设计和实施方案审批完成后，进行现场施工。钻进冻结孔、测温孔和泄压孔；冻结孔完成必须测斜，必要时需要纠偏或补孔；进行冷冻设备及冻结管路系统（包括水、电）的连接、安装和运营；提前做好管路系统、冻结管及冻结壁的保温工作。

5）现场监测

必须对冻结系统进行监测，监测低温盐水温度和流量，监测冻土壁及外围土层温度；对冻结土体及环境进行监测，监测土体水平、竖向位移和应力，监测地下水位等。

3.2.2 阶段划分

冻结法施工按进度顺序，可分为四个阶段：准备期、积极冻结期、维护冻结期和解冻期。积极冻结期是指从低温盐水在冻结管内循环、地基土冻结开始至冻结壁达到设计厚度和强度的时间。维护冻结期是指掘砌时间，在此期间内只需保持冻土壁不升温即可。

准备期间可进行冻结管、供液管、监测设备和冷冻机械安装平行作业。各阶段的作业内容见表3-1。

冻结法施工各阶段作业内容 表3-1

准备期	积极冻结期	冻结维护期		解冻期
冻结管及冷冻液配置	钻孔	冷冻液循环	开挖基坑	工程完成
	下放冻结管			
	测定偏斜	冻土墙形成	冻土墙暴露面保温	停止机械运转
	耐压试验			
	冷冻液配置		浇灌混凝土	自然解冻或强制解冻
	配管隔热			
监测仪器安装调试	钻孔	冷冻液温度、流量管理		起拔冻结管
	地温冻土墙温度			
	冻胀量	冻土墙的温度测定及监视		
	地下水位			
	冻土墙体变形	地面冻胀、冻土墙变形及地下水位测定及监视		孔内充填砂砾
	精度检测			
冷冻设备安装	冷冻机安装	开始运转	冷冻机运转管理	撤出基地
	输电安装			
	供水设备安装			
	耐压漏水试验			
	设备组装调试			

3.2.3 暗挖施工

暗挖施工前，需要对开挖条件作出判断。对冻结壁的温度、厚度参数、交圈情况和开挖准备情况做出详细的科学分析，对薄弱环节预先制订有效措施，减小开挖带来的工程风险。一般判定条件有：冷冻机等冻结系统各设备运转正常，冷量供应充分且有保证，备用设备、零部件、材料充足；盐水系统运行正常连续，盐水温度在预设温度区间长期稳定运行，盐水去、回路温差小且稳定；根据各测温孔测温结果计算分析，不同断面的冻土帷幕厚度、温度达到设计值；打探孔实际检查冻土帷幕实际发展范围，及与相邻构筑物的接缝、接触面等界面部位的温度和胶结程度；探孔、泄压孔无泥水涌出；防护门安装稳妥，启闭功能正常，打压试验合格；其他开挖准备和应急设备物资齐备；经建设、设计、施工、监理和监测等各方研究确认，具备开挖条件。

由于冻土中冰和未冻水的存在，冻土具有明显的流变特征，即冻土在恒载作用下，其变形随时间的延长而增大，故运用新奥法的基本原理进行土方开挖和临时支护。根据土体的冻结加固顺序和地下空间的结构组成，将开挖土体划分成不同的开挖区块，对于大断面地下空间，如分区之后断面仍然较大，则每个区块再划分成上下两个台阶小断面，有利于开挖施工组织和安全。

开挖断面较小时，可采用手持风镐破除冻土、铁锹铲土等人工方法；开挖断面较大时，可采用具有水平伸缩臂功能的无线遥控机器人开挖；在开挖断面允许的条件下，还可以采用驾驶员操作的微型反铲式挖机挖土。挖出的冻土由小型前卸式翻斗车运送出暗挖区，从基坑出土口垂直运输出去。

在开挖高度较大的情况下，上下台阶式开挖、新奥法开挖时，均需要根据现场情况设置临时钢平台，以满足上层施工时的人员条件、设备初始工作条件和渣土运输条件。

开挖时，充分考虑冻结壁蠕变的时空效应，运用新奥法的短段掘砌技术，随挖随支，严格控制冻结壁的变形和邻近保护建筑的位移。初期支护一般由固定间距的多榀型钢支架、木背板和喷射混凝土层组成，其作用是承受冻土失效后的地下结构周边土体荷载。小型暗挖通道，如地铁旁通道的型钢支架采用拱门型结构，稍大一些的暗挖通道，如管廊可采用日字形钢支架，而更大断面的暗挖通道，如地铁车站结构则需要采用网格型的钢支架。

暗挖区分阶段通道开挖后需及时设置初期支护，其对接方法不宜采用大量发热的焊接，宜采用螺栓装配式。每个分区单次开挖进尺深度不超过设计确定的进尺深度，应及时跟进安装对应初期支护的钢支架。喷射混凝土可根据设计工况、实际工作条件和监测数据，分段实施或在一个分区暗挖通道贯通后一次喷射完成。开挖断面严格按设计空间要求实施测量，避免超挖。为避免冻土在暴露空气中融化脱落形成空洞，削弱冻结壁的有效厚度而产生安全风险，安装钢支架时，在冻土和钢支架之间安装保温板和木背板。

采用上下台阶式开挖或新奥法开挖的暗挖通道，由于整个暗挖断面分次完成，所以初期支护需要在分阶段完成后进行整体闭合连接，闭合前需要采取可靠的连接措施，避免初期支护因开挖产生变形和位移而造成装配错位的情况。对于大型的冻结暗挖通道断面，初期支护还需要具有一定的控制变形能力，应设置钢支架支撑轴力调节机构。

分台阶或新奥法开挖时，宜在其中一个阶段的暗挖通道贯通或达到一定纵深后，再开始下一个阶段通道开挖，避免两通道相互影响下暗挖通道失稳。

在初期支护钢支架上提前布置一定数量的预埋融沉注浆管，注浆管深度要贯通初衬结构进入冻土层，然后挂钢筋网喷射细石混凝土层，形成初期支护。喷射混凝土要分层喷射，每层50~80mm，采用干喷工艺，按先底后墙再顶板、自下而上进行喷射。喷射混凝土初凝不大于5min，终凝不大于10min。喷射混凝土层难以平整，在顶板施工中留下了混凝土浇筑无法排除的空气囊隐患，所以还需要进行一次水泥浆抹平作业。

3.2.4 结构施工

冻结暗挖的永久结构层一般为钢筋混凝土结构，主体结构施工顺序一般遵循"竖向分层，从下至上"的原则，采用先底后墙再顶板的施工工艺，包括钢筋绑扎、立模、浇筑混凝土、养护、拆模等工序。根据内支撑托换和拆除的顺序，纵向由外向内分段进行，自下而上施作。如矿山法一样，冻结法结构的施工特点在于模板在暗挖通道内侧，待浇筑混凝土在模板与初衬结构之间。在软土地区中，根据暗挖通道的形状和断面大小，结构回筑方法也略有差异。

1. 小型地下结构回筑方法

小型地下结构，如地铁旁通道拱门形结构，采用混凝土从模板预留孔泵入式浇筑工艺，由于初期支护的钢支架也采用拱门形且埋入喷射混凝土层中，暗挖通道内无阻碍设施，采用的结构施工顺序如下：

1）防水层施工

防水层由无纺布缓冲层、合成树脂高分子防水板、无纺布保护层共同组成。铺设防水层前必须对初期支护大致找平，拱墙补喷找平，底部砂浆找平，对外部的钢筋接头切除、磨平，以保护防水层不受损坏。

防水层应紧随支护层施工而施作，先铺设一层无纺布缓冲层，然后铺设防水板，再铺设一层无纺布保护层。缓冲层以机械固定方法固定于支护层上，保护层以点粘法热熔固定于防水板上。

防水板铺设由拱顶开始，然后沿侧墙下翻，与由底板铺设上翻的防水板相接，构成一封闭防水层。防水薄弱的接缝处一般设置遇水膨胀橡胶条和预埋注浆管加强防水。

2）结构层施工

首先，按结构设计图纸进行钢筋绑扎。按结构层施工顺序先绑扎通道墙部钢筋，再绑扎顶板钢筋。绑扎钢筋时，先扎外筋再扎底板内筋。通道结构中，可与钢结构直接焊接的钢筋须以丁字焊焊接。由于暗挖通道空间小，钢筋较轻质，钢筋绑扎基本不需要登高设施。

优先采用组合模板，按结构尺寸定制拼装。目前常用的有高分子复合交叉型（PVC）塑料板制作大模板，侧墙仅需2块，拱顶仅需3块。模板接缝严密，接槎平整，并检查模板的垂直度、水平度、标高、钢筋保护层的厚度及结构内层尺寸。

结构层混凝土选用商品防水混凝土。搅拌好的混凝土直接装小型前卸式翻斗车推至工作面，用气动输送泵将混凝土送入支好的模板内，并用插入式振捣棒反复均匀振捣。墙体混凝土左右对称、水平、分层连续浇筑，至拱顶交界处间歇1～1.5h，然后再灌注顶板混凝土。

2. 大型地下结构回筑方法

大型地下结构暗挖通道空间更大，但由于其初期支护的钢支架有中间支撑杆，在结构回筑时为保证暗挖通道的稳定，其初期支护钢支架不能拆除，所以结构回筑时尤其要考虑这些钢支架进入永久混凝土结构层的影响。

1）防水施工

由于大量初期支护钢支架进入混凝土结构中，所以在初期支护钢支架加工时，应提前设置两道止水钢板。另外，防水卷材由于钢支架的影响也无法设置，结构自防水显得尤为重要。结构防水根据结构形式、水文地质条件、施工方法、施工环境、气候条件等，遵循"以防为主、刚柔结合、多道防线、因地制宜、综合治理"的原则，以结构自防水为根本，以施工缝、变形缝等细部构造防水为重点。

在冻结开挖及初衬施工期间，在初期支护钢支架上提前布置一定数量的预埋融沉注浆管，注浆管深度要贯通初衬结构进入冻土层。在内衬结构浇筑完成达到强度后，外围冻结壁解冻过程中进行融沉注浆，浆液首先填充喷射混凝土层的空隙，然后由内而外一层一层注浆扩散，使顶板外包一层层封闭的水泥土加固壳体。水泥土加固层具有较好的隔水性，成为暗挖结构的第一道外防水层。

在富水地层，为达到较好的防水效果，在融沉注浆外防水和自防水结构完成后，拆除地下空间内的临时初期支护钢支架，根据需要在顶板内表面（背土面）做一层钢板内防水层，一般采用不锈钢板焊接成一个连续封闭的顶棚，采用顶板化学植筋和螺栓钢骨架固定于顶板上；然后，采用环氧浆液填充不锈钢板与顶板之间的间隙，形成封闭的钢板防水体系。

2）结构施工

大型冻结暗挖通道的地下结构，其底板、侧墙施工工艺与常规明挖地下空间结构的底板、侧墙施工工艺基本相同，但是顶板结构施工必须另辟蹊径。一方面，由于初期支护钢支架和模板排架密集布置，在这样的空间限制下，人很难进入模板排架和暗挖顶部的狭隘空间内进行结构施工，且大型地下空间结构往往净空高、顶板厚；另一方面，当大型冻结暗挖地下结构顶板采用水平顶板结构时，混凝土自然流淌的范围有限，必须突破常规方法浇筑顶板。一般采用以下结构施工方法。

（1）顶板钢筋绑扎和封模

预先搭设排架，设置走道板，作为人员行走的平台。架设上排钢筋，先焊接非受力方向主筋在初期支护钢支架上，钢筋宜采用短钢筋，方便穿越运输和精确定位；利用这些非受力方向钢筋作为支撑，在其上布置受力主筋。由于受到密集初期支护的阻碍，钢筋宜下短料，钢筋连接宜采用直螺纹连接，钢筋进料需制定可行的平移方案。上排钢筋制作完成后，设置顶板模板，模板采用木模。顶板模板固定完成后，布置下排钢筋。此时，工人需克服低矮的工作环境，在上排钢筋与模板之间的有限空间内作业。

（2）顶板浇筑

选用自密实混凝土，以保证顶板混凝土结构的密实性。可自地面从上往下打设钢管通孔作为混凝土浇捣孔，浇捣孔将浇筑区域分为若干块，每一块的流淌半径控制在自密实混凝土流淌范围内。在混凝土浇筑时，从一侧向另一侧分层浇筑，保证混凝土液面存在高差，利于空气从其余浇捣孔中排除。

3.3 冻结暗挖施工设备

冻结暗挖设备主要由制冷设备、钻孔设备、暗挖设备和构筑设备组成。制冷设备主要包括制冷压缩机、冷凝器、蒸发器等；钻孔设备主要包括开孔机、钻机、夯管机、泥浆泵、空压机等；暗挖设备主要包括风镐、多功能开挖机器人等；构筑设备主要包括混凝土喷浆机与混凝土浇筑泵。

3.3.1 制冷设备

盐水制冷冻结系统，因冻结系统简单、稳定性好、无噪声、无污染、对地下水位和水质没有影响而被广泛应用。根据专业冻结设计、计算需冷量，综合考虑主管路冷量损失后确定工程冻结制冷设备选型及数量，制冷设备一般有冷冻机组、盐水循环泵、冷却水循环泵、冷却塔、配电控制柜等，还需冻结管、测温管、供液管、盐水箱、制冷剂、冷媒剂等相关材料。根据需求选取不同能力等级的设备。

1）冷冻机组

冷冻机组就是利用压缩机对制冷剂采用循环压缩，制冷剂在液态与气态之间不断转换，在液态到气态转换过程中吸收大量的热，从而实现对载冷剂（氯化钙盐水）的降温，实现整个制冷过程。压缩机是制冷系统的核心和心脏，其能力和特性决定了制冷系统的能力和特征，制冷系统的设计与匹配就是将压缩机的能力体现出来。压缩机也可分为两种。

（1）活塞式压缩机

活塞式压缩机制冷过程是在氨压缩机、冷却器、调节阀、蒸发器等组成的循环密闭系统中进行，氨液通过调节阀降低压力进入蒸发器后，吸收被冷却介质的热量而蒸发，使介质温度降低，达到制冷的目的；蒸发的氨气被压缩机吸回，经压缩排入冷却器，使氨气降温凝为氨液，然后通过调节阀再进入蒸发器蒸发，如此反复循环达到制冷的目的。

活塞式压缩机的优点是适用范围广，不论流量大小，均能达到所需压力；热效率高，单位耗电量少。活塞式压缩机的缺点是转速不高，机器大而重；结构复杂，易损件多，维修量大；排气不连续，造成气流脉动；运转时有较大的振动。

因此，活塞式压缩机适用于矿井冻结及大型冻结工程中。

（2）螺杆式压缩机

螺杆式压缩机最早用于压缩空气，因优点较多而逐渐应用于制冷压缩机。螺杆式压缩机结构原理图如图3-4所示。

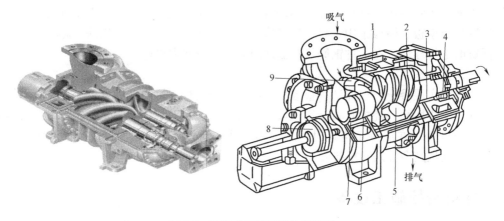

图3-4 螺杆式压缩机结构原理图

1—机壳；2—阳转子；3—滑动轴承；4—滚动轴承；5—调节滑阀；6—轴封；7—平衡活塞；
8—调节滑阀控制活塞；9—阴转子

螺杆式压缩机的主要优点是可靠性高，零部件比较少，没有易损件，因而它运转可靠，寿命长；操作维护方便，自动化程度高，可实现无人值守运转；动力平衡好，无不平衡惯性力，机器可平稳地高速工作，实现无基础运转；便于移动，体积小、质量轻、占地面积少；适应性强，具有强制输气的特点，容积流量几乎不受排气的影响，在宽广的范围内保持较高的效率，适用于多种工况；多相混输，转子齿面间实际留有间隙，因而可用耐液体冲击，可输入含液气体、含粉尘气体、易聚合气体等。

螺杆式压缩机的主要缺点是造价高，噪声大，不能用于高压场合，在微型场合不能体现其优越的性能。

因此，螺杆式压缩机常用于市政地下工程人工冻结中，主要的技术指标见表3-2。

螺杆式制冷压缩机主要技术参数 表 3-2

参数	型号				
	LG25×25	25CF	LG60-25/12	LGA125DD	LGA-200
标准制冷量(kW)	1400	1050	737.3	—	—
转子型线	对称圆弧	单边不对称摆线包络	对称圆弧	对称圆弧	圆弧
轴功率(kW)	280	500	275	24.2	176.5
机组尺寸(mm×mm×mm)	—	4350×1800×2810	3480×1125×1420	610×340×350	—
质量(t)	10	4.2	0.6		

2）盐水循环泵

盐水循环泵是盐水循环系统的重要设备之一。按照盐水循环计算总流量、盐水泵扬程和电机功率选择水泵型号和台数，配备的盐水泵在计算扬程下的总流量不得小于计算流量，并应设足够的备用泵。

3）冷却水循环泵及冷却塔

由冷却设备、水泵和管道组成的冷却水循环系统，是以水作为冷却介质并循环使用的一种冷却水系统。冷水流经需要降温的生产设备（如换热器、冷凝器、反应器等），温度上升，使升温冷水流过冷却设备则水温回降，可用泵送回生产设备再次使用，管外通常用风散热。

冷却设备有敞开式和封闭式之分。敞开式冷却设备有冷却池和冷却塔两类，主要靠水的蒸发降低水温，此外，冷却塔常用风机促进蒸发，冷却水常被风吹失，因此敞开式循环冷却水系统必须及时补给新鲜水。由于水蒸发，循环水浓缩，浓缩过程将促进盐分结垢。通常补充水量超过蒸发与风吹的损失水量，因此必须排放一些循环水（称排污水）以维持水量平衡。敞开式系统中，因水流与大气接触，灰尘、微生物等进入循环水，需及时进行处理。

封闭式循环冷却水系统采用封闭式冷却设备，循环水在管中流动，管外通常用风散热。除换热设备的物料泄漏外，没有其他因素改变循环水的水质。为了防止在换热设备中造成盐垢，有时冷却水需要进行软化。为了防止换热设备被腐蚀，常加缓蚀剂。采用高浓度、刷毒性缓蚀剂时要注意安全，检修时排放的冷却水应妥善处置。

3.3.2　钻孔设备

主要钻孔设备有开孔机、钻机、夯管机等，可根据需求选取不同能力等级的设备。另外，测温孔、泄压孔开孔设备与冻结管开孔设备相同。

1）开孔机

开孔机的主要作用是：配设不同刀头，按照设计定出的孔位旋转、切割、打洞。开孔位置的材质一般为钢筋混凝土或者钢材（如地下连续墙接头处 H 型钢），在开口比较容易的地方采用一次开孔到位的方法，如开孔难度较大，可进行二次开孔。

2）钻机

由于岩土钻掘工程的目的与施工对象各异，因而钻机种类较多，可以是大型的户外钻探设备，也可以是单人可移动的小型设备。钻机按照用途分为岩心钻机、石油钻机、水文钻机、工程钻机、坑道钻机、地热钻机等，也可按照钻进方法分为冲击式钻机（钢丝绳冲击式、钻杆冲击式）、立轴式钻机（手把给进式、螺旋差动给进式、液压给进式）、转盘式钻机（钢绳加减压式、液压缸加减压式）、移动回旋式钻机（全液压动力头式、机械动力头式）、复合式钻机（振动、冲击、回转、静压方式复合在一起）等。选取时均需综合考虑设备优缺点、性能及适用环境条件等。

冻结施工中使用的钻机需要配置不同能力型号的机械、电、气、液联合控制动力设备、钻头和泥浆泵，运用冻结管当作钻杆，也需要根据整体施工的设计选择利用各类钻杆。例如，全液压锚固工程钻机是适合锚固工程施工工艺的钻机，主要型号有MD30、MD-50A、MD-60A、MD-80A（图3-5和表3-3）、MD-100A、MD-120A等。它广泛运用于铁路、公路、建筑、水利、电力等行业，主要用于对地基的加固、防渗堵水、对已有承载桩进行维护等。

图3-5　MD-80A全液压锚固钻机

MD-80A全液压锚固钻机的主要技术参数表　　　　　　　　　　表3-3

型号	MD-80A	型号	MD-80A
钻孔直径（mm）	$\phi100 \sim \phi210$	输入功率（kW）	30
钻孔深度（m）	$80 \sim 50$	质量（kg）	2600
钻杆直径（mm）	$\phi73$、$\phi102$、$\phi114$	垂直施工状态外形(mm×mm×mm)	2200×650×3400
钻孔倾角（°）	$-10 \sim 90$	运输状态外形(mm×mm×mm)	3400×650×1500
回转器输出扭矩(N·m)	4200		

全液压锚固钻机的主要优点是结构紧凑，质量轻，解体性强，便于搬迁和安装，对施工现场适应性强，更适合脚手架上施工；钻机动力头扭矩大，行程长，钻进效率高；配有专用的跟管钻进钻具（钻杆、套管、偏心钻头等），在不稳定地层用套管护壁开孔，常规球齿钻头终孔，钻进效率高，成孔质量好；钻机钻孔角度范围大，由上仰10°到下俯90°，可改装成上仰90°到下俯10°，滑架可沿底架前后滑移，钻孔定位方便、可靠；钻机重心低，钻具上、下方便；全液压控制，操作方便灵活，省时、省力；可选配孔口集尘装置，

减少环境污染，改善工作环境。

3）夯管机

夯管法施工是指用夯管锤（低频、大冲击功的气动冲击器）将待铺设的钢管沿设计路线直接夯入地层，实现非开挖穿越铺管。

施工时，夯管锤的冲击力直接作用于钢管的后端，并通过钢管将冲击力传递到前端的管鞋上切削土体，克服土层与管体之间的摩擦力，使钢管不断进入土层。随着钢管的前进，被切削的土芯进入钢管内。待钢管全部夯入后，通过压气、高压水射流或螺旋钻杆等方法将泥土排出。

3.3.3 暗挖设备

冻土开挖是长期困扰工程施工领域的技术难题。冻土开挖在工艺上一般采用人工法、机械法、爆破法、烘烤法等。城市地下空间冻结暗挖一般在局促、苛刻的空间条件下进行，冻土开挖以人工法结合小型机械开挖法为主。人工法最常用设备是风镐，配以尖铲形风镐钎、铁锹铲土。这种方法施工的劳动强度特别大，工作效率非常低，仅仅适用于小面积冻结土体的开挖。

随着冻土开挖体量越来越大，开挖功效更好的开挖机器人应运而生，在3m以下的低净空冻结开挖作业中，Brokk拆除开挖多功能机器人大显身手。

Brokk机器人（图3-6）自重只有不到5t，体积小巧，可轻松通过2m见方的出入口，适合隧道连接通道、导洞、车站出入口等小空间地下暗挖作业，而其作业动力和范围相当于一台15~20t的挖掘机。

Brokk机器人工作效率和安全性高。其具有独特的三臂结构、高的灵活性和大的工作范围，可向各个方向打击，特别是向上超过人身高度的地方，可省去脚手架搭设；工具头动力强劲，特别适合凿除冻土里的桩、墙等钢筋混凝土障碍物；无线遥控操作，操控者可以采用最佳的视线，远离危险点，避免了脱落土石的伤害，提高了安全性；电液驱动，没有废气排放，体积更小，维护便宜，非常适合隧道和空间受限的场所使用。

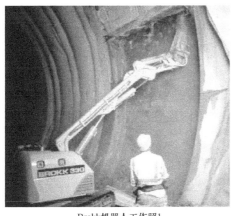
Brokk机器人工作照1

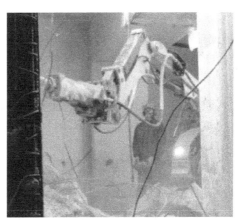
Brokk机器人工作照2

图3-6 Brokk机器人工作照

在开挖空间高度满足小型挖掘机工作的情况下，可将反铲挖掘机的单斗换成冲击镐或单钩，可以凿碎、切断或勾松坚硬的冻结土，如图3-7所示。

图3-7　挖掘机携带大钩子形象图

3.3.4　构筑设备

结构施工构筑设备主要是混凝土喷浆机与混凝土浇筑泵。

1）混凝土喷射机

混凝土喷射机也叫喷浆机，主要利用压缩空气将混凝土经过料腔，沿输料管道连续输送，并喷射到施工面上的机械，分为干式喷射机和湿式喷射机两类，前者由气力输送干拌材料在喷嘴处与压力水混合后喷出；后者由气力或混凝土泵输送混凝土混合物经喷嘴喷出。它广泛用于地下工程、水电工程、井巷、隧道、涵洞等喷射混凝土施工作业。

混凝土喷射机按混凝土拌合料的加水方法不同，可分为干式、湿式和介于两者之间的半湿式三种。

（1）干式

干式是指按一定比例的水泥及骨料，搅拌均匀后，经压缩空气吹送到喷嘴和来自压力箱的压力水混合后喷出。这种方式施工方法简单，速度快，但粉尘太大，喷出料回弹量损失较大，且要用高强度等级水泥。国内生产的喷浆机大多为干式。如图3-8所示。

（2）湿式

进入喷射机的是已加水的混凝土拌合料，因而喷射中粉尘含量低，回弹量损失也减少，是理想的喷射方式。但是，湿料易于在管路中凝结，造成堵塞，清洗麻烦，因而未能推广使用。如图3-9所示。

（3）半湿式

半湿式也称潮式，即混凝土拌合料为含水率5%～8%的潮料（按体积计），这种料喷射时粉尘减少，由于比湿料粘结性小，不粘罐，是干式和湿式的改良方式。

2）混凝土浇筑泵

冻结暗挖一般选用体积小、质量轻、速度快的微型混凝土浇筑泵。该类细石混凝土浇筑泵车体积小，质量轻，浇筑速度快，还具有推力强劲、故障率低、输送距离长、输送效率高的性能特点。

图3-8　干式喷射机

图3-9　湿式喷射机

3.4　工程案例1——上海地铁13号线华夏中路站冻结暗挖工程

3.4.1　工程概况

1. 项目概况

上海市轨道交通13号线华夏中路站西南角四期基坑上方有一待拆迁房屋，该房屋原为2层3开间小楼，空斗砖结构，约30年房龄，基础为砖砌大放脚条形基础，基础埋深约为0.8m，地基层为②层粉质黏土层（厚2.5m）。房屋与车站剖面关系图如图3-10所示，房屋结构俯视图如图3-11所示。

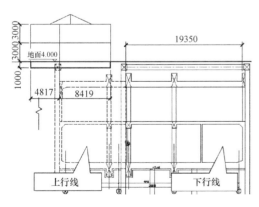

图3-10　房屋与车站剖面关系图

图3-11　房屋结构俯视图

该房屋为2层小楼，平面尺寸约4m（宽）×14m（长），进入基坑范围约8.4m。车站南侧上行线轨行区和部分管理房在其投影面积之下，由于房屋迟迟未能拆迁，房屋下方车站无法开展施工，房屋与车站航拍图如图3-12所示。

图3-12　房屋与车站航拍图

图3-13　民房区域三面墙和MJS空间关系示意图

原设计车站顶板与房屋基础之间的覆土厚度仅剩2m，如此小的净距，各种支护手段均无法开展，因此将该投影范围内的原设计负一层管理用房布局优化，舍弃该区域负一层，确保负二层轨行区贯通。轨行区结构尺寸为20.6m（长）×11.55m（宽）×7.79m（高）。设计优化后，结构顶面覆土厚度达10.14m。

在先期三次基坑施工时，房屋北、西、东三面均已形成地下连续墙，南侧尚未形成封闭围护，为加强安全，在南侧施工一道挡水MJS围护墙，深度33m，与三面地下连续墙同深。民房区域三面地下连续墙和MJS围护墙的空间关系如图3-13所示。

2. 地质条件

开挖区从上至下所处土层主要为①填土、②粉质黏土、③淤泥质粉质黏土夹粉土、④淤泥质黏土、⑤1黏土、⑤2砂质粉土夹粉质黏土、⑤3-1粉质黏土和⑤3t黏质粉土与粉质黏土互层。地质情况如图3-14所示。

3. 水文条件

1）潜水

场地内潜水一般受降雨、地表径流和沿线河流补给。潜水位随季节、气候、湖汐等因素而有所变化。浅部土层中的潜水位埋深离地表面0.3～1.5m，年平均地下水位埋深在0.5～0.7m，设计高水位0.3m、低水位1.5m。

2）承压水

勘察报告中的⑤2层、⑤3t层为微承压水含水层；⑦2层为承压含水层，分布范围广。根据上海市工程实践，微承压水水位标高年呈周期变化，⑤2层、⑤3t层微承压水一般埋深变化范围为3.0～11.0m，⑦2层承压水一般埋深变化范围为3.0～12.0m。

⑤2层砂质粉土夹粉质黏土厚度较薄，夹粉质黏土较多，其上部的⑤1和下部的⑤3-1层

均为相对隔水层；⑤3t黏质粉土与粉质黏土互层，为⑤3-1层中的夹层，该层与深部⑦层基本无水力联系，且局部以粉质黏土为主，具有一定的危害性。

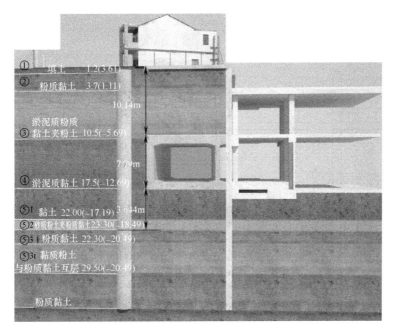

图3-14 暗挖区域地质断面图

3.4.2 技术路线

采用盐水冻结加固技术，在需要开挖的地下空间顶面、底面和侧面形成"C"形冻结壁，与地下连续墙闭合构成围护体系。采用双侧壁导坑法（CRD法）分区分层开挖，在两侧暗挖贯通初期支护成型后，再开挖中间中隔壁，形成整体型钢+喷射混凝土初衬支护体系。由下到上浇筑形成钢筋混凝土永久结构；顶板采用自密实混凝土+预留顶部浇捣孔单向分层混凝土浇筑方法，施工全程对冻结系统、地面保护建筑、支护结构建立全方位监测体系。

3.4.3 关键技术

1. 冻结设计

民房区域的东、西、北三面车站地下结构已经完成，这三侧没有土体侧向荷载，南侧受到土体侧向荷载，顶部受到10m多厚土体和一栋民房的竖向荷载，底部受到竖向水土压力荷载。因此，顶部、底部和南侧采用"C"形非对称冻结壁与三面地下连续墙构成挡土止水结构，然后由东、西两侧暗挖。"C"形非对称冻结壁构成示意图如图3-15所示。

由于地下二层轨行区开挖断面较大，开挖断面的整体宽度达到11.8m，高度达到8.35m，如果整体一次性开挖，冻结壁承受的荷载极大，变形控制要求极高，开挖风险陡增，所以采取化整为零，分区分块、按先后顺序依次开挖。整个开挖断面分为6个区，采用十字形冻结壁将开挖断面分成上下、左右4个小开挖面，而竖向冻结壁自身作为第5和第6个分区，在上下、左右4个分区初期支护系统完全形成后进行开挖。

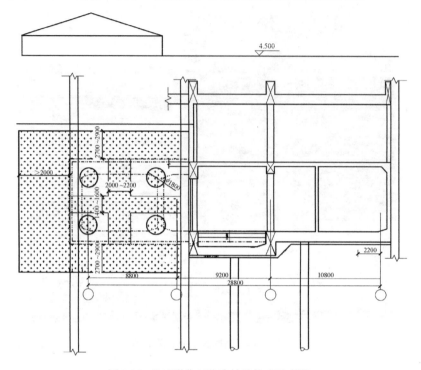

图3-15 "C"形非对称冻结壁构成示意图

考虑开挖面土层主要位于④层淤泥质黏土中，此土层含水量高，自立性差，所以上下、左右4个小分区的中心布置冻结管，通过冻结提高土体自立性，便于开挖。

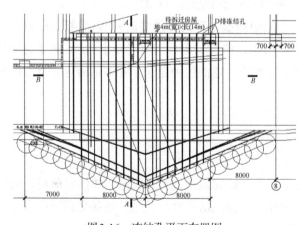

图3-16 冻结孔平面布置图

冻结工程实施前，周边结构底板、中板均已完成，剩余一块顶板未完成，作为冷冻机组等冻结设备布置场地，冻结管结合现场实际情况灵活布置。

顶部设置2排水平冻结孔，开孔位置在已完成车站中板上方，打设方向由北向南，冻结孔平面布置图如图3-16所示，冻结孔西侧剖面布置图如图3-17所示。

底部设置3排冻结孔，开孔位置在已完成车站底板上方，在通道周边地铁施工段施工时，基坑采用加固+局部超挖落深，为冻结孔预留了0.5m的施工空间。

南侧冻结孔由东西两侧打对孔，由于两侧地下连续墙未作外放，冻结孔呈小角度发散，折线抱箍形成侧面冻结壁。图3-18为冻结孔南立面布置图。

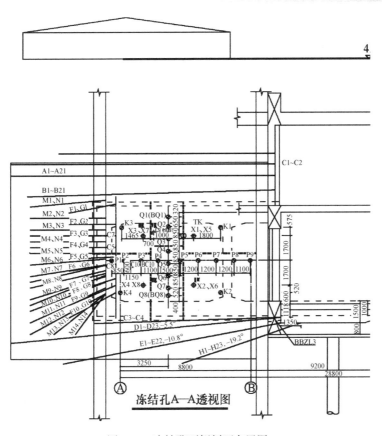

图 3-17　冻结孔西侧剖面布置图

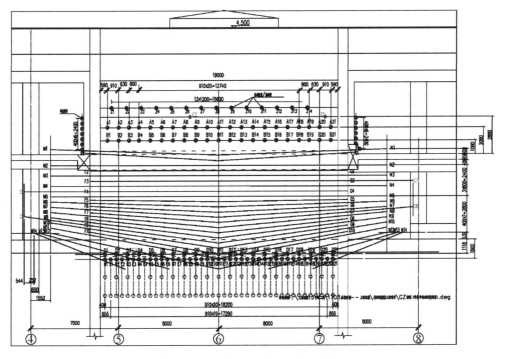

图 3-18　冻结孔南立面布置图

分隔开挖面内的十字形冻结孔和开挖面内的4个冻结孔采用水平孔，东西向布置。

冻结壁的强度和刚度需要满足开挖安全稳定的要求，冻结壁厚度为2.0～2.9m。冻结孔中心间距为800～910mm，在距离冻结孔650～1080mm的位置设置测温孔，用于观察冻结壁厚度发展的情况。冻结管布置图如图3-19所示。

2. 冻结系统

采用"冻结法加固+矿山暗挖法"施工位于房屋基础以下的车站结构，开挖尺寸为20.6m（长）×11.8m（宽）×8.35m（高）。冻结法的主要施工工艺流程如图3-20所示。

图3-19　冻结管布置图

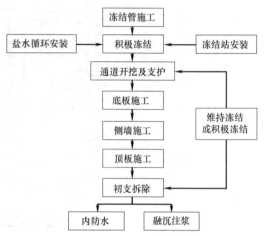

图3-20　冻结暗挖法施工工艺流程图

1）制冷设备配置

（1）冷冻机组选用YSLGF300型5台，运行4台，备用1台。单台冷冻机制冷量为35.433万kJ/h，4台即满足制冷需求。

（2）盐水循环泵选用IS150-125-400型3台，运行2台，备用1台，流量200m³/h。

（3）冷却水循环泵选用IS150-125-250型3台，运行2台，备用1台，流量200m³/h。

（4）冷却塔选用DLT-80型6台，运行6台。

（5）盐水干管、冷却水管均选用$\phi219\times5$mm无缝钢管，集、配液管均选用$\phi159\times5$mm无缝钢管，集、配液管与羊角连接选用2号高压胶管。

（6）冻结管、测温管、泄压管均采用Q235B钢材的$\phi89\times8$mm低碳无缝钢管，丝扣连接，单根长度1～3m。冷冻排管采用Q235B钢材的$\phi45\times3$mm低碳无缝钢管。

（7）供液管选用$\phi45\times4$mm聚乙烯塑料管。

（8）制冷剂：选用R22制冷剂。

（9）冷媒剂：选用氯化钙溶液作为冷冻循环盐水。盐水相对密度为1.26～1.27。容量：冻结制冷施工冷却水补充量为30m³/h。设置盐水箱1个，容积9m³；冷却水箱1个，容积24m³。

冻结站设置于暗挖通道周围已经建好的地铁地下结构中板上，上部顶板未施工，为敞开式，如图3-21所示，左上5台为冷冻机，左下为盐水箱，中上为冷却塔。

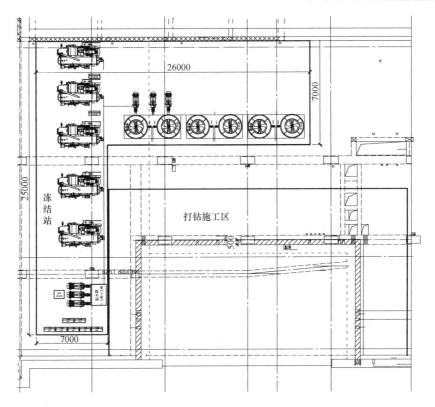

图3-21 冻结站布置平面图

2）孔口管施工

冻结孔施工往往需要穿透地下连续墙、内衬墙和混凝土围檩等，冻结孔打设需要先设置孔口管，然后再安装孔口密封装置，再钻孔打冻结孔，这样可以避免水土流失。打设孔口管选用J-200型金刚石钻机，配ϕ130mm金刚石取芯钻头开孔，当开到深度400～2000mm时停止钻进（留400mm以上的钢筋混凝土保护层），用钢楔楔断岩心，取出后安装孔口管。孔口管用ϕ133×5mm无缝钢管加工，头部加工500mm长的鱼鳞扣，可以使其与地下连续墙牢固连接。孔口管安装完成后，用螺栓将孔口装置装在闸阀上。最后，钻孔设置冻结管。孔口管、孔口密封装置及钻孔之间的关系见图3-22。

3）隔热与保温

由于冻结施工在8、9月份，而且冻结孔接触的地下连续墙位于敞开型基坑，所以需要采取隔热、保温措施。在东、西地下连续墙的冻结壁附近敷设保温层，敷设范围超过设计冻结壁边界外1m。保温层采用阻燃（或难燃）的软质塑料泡沫软板，厚度为40mm。采用专用胶水将保温板密贴在地下连续墙上，板材之间不得有缝隙。另外，在暴露的结构段顶部设置防晒顶棚，可以避免冻结站、管路和冻结面被阳光直接暴晒的情况。

4）测温与预测

冻结孔施工时，在冻结孔外侧相应位置上设置了测温孔，测温孔距离冻结孔为650～

1080mm。冻结过程中，每天检测盐水温度、盐水流量和测温孔温度，并根据测温数据分析冻结壁的扩展速度和厚度，预计冻结壁达到设计厚度的时间。

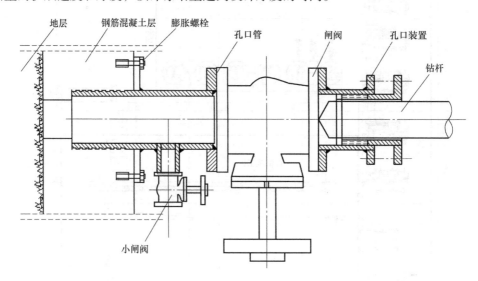

图3-22 孔口管、孔口密封装置及钻孔之间的关系

冻结壁厚度和平均温度都是重要控制指标，根据计算，积极冻结40d时，平均温度：顶部为−14.9℃、底部为15.9℃、南侧为−18.7℃，均达到设计−10℃要求。详见以下公式：

$$t_{cp} = t_f \frac{\xi + L}{2\xi + L} \left(-0.115 \frac{l}{\xi} + 2.20 \frac{r_0}{l} + 0.48 \right)$$

式中 t_{cp}——冻结壁平均温度，℃；

t_f——冻结管表面温度，可取值−27℃、−28.5℃；

r_0——冻结管半径，可取值0.0445m；

l——冻结管管距，可取值顶部1.205m、底部1.067m、北侧0.936m；

L——冻结管排距，可取值顶部1.0m、底部1.2m、北侧2.65m；

ξ——冻结管到冻结壁边界的距离，可取值0.9m、1.0m。

3. 暗挖施工

由于开挖断面较大，宽度达到11.8m，高度达到8.35m，一次性开挖暴露的掌子面过大容易导致坍塌，因此需要分区进行开挖，十字冻结壁将开挖面分割，开挖分区方法采用了矿山法中的CRD法（即双侧壁导坑法），分区开挖。暗挖通道开挖分区图如图3-23所示。其优点是各分区封闭成环的时间短，结构受力均匀，形变小，开挖通道收敛和变形相对容易控制。

1）搭设开挖平台

根据开挖高度，在暗挖区东侧采用16号工字钢搭设施工平台。开挖平台如图3-24所示，方便上层分区机械设备施工及材料等的运输。工作平台的尺寸为11.2m（长）×4m（宽）×3.41m（高）。

图 3-23　暗挖通道开挖分区图

图 3-24　开挖平台

2）开挖方法和设备

开挖步骤如图 3-25 ~ 图 3-29 所示。开挖 I 区净空高度只有 3.5m，宽度为 4.9m，采用 Brokk 机器人机械化施工，如图 3-25 所示，随挖随支护。开挖 15m 后，打开 II 区防护门，由于 II 区净空高度达到了 4.6m，宽度为 4.9m，采用小挖机开挖，如图 3-26 所示。III 区、IV 区采用同样的开挖方法，V、VI 区宽度仅 2.2m，所以无法采用机械；但由于两侧导洞已经贯通，可以从两侧同时向里开挖，作业面可以采用多人同时作业迅速完成，暗挖通道内由于在冻结环境下，温度达到了 5℃以下，如图 3-30 所示，人员进出需要穿棉袄御寒。

图 3-25　第一步　I 区开挖采用 Brokk 机器人

图 3-26　第二步　在 I 区开挖 15m 后，II 区开挖采用小挖机

图 3-27　第三步　在Ⅰ、Ⅱ区贯通后，Ⅲ区开挖采用 Brokk 机器人

图 3-28　第四步　在Ⅲ区开挖 15m 后，Ⅳ区开挖采用小挖机

图 3-29　第五步　Ⅳ区贯通后，自上而下人工开挖Ⅴ、Ⅵ区

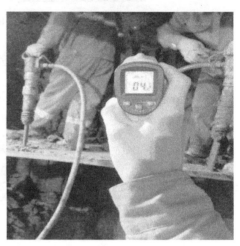

图 3-30　暗挖通道内温度

冻土强度较大，人工开挖冻土，一天的出土量仅 10m³，而采用机器人和小挖机开挖，其单日出土量达到了 40m³，如图 3-31 ~ 图 3-33 所示，整体施工工效达到传统人工开挖的 4 倍。

图 3-31　Ⅱ、Ⅳ区开挖设备小挖机

图3-32 Ⅰ、Ⅲ区开挖设备Brokk机器人　　　　图3-33 冻土开挖面照片

4. 结构施工

1）钢筋模板施工

冻结暗挖的钢筋混凝土结构，按照先底、后墙、最后顶板的施工工艺，包括钢筋绑扎、立模、浇筑混凝土、养护、拆模等工序。由于受到外部初衬和内部型钢的作业空间制约，顶板钢筋和模板施工是结构施工最难的部分。

顶板钢筋绑扎需先搭设人员操作平台，先固定顶板上排钢筋（图3-34），利用这些纵向主筋作为横向受力主筋的架立钢筋（图3-35），采用细短钢筋弥补初支钢架存在间距误差的情况；逐步设置横向主筋，横向主筋由于受到密集初期支护的阻碍，所以钢筋下料都需要下短料（不大于6m），钢筋连接采用直螺纹连接，钢筋进料需要工人根据钢筋长短采用可行的平移方案；上排钢筋绑扎完成后，安装顶板模板（图3-36），模板采用木模；顶板模板固定完成后，设置下排钢筋（图3-37），此时工人需克服约1m的低净空工作环境，横向钢筋运输需要通过侧边开口较大部位进料。钢筋布置需要根据初支钢架位置灵活调整间距（图3-38）。

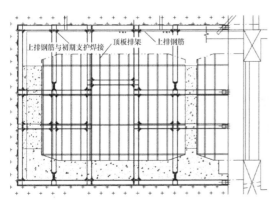

图3-34 固定顶板上排钢筋　　　　图3-35 上排钢筋架立方法照片

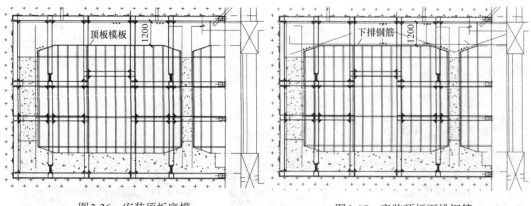

图3-36　安装顶板底模　　　　　　　　　图3-37　安装顶板下排钢筋

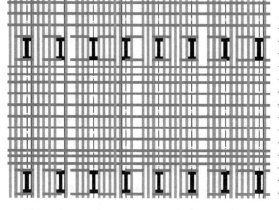

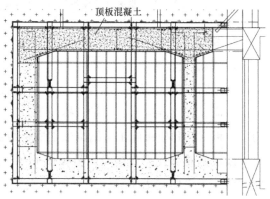

图3-38　钢筋根据初支钢架灵活调整　　　　　图3-39　浇筑顶板混凝土

2）混凝土施工

顶板结构浇筑也是暗挖结构施工的重点，由于顶板上部是封闭空间，在混凝土浇筑时需要有效排除空气才能保证顶板混凝土填充密实（图3-39）。采用流动性更好的自密实混凝土，利用房屋周边的空地，从上往下打设了8个φ127圆孔，作为混凝土浇捣孔，浇捣孔将浇筑分为8块，每一块的流淌半径为3m（自密实混凝土所能保证的范围）。混凝土浇筑时，每次使用2个孔浇筑，从一个方向往另一个方向依次分层浇筑，保证液面存在高差，便于空气从其余浇捣孔中排除，如图3-40所示。

图3-40　混凝土浇筑方法三维示意图

3）顶板防水施工

冻结暗挖区顶板施工时，由于暗挖通道初期支护型钢体系的存在，这些型钢会穿越顶板混凝土形成渗漏路径，大面积的支架需要采用止水钢板，防水效果也受影响，因此，需要加强外防水与内防水，使得内外兼顾。

（1）顶板迎土面防水方法

顶板迎土面即初期支护的喷射混凝土层，由于顶部喷射混凝土为自下而上垂直喷射，该喷射混凝土层具有较常规混凝土孔隙率大的特点，不能成为有效隔水层。在冻结暗挖初期，通道开挖时就预埋了针对解冻时融沉注浆的注浆管，注浆管外端进入土体，先于喷射混凝土施工。在顶板浇筑完成且混凝土达到设计强度之后，解冻过程中，融沉注浆（图3-41）首先填充喷射混凝土层的空隙，然后由内而外扩散，使顶板外包一层层水泥土加固壳体。水泥土加固层具有较好的隔水性，成了暗挖结构的第一道防水层。

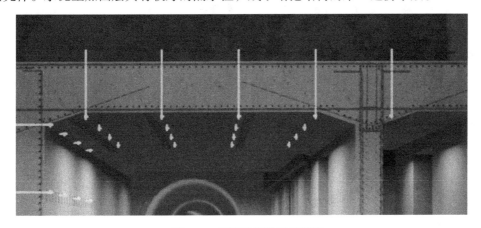

图3-41 顶板融沉注浆示意图

（2）顶板下表面（背土面）防水方法

尽管具有融沉注浆这一道外防水措施，但轨行区对顶板防水要求极其苛刻，顶板下方就是供电触网，渗漏水对列车运营安全具有较大威胁。所以需要在顶板下表面，也就是背土面做一层防水层，该防水层需防排兼顾，采用不锈钢板在轨行区上方焊接成一个封闭的顶棚，顶棚采用顶板化学植筋和螺栓钢骨架固定于顶板上，然后采用环氧浆液填充不锈钢板与顶板之间的间隙，形成封闭体系，如图3-42所示。这样一方面可以防止渗漏，另一方面如存在渗漏也可以引流至侧墙，防止触网区域的滴漏产生，有效保证运营期间的安全。

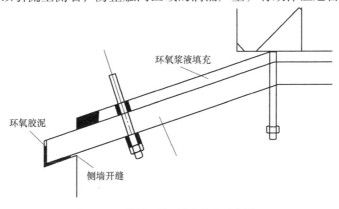

图3-42 不锈钢顶棚侧壁做法示意图

5. 施工监测

1) 温度监测

冻结孔施工时,在冻结孔外侧相应位置上设置了测温孔,测温孔距离冻结孔为650~1080mm。冻结过程中,每天检测盐水温度、盐水流量和测温孔温度,并根据测温数据,分析冻结壁的扩展速度和厚度,预计冻结壁达到设计厚度的时间。通过温度记录,分别显示了盐水温度和测温孔温度变化。如图3-43~图3-48所示。

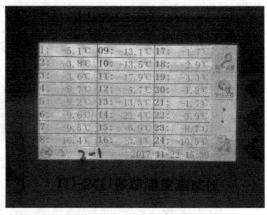

图3-43　自动化测温

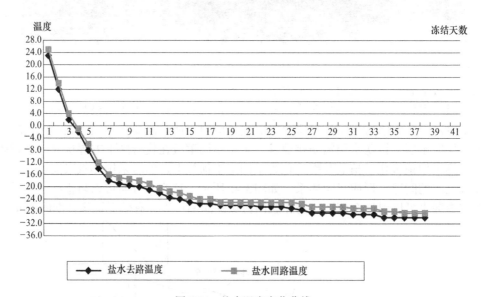

图3-44　盐水温度变化曲线

通过冻结壁温度发展曲线可以看出,下部冻结壁温度下降最快,侧边冻结壁次之,上部冻结壁和中间十字冻结壁最慢。主要原因是下部冻结壁在一个完全封闭的地下环境中,保温较好,所以温度下降快,而侧边冻结壁虽然也是在一个封闭的环境中,但是由于MJS工法施工40d以后冻结,水泥土水化热余热对其略有影响。而上部和十字冻结壁由于在偏向敞开的位置上实施,温度损失较大,所以冻结壁温度下降偏慢。

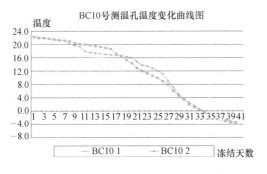

图 3-45 十字冻结壁测温孔温度变化曲线

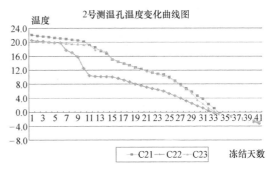

图 3-46 上部冻结壁的温度变化曲线

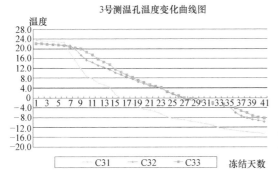

图 3-47 下部冻结壁的温度变化曲线

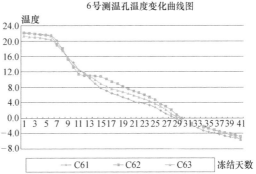

图 3-48 南侧冻结壁的温度变化曲线

2）冻结壁发展分析

共布置 12 个测温孔。由于设计测温孔与冻结孔的距离不一，所以测量的温度也不一样，本冻结工程冻土发展速度分析见表 3-4。

冻土发展速度分析表 　　　　　　　　　　　　　　　　表 3-4

部位	孔号	最近距离(mm)	到达0℃天数(d)	平均发展速度(mm)	34d半径(mm)	40d半径(mm)	45d半径(mm)
上部冻结壁	C1	920	35	26	894	1051	1183
	C2	920	34	27	920	1082	1218
下部冻结壁	C3	650	27	24	819	963	1083
	C4	650	27	24	819	963	1083
南侧冻结壁	C5	850	33	26	876	1030	1159
	C6	900	30	30	1020	1200	1350
	C7	850	35	24	826	971	1093
	C8	900	34	26	900	1059	1191
十字冻结壁	C9	1080	36	30	1020	1200	1350
	C10	830	34	24	830	976	1099
	BC9	1080	35	31	1049	1234	1389
	BC10	830	34	24	830	976	1099
	平均值	—	—	26	900	1059	1191

从表 3-4 可以看出，冻结平均发展速度（距离除以冻结孔温度达到 0℃的时间）为 24~31mm/d。冻结 34d 发展半径可达到 900mm。通过模拟，冻结 40d 时发展半径可达到 1000mm，预计最小冻结壁发展厚度为上部 2.756m，下部 3.042m，南侧 4.439m。交圈效果

图如图 3-49 所示。

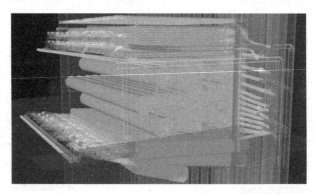

图 3-49 冻结壁冷冻交圈效果图

3）冻胀融沉控制和地面建筑保护

由于冻结法对土体的冻胀融沉作用十分明显，所以在地面建筑为 C 类建筑的情况下，该民房可能承受不住较大的隆沉变化而破坏，所以需要对该民房进行保护，保护首先需要分析冻结法对地面民房的影响程度。在设计冻结壁的时候，由于冻结壁为非闭合非对称的形式，所以它冻胀的大小也会产生非对称的影响，如图 3-50 所示，北侧（右）的冻胀作用影响不如南侧（左）显著，所以民房会面临一定量的差异抬升。

另外，在暗挖结束后，冻土还需要解冻融化，届时土体和民房会一同沉降，而南侧的融沉作用又较北侧更为显著，民房会面临差异沉降。

已知民房结构脆弱，而冻结法的隆沉难以避免，所以必须对房屋采取针对性的保护措施，主要保护措施有如下三个：

（1）设置备用注浆/泄压孔减少冻胀融沉的影响

在上部冻结壁上部 1.5m 左右的位置设置一排备用注浆/泄压孔（图 3-51），在冻胀作用下，打开泄压孔，可以泄掉一部分冻胀压力。在冻土融化时，该注浆孔可以进行注浆，减少冻土融化带来的沉降影响。

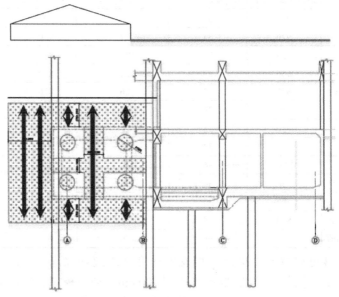

图 3-50 冻结壁冻胀影响趋势横剖面图

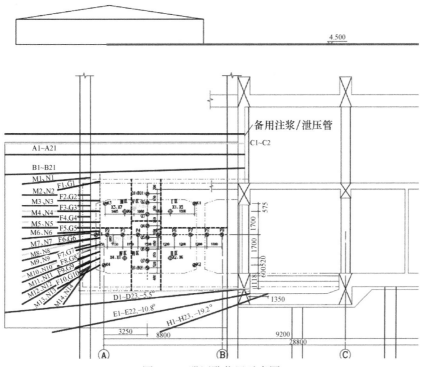

图3-51　泄压孔位置示意图

（2）民房加固与基础托换

民房自身为大放脚基础，委托房屋专业保护机构对房屋做加固和托换，在承重墙里外两侧均设置钢筋网，底板设置钢筋网穿通承重墙，与承重墙钢筋网连接，在底板浇筑混凝土时，对侧墙封模浇筑灌浆料，并填充空斗砖孔隙，如图3-52所示。该方法将房屋基础升级为筏形基础，像一艘船一样保证房屋在冻结隆沉影响下不会破坏倒塌；另外，采用钢支架对房屋侧边加固防倾覆。

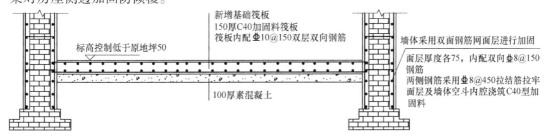

图3-52　民房基础托换方法

（3）融沉注浆减少冻融的沉降影响

在暗挖通道开挖时随挖随设置注浆孔，在暗挖通道完全完成之后的冻土融化期间，根据周边环境监测适时充填与融沉注浆，以控制地表沉降。

4）冻胀融沉发展规律

上述保护措施和方法均得到了很好的贯彻落实，民房在多重保护下保持完好。通过监测数据分析，得到以下规律：

（1）泄压孔规律

泄压孔在第13d开始，压力表数值持续上升，在27d后达到稳定值，通过冻土平均发展速度预计，13～17d正是冻结孔的冻结圈之间相互交汇的时间；在上部冻结壁的中间的泄压孔压力较两侧大。如图3-53和图3-54所示。

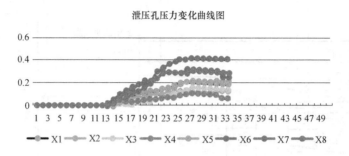

图3-53　泄压孔压力变化曲线图（横坐标单位为日期，纵坐标单位为MPa）

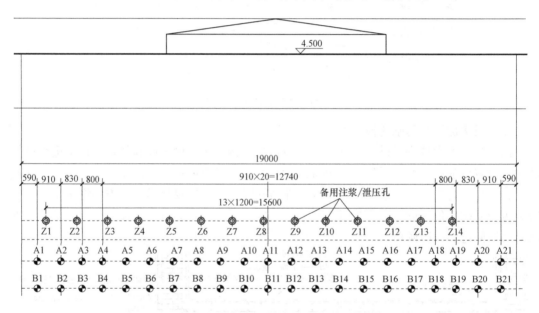

图3-54　泄压孔布置图（X对应Z编号）

（2）民房和地表隆沉规律

对暗挖全过程民房沉降监测点平面布置（图3-55）进行分析可以发现，F1、F2为拟建地下结构范围内的民房沉降监测点，F3、F4为拟建地下结构南侧的民房沉降监测点。

从监测数据图3-56～图3-58可以看出：在冻结孔钻孔期间，由于大量冻结孔施工，房屋会受到沉降影响；在积极冻结期间，土中冻结范围不断扩大，土体冻胀，房屋会随之隆起，隆起最剧烈的时候正好是冻结圈交圈的时间；在开挖和结构回筑期间，由于保持积极冻结，冻结壁仍有缓慢扩展的趋势，房屋隆起比较稳定且缓慢地上抬；在积极冻结期间，南侧的冻胀作用较北侧明显，与预测分析一致，在融化阶段，南侧的融化作用也比北侧明显，民房差异沉降出现以扩大到缩小的变化趋势，而总体上在无融沉注浆的情况下，融化影响比冻胀影响大；从地表数据可以看出，在冻胀作用下和初始融沉注浆下，地表沉降可以控制较平稳，而在后期冻土融化时，南侧对应地表监测点沉降十分明显。

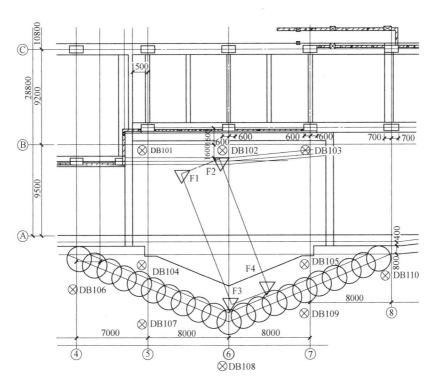

图3-55 暗挖全过程民房沉降监测点平面布置图

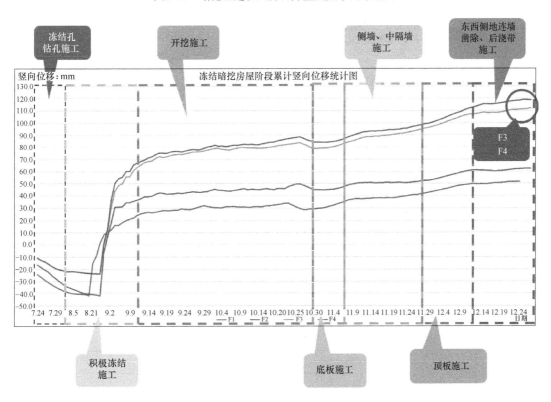

图3-56 民房沉降在积极冻结阶段监测累计变化曲线图

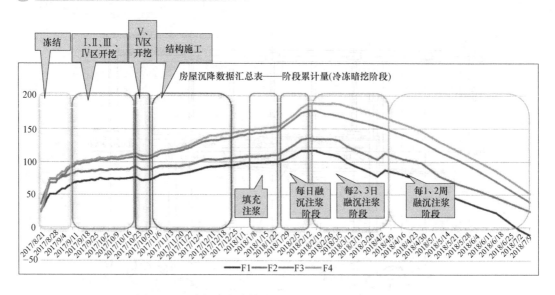

图 3-57　民房沉降在冻结暗挖全阶段监测累计变化曲线图

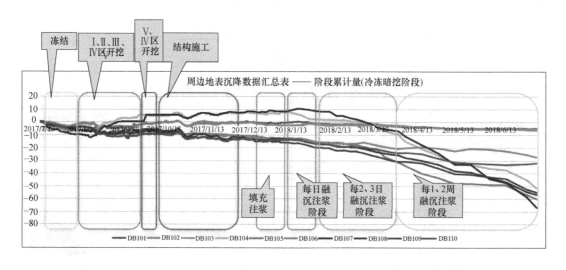

图 3-58　地表沉降在冻结暗挖全阶段监测累计变化曲线图

3.4.4　施工设备

施工主要设备见表 3-5。

施工主要设备　　　　　　　　　　　　　　　　　　表 3-5

编号	项目	单位	数量	作用
一	冻结加固			
1	YSLGF300螺杆冷冻机组	台	5(1台备用)	制冷设备
2	IS150-125-400盐水泵	台	3(1台备用)	盐水循环
3	IS150-125-400清水泵	台	3(1台备用)	清水循环

续表

编号	项目	单位	数量	作用
4	DLT-80冷却塔	台	6	冷却水
5	MD-80A钻机	台	4	打钻设备
二	开挖构筑			
1	Brokk机器人	台	1	开挖冻土
2	风镐	把	10	开挖冻土
3	翻斗车	辆	1	井下水平运输
4	土斗	个	1	垂直运输
5	汽车起重机	台	1	垂直运输
6	混凝土浇筑泵	套	1	混凝土浇筑

3.4.5 实施效果

本工程自2017年5月起开始施工，2017年12月完成主体结构施工。大断面冻结暗挖构筑技术在本工程中得到了充分运用，并且确保了整条线顺利按计划通车。完成施工后拆模时的顶板表面结构如图3-59所示，不锈钢顶棚完成后局部效果如图3-60所示。

冻结暗挖法在软土地区地铁车站中的应用十分罕见，在遇到既有地面建筑物影响地铁车站施工并且无法拆迁时，冻结暗挖法的成功应用提供了一种可行的解决思路，而该种情况下冻结暗挖法遇到了新的难题，有开挖断面扩大带来的难题、封闭顶板施工的难题、地面建筑物保护的难题等。在经过技术攻关之后，这些难题也得以解决。

图3-59 拆模时的顶板表面

图3-60 不锈钢顶棚完成后局部效果

3.5 工程案例2——上海地铁18号线国权路站冻结清障工程

3.5.1 工程概况

1. 项目概况

上海轨道交通18号线分上、下行线两条隧道，隧道断面为圆形结构，管片外径

6600mm，壁厚350mm，隧道顶部埋深约18.79m。上、下行线隧道均需下穿10号线国权路车站主体及4号出入口结构，下穿段长度约36m，管片顶部距10号线国权路站底板2.209m。隧道18号线上下行线与10号线国权路车站的位置关系如图3-61和图3-62所示。

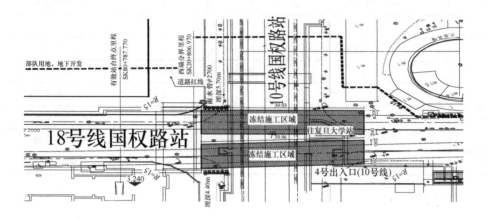

图3-61　18号线上下行线与既有10号线国权路车站位置平面图

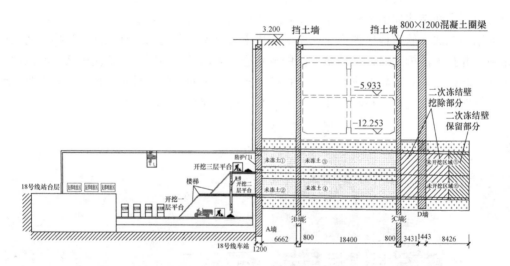

图3-62　18号线上下行线与既有10号线国权路车站位置剖面图

在穿越范围内，上海轨道交通10号线国权路车站底部存在较多障碍物，区间盾构从上海轨道交通18号线国权路站始发，到上海轨道交通18号线复旦大学站接收，新建18号线隧道上下行线隧道自东向西需依次穿越新建18号线国权路车站主体围护结构（称A墙）、10号线国权路站东侧主体围护结构（称B墙）、10号线国权路站西侧主体围护结构（称C墙）以及10号线国权路4号出入口围护结构（称D墙，其中上行线为斜交），如图3-63所示。围护结构均为地下连续墙，A墙厚度为1200mm，A墙后存在850mm的TRD加固区，其余墙厚度均为800mm，属于钢筋混凝土结构。其中，A墙、B墙、C墙及D墙均采用C30S8水下混凝土。

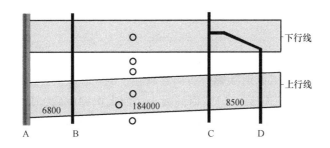

图3-63 18号线上下行线与既有地下连续墙、格构柱位置示意图

车站底部有抽条加固，加固体为4m×4m的旋喷加固，加固体强度约为1.2MPa，车站底部有11根抗浮钻孔灌注桩，直径800mm，桩底标高-48.1m，车站底板以下3m有格构柱，其中P2在下行线开挖范围内，P5、P8在上行线开挖范围之内，P3、P4、P6在上下行线冻结钻孔施工范围内，其余桩不在冻结壁范围内。上下行线与穿墙、穿桩距离汇总表见表3-6。

上下行线与穿墙、穿桩距离汇总表 表3-6

距离开孔位置(m)						
地下连续墙与桩	A	B	P8	P2、P3、P4、P5、P6	C	D
下行线	0	8.22	—	18.420	27.622	31.884
上行线	0	8.456	12.384	18.462	27.674	36.974

2. 工程地质

施工影响范围土层主要有②3-1灰色砂质土夹粉质黏土、④灰色淤泥质黏土、⑤1-1灰色黏土、⑤1-2灰色粉质黏土层等，具体土层特征见表3-7。

土层特征汇总表 表3-7

序号	土层编号	土层名称	层厚(m)	深度(m)	渗透系数(cm/s)	土层特性
1	①1	杂填土	4.8	4.8	—	主要由黏性土和碎砖石组成，含植物根茎，厚度较大
2	②3-1	灰色砂质土夹粉质黏土	6.4	11.2	1.06×10^{-4}	夹薄层粉砂，局部较多，松散，中等压缩性
3	④	灰色淤泥质黏土	5.6	16.8	6.95×10^{-7}	夹薄层粉砂，含有机质，流塑，高压缩性
4	⑤1-1	灰色黏土	2.8	19.6	2.37×10^{-7}	含有机质、腐殖质、钙结核，软塑为主，高压缩性
5	⑤1-2	灰色粉质黏土	11.2	30.8	2.06×10^{-6}	含有机质、钙结核，软塑为主，高压缩性
6	⑤3	灰色淤泥质土夹砂	4.8	35.6	1.24×10^{-6}	软塑状态，层位变化大
7	⑤4	灰绿色粉质黏土	2.3	37.9	3.55×10^{-7}	可塑状态，层位变化大

本次勘察期间所测得的地下水静止水位埋深为1.27～1.60m，其绝对标高为1.09～1.64m，上海市年平均地下水位埋深为0.50～0.70m，建议低水位埋深为1.50m，高水位埋深为0.50m。

3.5.2　技术路线

盾构下穿10号线国权路站段隧道施工主要技术路线为：采用冻结法进行地层加固后，运用矿山暗挖法开挖施工以清除影响盾构穿越施工的4道地下连续墙及多根格构柱桩；采用HW300型钢+ϕ20钢筋连接+C25喷射混凝土初期支护完成后，开挖形式为"分段分部分台阶"，即分成3段，分别为AB段、BC段、CD段；开挖圆断面并分割成上部和下部两个区域；每个区域再采用"分台阶"方式开挖。最后，分段填充泡沫混凝土，盾构推进穿越，拼装管片作为永久结构。

3.5.3　主要工艺

1. 冻结孔设计与冻结帷幕载力验算

1）冻结孔设计

隧道左线冻结区域长度为41.745m，右线长度为41.780m，开挖工期较长，根据工程特点，考虑冻结施工安全，将冻结区域分两次进行冻结，上下行线盐水系统独立循环。冻结孔采用外圈孔+内圈孔+加强孔设计，温控孔限制冻结壁厚度，内外泄压并举。上下行线一次冻结开孔布孔立面布置图如图3-64所示，上下行线隧道开挖设计直径7.3m。

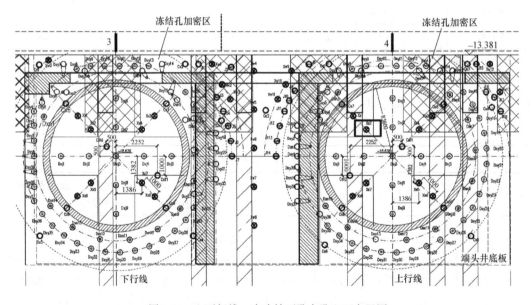

图3-64　上下行线一次冻结开孔布孔立面布置图

上行线主冻结孔共39个，内圈孔16个，测温孔11个，内圈泄压孔8个。上行线内圈孔设计深度8m，设计钻孔深度大于8m，下管深度8m；Xw13钻孔设计深度38m，下管深度38m，其余孔设计深度41.745m。实际钻孔深度43m左右，下管深度42m。

2）冻结帷幕载力验算

（1）参数选取

选取−10℃冻土的弹性模量和泊松比分别为165MPa和0.19。混凝土弹性模量和泊松比分别为200GPa和0.25。冻结壁承载力验算采用许用应力法，冻土强度指标为：抗压强度

3.6MPa，抗折强度2.0MPa，抗剪强度1.5MPa。强度检验安全系数按Ⅲ类冻结壁选取：抗压强度2.0MPa，抗折强度3.0MPa，抗剪强度2.0MPa。

（2）承载力验算

冻结壁顶面所受土压力按上覆土体重量计算，侧面承受水土压力按侧压系数0.7计算。冻土帷幕的有限元计算模型及分析结果如图3-65所示。模型的宽度为85m，深度为30m，长度为40m。

用有限元法进行冻土帷幕的受力与变形计算。冻土帷幕检验计算结果见表3-8。

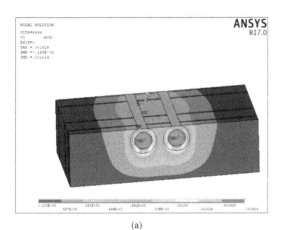
(a)

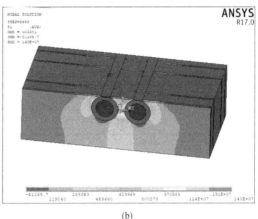
(b)

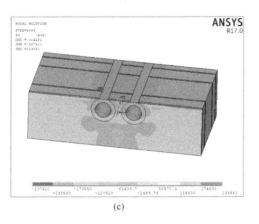
(c)

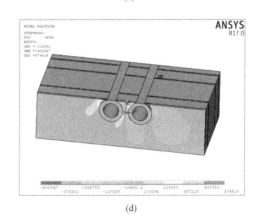
(d)

图3-65 隧道冻土帷幕的有限元计算模型及分析结果
（a）u_y分布；（b）σ_{max}分布；（c）σ_{min}分布；（d）τ_{xy}分布

冻土帷幕检验计算结果 表3-8

项目	压/弯拉应力（MPa）		剪应力（MPa）	位移（mm）
	σ_1	σ_3	τ_{max}	U_{max}
计算值	1.49	0.29	0.57	14
强度指标	3.6	2	1.5	
安全系数	2.42	6.89	2.63	
位置	隧道腰线	隧道顶底	隧道侧壁	底部

从表3-8中可以看出，冻土帷幕的总体承载能力是足够的。冻土帷幕拱肩及拱脚部有

应力集中，但应力值远小于强度值，且帷幕角部是圆弧过渡的，冻土帷幕中间有土体或支撑。底部位移与冻土帷幕形成过程产生的冻胀量相互抵消后不会影响地面构筑物的安全，在施工中是允许的。

（3）荷载结构模型计算

采用荷载结构模型中的弹性地基梁法对圆形冻结壁进行受力验算。计算基本假定如下：

① 假定冻结壁为小变形弹性梁，冻结壁为多个离散等厚度直杆梁单元。

② 用布置于各节点上的弹簧单元来模拟周围土体、车站的相互约束，假定弹簧不承受拉力，即不计土体与冻结壁的粘结力，弹簧受压时的反力即为土体对冻结壁的弹性抗力。

③ 冻结壁承受全水头压力及全部土压力。

计算模型如图3-66所示，冻结壁参数设置见表3-9。

冻结壁参数设置　　　　　　　表3-9

项目	弹性模量 E(kPa)	惯性模量 I(m⁴/m)	截面面积 A(m²/m)
冻土	1.65E5	0.67	2

根据地质勘察报告，取土体地层抗力系数为8000kN/m³。取地面超载30kPa，车站底板压力等效于该深度处的自重应力。

$$P_s = \gamma h + q$$

式中　P_s——冻结壁承受顶部垂直压力，MPa；

　　　γ——土体表观密度，取18.5kN/m³；

　　　h——上覆土层埋藏深度，取17.886m；

　　　q——地面超载，取$q=30$kPa。

$$P_s = (18.5×17.886+30)×10^{-3}=0.361\text{MPa}。$$

因该处地层渗透系数较小，故而全部采用水土合算方式计算侧向压力，则冻结壁承受的侧向水平地压力为：

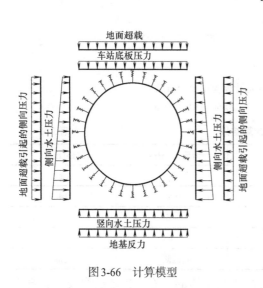

图3-66　计算模型

$$P_c = KP_s$$

式中　P_c——侧面承受的水平地压力，MPa；

　　　K——侧压力系数，取$K=0.7$。

侧面上部承受的水平地压力为：

$P_{c上}=0.7×[18.5×(17.886+3.95)+30]×10^{-3}$
$=0.304$MPa

侧面冻结壁下部承受的水平地压力为：

$P_{c下}=0.7×[18.5×(17.886+7.9)+30]×10^{-3}$
$=0.355$MPa

底部受力按主动土压力作用计算：

$$P_x = \gamma h\tan[2(45°-\phi/2)]-2\cot(45°-\phi/2)$$

式中　γ——土体表观密度，取18.5kN/m³；

　　　h——土体计算深度；

　　　ϕ——内摩擦角，取$\phi=11.5°$；计算得

　　　　　$P_x=0.352$MPa。

经计算，最大轴力值为1333.28kN（受压），最大弯矩值为136.2kN·m，

$$\sigma_{max} = \frac{N}{A} + \frac{M}{W} = 870.94\text{kPa}$$

$$\sigma_{min} = \frac{N}{A} - \frac{M}{W} = 462.34\text{kPa}$$

最大应力值为870.94kPa（受压），安全系数为4.13，未出现受拉区。计算最大变形量为19mm，均满足设计要求。

3）端头冻结壁设计计算

（1）荷载计算

冻土墙外侧受土层侧压力作用。取上覆土层的平均表观密度为γ=18.5kN/m³，超载q_n=30kPa。按洞口下缘埋深H=25.786m计算得冻土墙所受最大主动土压力（侧压力系数取0.7）为P_s=0.355MPa。其弯矩图如图3-67所示，轴力图如图3-68所示。

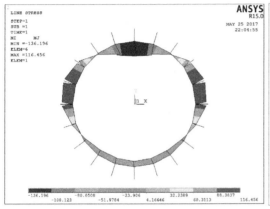

图3-67　弯矩图（kN·m）

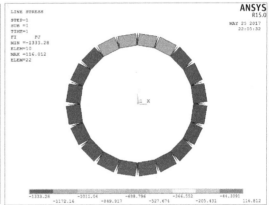

图3-68　轴力图（kN）

（2）冻土墙厚度

按受均布法向荷载的圆板计算冻土墙的承载能力。

① 按日本设计公式计算

日本关于加固体厚度h的计算公式为：

$$h = \left[\frac{kBPD}{2\sigma}\right]^{1/2}$$

计算得冻土墙厚度为1.45m（计算参数及结果见表3-10）。

② 按我国建筑结构静力计算公式验算

圆板中心所受的最大弯曲应力计算公式为：

$$\sigma_{max} = \frac{P(D/2)}{16}(3 + \mu)\frac{6}{h^2}$$

按日本设计公式计算的参数取值与计算结果　　　　　　表3-10

冻土平均温度T（℃）	冻土抗拉强度σ（MPa）	荷载P（MPa）	开挖直径D（m）	系数B	安全系数k	冻土墙厚度h（m）
−10	2.0	0.355	7.9	1.2	2.5	1.45

计算取冻土墙厚度为4.0m（计算参数及结果参见表3-11）。

按建筑结构静力计算公式计算的参数取值与计算结果 表3-11

荷载 P(MPa)	开挖直径 D(m)	冻土泊松比	计算最大弯曲应力 σ_{max}（MPa）	冻土抗折强度 σ(MPa)	安全系数 k
0.355	7.9	0.19	0.161	2.0	12.42

③ 冻土墙的抗剪验算

沿工作井开洞口周边冻土墙承受的剪力最大为 $\tau_{max} = \dfrac{PD}{4h}$

取冻土墙厚度为4.0m，计算得剪应力为0.175MPa，安全系数为8.57，满足设计要求（计算参数与计算结果见表3-12）。

剪切强度验算表 表3-12

荷载 P(MPa)	开挖直径 D(m)	冻土墙厚 h(m)	计算最大剪应力 τ_{max}（MPa）	冻土剪切强度 τ（MPa）	安全系数 k
0.355	7.9	4.0	0.175	1.5	8.57

根据上述计算，设计的冻土墙厚度采用4.0m，设计的冻土墙厚度有足够的安全储备，满足强度要求。

4）隧道初期支护设计

（1）通道支架计算

考虑地面荷载为20kPa，支架顶面埋深为18.100m，底面埋深为25.700m。

计算单元为0.6m。开挖断面处于⑤1-1灰色黏土、⑤1-2灰色粉质黏土层中，侧向土压力系数取0.7。

（2）钢支架荷载选取

依据《旁通道冻结法技术规程》DG/TJ08—902—2016中第9.3.4条关于初期支护的荷载选取要求："初期支护应能承受25%～50%以上的冻结壁荷载"。开挖面主要处于黏性土层中，较有利于冻结法施工，但由于开挖断面较大，出于安全考虑，将分下列三种情况对钢支架荷载进行选取：

① 无内部支撑，取钢支架所能承受的最大值；

② 无内部支撑，喷射C25混凝土承受100%水土压力；

③ 有内部支撑，承受100%水土压力。

（3）支架结构形式

支架采用封闭形式和环形结构。外圈环形支架采用HW300×300热轧H型钢，内部水平及垂直支撑采用I20工字钢，两榀支架之间间距600mm，采用 ϕ20钢筋间距600mm连接，两头焊接在钢架上，以使各榀支架形成一个整体。

① 不考虑内部支撑

在施工过程中，内部的水平及垂直支撑和外部环形支撑的安装是同时进行的，但出于保守起见，考虑内部支撑未安装或拆除的情况，对通道支架（图3-69）的最大承载力进行了验算。钢结构应力图如图3-70所示。

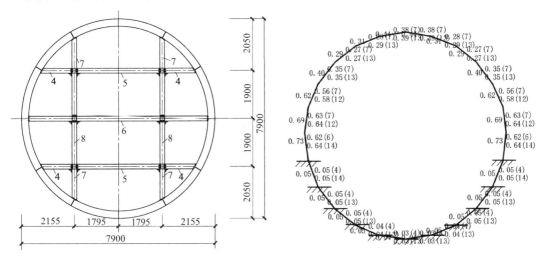

图3-69 通道支架结构图 　　　　　图3-70 钢结构应力图（无内部支撑，支架承受75%水土压力）

计算表明，在无内部支撑的情况下，支架可承担75%水土压力，大于《旁通道冻结法技术规程》DG/TJ 08—902—2016中的相关要求值；支架结构各构件平面内满足强度、稳定等要求；平面外采用钢筋间距600mm与支架焊接，形成空间稳定体系。

② 不考虑内部支撑，考虑喷浆层影响

在无内部支撑的情况下，钢架可承担75%的荷载，采用组合结构简单应力计算法，验算喷浆层是否可承受25%荷载。

型钢之间的喷射混凝土按照简支梁计算，支架间距600mm，忽略型钢腹板厚度，按单段喷浆层宽度50cm计算，选取环向单位宽度1.2m进行验算。支架底部埋深25.686m。承受均布荷载（25.686×18.5+20）×0.6=297.12kPa。

$$\sigma = \frac{M}{W} + \frac{N}{A}$$

简支梁最大弯矩 $M=ql^2/8=7.74\text{kN·m}$。

截面惯性矩：

$$W = \frac{bh^2}{6} = \frac{1 \times 0.3^2}{6} = 0.015$$

最大拉压应力 $\sigma=516\text{kPa}$，根据《混凝土结构设计规范》GB 50010—2010（2015年版），C25混凝土轴心抗拉强度设计值为1.27MPa，安全系数为2.46，满足承载力要求。

因此，在无内支撑的情况下，"型钢支架+喷射C25混凝土"的强度可满足100%周围水土压力承载要求。

③ 考虑内部支撑

经过理论计算可知，在冻结壁厚度及强度达到设计要求的情况下，冻结壁自身即可承受全部的水土压力。出于保守考虑，假设在冻结壁完全失效，全部水土压力由钢支架承担

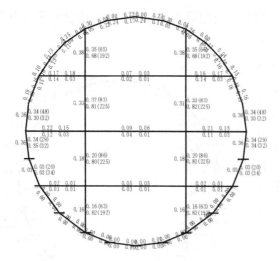

图3-71　钢结构应力图（有内部支撑，承受100%水土压力）

的极端情况下，对钢支架承载力进行了验算（将内部水平支撑承受的施工荷载等效为3.5kN/m的线荷载）。钢结构应力图如图3-71所示。

计算表明，如按照设计要求布置了水平及垂直内部支撑，钢支架本身即可承受100%的水土压力，支架结构各构件平面内满足强度、稳定等要求；平面外采用钢筋间距600mm与支架焊接，形成空间稳定体系，即在冻结壁完全失稳的情况下依然能够保证隧道内部空间的安全性。

5）应急防护门设计

出于安全考虑，防护门迎面承受水土压力按侧压系数0.7计算，水的平均重度取10.0kN/m³，土的平均重度取18.5kN/m³。

按照埋深较大的防护门底部深度计算，防护门整体高度2.4m，相对于隧道中心线对称布置。故门顶处埋深为：

$$21.9+0.5=22.4m$$

门底处埋深为：

$$21.9+0.5+2.4=24.8m$$

则门顶处水土压力（埋深22.4m）：

$$P_{c1}=0.7×(18.5×22.4+20)×10^{-3}=0.304MPa$$

门底处水土压力（埋深24.8m）：

$$P_{c2}=0.7×(18.5×24.8+20)×10^{-3}=0.335MPa$$

考虑水土动力作用，取荷载分项系数1.4，防护门耐压设计值为：

$$(0.304+0.335)/2×1.4＝0.320×1.4=0.45MPa$$

防护门耐压试验值为0.45MPa。

防护门设计图如图3-72所示。

6）不同工况冻胀预测

（1）冻胀影响分析

计算采用大型通用有限元分析软件ANSYS，它能够高效地求解各类结构运算，能够进行土质、岩石和其他材料的三维结构受力特性模拟和塑性流动分析。温度场模型选用SOL-

ID90单元，应力场模型选用相应的SOLID185单元，模型计算范围（X边界）均取冻结壁厚度的3倍以上；充分考虑了边界条件对冻结温度场的影响。模型共划分796986个单元。进行精细化建模，整体有限元模型如图3-73所示，模型尺寸为40m×20m；冻土的比热容和导热系数等参数见表3-13。

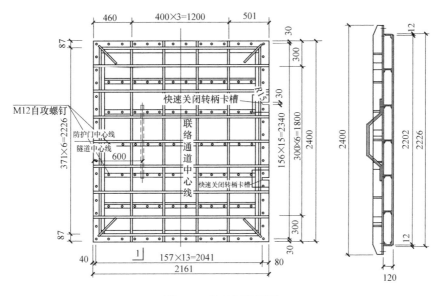

图3-72　防护门设计图

力学参数　　　　　　　　　　　　　　　　　　　表3-13

参数	冻土	未冻土	混凝土
弹性模量 E(MPa)	150	20	3E4
泊松比	0.25	0.3	0.167

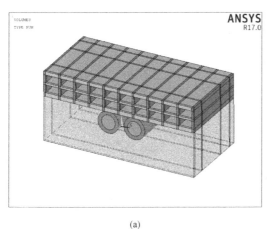

(a)

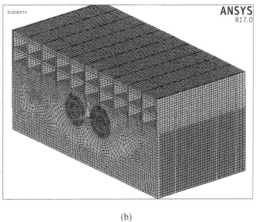

(b)

图3-73　模型示意图

（a）几何模型整体示意图；（b）有限元模型整体示意图

（2）边界条件设置

温度场模型边界条件：模型底边及两侧边固定温度为25℃，模型初始温度为25℃，冻结器荷载温度取盐水温度。

力学场模型边界条件：荷载模型底边UY固定，两侧边UX固定，前后边UZ固定。

首先，建立温度场模型进行冻结期温度场模拟，采用间接耦合的方式，模型转化为力学场模型，读取温度场数据并进行力学场分析。对于地表抬升值的计算，程序输出的结果也是由计算重力场引起的初始位移和土体冻胀引起的位移两部分组成，则最后必须在计算位移值中减掉初始位移值，才是真实的地表抬升值。

模拟试验主要模拟30d、90d、150d的冻胀对车站底板的影响。

（3）计算结果分析

从模拟结果来看，30d时，最大冻胀为4mm，在正视图中下行线隧道冻结壁与土体交界面内侧；车站竖向位移最大值为0.9mm，且由于下行线隧道先行冻结，冻结壁平均温度较低，因此车站最大位移出现在上、下行线隧道中心交界面偏向下行线隧道处。如图3-74所示。

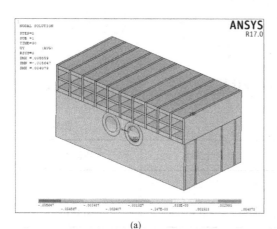

(a)

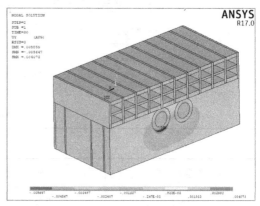

(b)

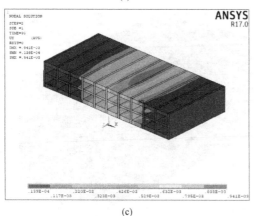

(c)

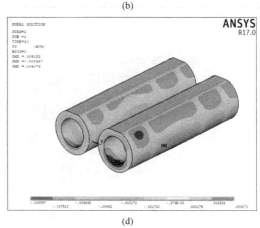

(d)

图3-74　30d车站冻胀变形示意图

（a）30d整体竖向变形正视图；（b）30d整体竖向变形后视图；（c）30d车站冻胀竖向变形；（d）30d冻结壁竖向变形

从模拟结果来看，90d时，最大冻胀为4.49mm，在正视图中下行线隧道冻结壁与土体交界面内侧；车站竖向位移最大值为1.6mm，车站最大位移出现在上、下行线隧道中心交界面偏向下行线隧道处。如图3-75所示。

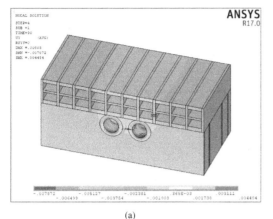

(a)

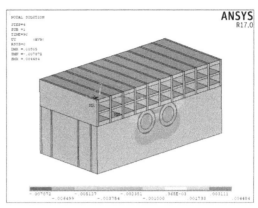

(b)

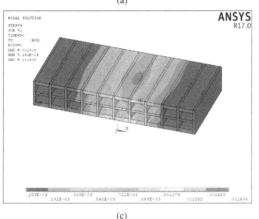

(c)

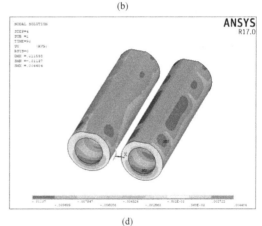

(d)

图3-75　90d车站冻胀变形示意图

（a）90d整体竖向变形正视图；（b）90d整体竖向变形后视图；（c）90d车站冻胀竖向变形；（d）90d冻结壁竖向变形

从模拟结果来看，150d时，最大冻胀为4.503mm，在正视图中下行线隧道冻结壁与土体交界面内侧；车站竖向位移最大值为1.9mm，车站最大位移出现在上、下行线隧道中心交界面偏向下行线隧道处。如图3-76所示。

2. 冻结施工

1）水平长距离钻进穿越地下连续墙技术

通过测量放样，确定二次开孔方向，孔口管埋设及孔口密封装置安装。

（1）两次孔口管安装（图3-77）：

第一次安装外径ϕ168孔口管，下放套管后，将下放套管作为孔口管，在ϕ146×6的套管上焊接ϕ150法兰，作为二次钻进时的孔口管。

（2）定位开孔及孔口管安装

首先，注意：内衬结构内主筋干涉时，调整孔位，用开孔器（配金刚石钻头取芯）按设计角度开孔，开孔直径为167mm。当开到深度300mm时停止钻进，安装孔口管，孔口管外径为ϕ168mm。

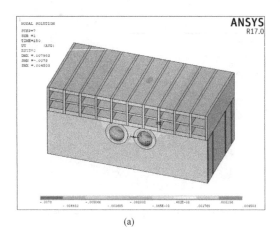
(a)

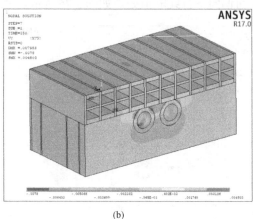
(b)

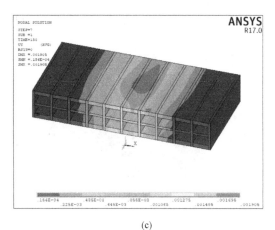
(c)

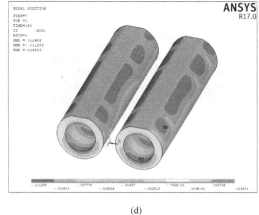
(d)

图3-76 150d车站冻胀变形示意图

（a）150d整体竖向变形正视图；（b）150d整体竖向变形后视图；（c）150d车站冻胀竖向变形；(d)150d冻结壁竖向变形

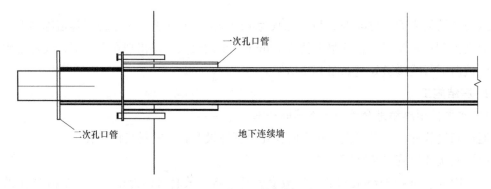

图3-77 两次孔口管安装示意图

孔口管的安装方法为：首先将孔口处凿平，安装好4个膨胀螺栓，而后在孔口管的鱼鳞扣上缠好麻丝或棉丝等密封物，将孔口管砸进去，用膨胀螺栓连接钢板与孔口管焊接牢固。将孔口管固定牢固后，装上 $DN200$ 球阀，再将球阀打开，用开孔器从球阀内开孔，开孔直径为 150mm，一直将内衬及围护结构开穿，这时，如地层内的水砂流量大，就及时关好球阀。

孔口管安装角度均为钻孔角度。施工中当第一个孔开通后，没有涌水涌砂，可继续开孔施工；若涌水涌砂较厉害，还应当注水泥浆（或双液浆）止水及地层补浆。

（3）孔口密封装置安装

用螺栓将孔口密封装置装在球阀上，注意加密封垫片。如图3-78所示。

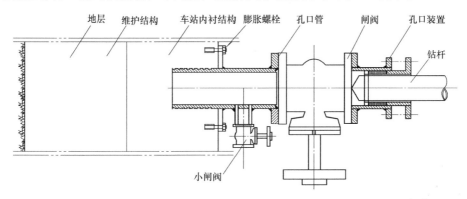

图3-78　孔口密封装置安装示意图

（4）钻孔施工

① 管材及连接

冻结管、泄压管选用 $\phi108\times10mm$ 的低碳无缝钢管，测温管及温控管用 $\phi89\times8mm$ 的低碳无缝钢管，材质符合《输送流体用无缝钢管》GB/T 8163—2018的相关规定。管材焊接连接后，要冷却5min以上，以防止热焊口进入土层后骤冷脆裂。

泄压孔采用花管形式，滤孔面积为 5%～10%（在黏土层中取大值），滤孔孔径为8mm，按下入土层全长均匀布置。

冻结壁采用内接箍加对焊连接，如图3-79和图3-80所示。

图3-79　内接箍加工示意图　　　　　图3-80　内接箍装配示意图

② 钻孔工艺

采用双重套管+跟管钻进法施工，一次利用 $\phi150$ 钻头+$\phi146$ 岩心管钻进导孔，将地下连续墙的岩心取出，导孔钻具组合为：主动钻杆+异径接头+岩心管（加尺区域）+逆止装置+岩心管（2.5m）+金刚石取芯钻头。

一次导孔完成后，采用跟管钻进法下放 $\phi146\times8$ 的无缝钢管为套管，布设深度为穿透B墙顶到C墙，导孔钻具组合为：主动钻杆+异径接头+$\phi146\times8$ 冻结管。

套管下放至设计位置后，开始二次钻孔，二次钻孔采用 ϕ122 钻头+ϕ114 的岩心管在一次套管内钻进导孔，钻具组合为：主动钻杆+异径接头+岩心管（加尺区域）+逆止装置+岩心管（3.5m）+金刚石取芯钻头。

将地下连续墙的岩心取出后，下 ϕ108×10 的无缝钢管为冻结管，钻孔深度至设计位置，如图 3-81 所示。钻具组合为：主动钻杆+异径接头+ϕ108×10 冻结管。

岩心管采用低碳合金钢材质，通过丝扣外平连接，钻头采用金刚石取芯钻头。

图 3-81　套管法钻孔示意图

冻结管下放到设计深度后，利用长钻杆进行丝堵安装，丝堵安装完成后，对冻结孔进行偏斜及试压检测。检测合格后，通过孔口管三通对地层进行注浆，补充钻孔过程中的地层损失。

冻结孔施工顺序为：先施工测温孔，再施工冻结孔，最后施工卸压孔，避免浆液流入卸压孔中，使卸压孔失效；先施工下部的孔，再施工上部的冻结孔，防止下部孔施工时水土流失而造成上部孔弯曲或断裂

穿桩的冻结孔，由于桩体为圆形，故容易发生滑动，造成较大偏斜，同时桩上部有格构柱，钢板钻进时难度大，可能卡钻。穿桩孔统计表见表 3-14。穿桩孔孔位图如图 3-82 所示。

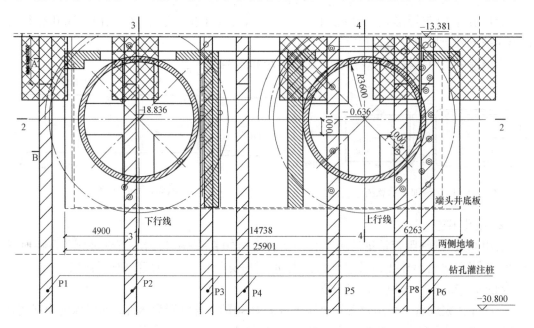

图 3-82　穿桩孔孔位图

穿桩孔统计表   表3-14

序号	穿桩号	穿桩孔号
1	P2钻孔灌注桩	Dxy10、Dxy31、Cx10
2	P3钻孔灌注桩	J1、Dxy17、Dxy18、Dxy22、Dxy23、Dxy24
3	P5钻孔灌注桩	DSy8、Xs1、Cs12、Xs8、DSy33
4	P6钻孔灌注桩	Cs3、J15、Dsy16、Dsy17、Dsy24、Dsy25、Cs5
5	P8钻孔灌注桩	Dsy14、Cs8、Xs3、Xs6、DSy27

对于穿桩冻结管，一次钻进全顶上桩体时，下放套管。第一次钻孔时采用刚度大的 ϕ 146岩心管穿透桩，第二次钻孔时采用 ϕ 114的岩心管；钻到桩后要轻推慢进，让钻头慢慢嵌入桩体，可有效控制偏斜。

格构柱钻进与桩体钻进一样要轻推慢进，让钻头慢慢嵌入桩体，防止卡钻。卡钻后，要边钻边退。实在拔不出时弃孔，当该孔封好后，再调整孔位钻进。

③ 冻结孔质量要求

根据施工基准点，按冻结孔施工图布置冻结孔。标定孔位偏差不应大于100mm。钻孔偏斜控制要求是：终孔最大偏斜不大于300mm。

2）灯光和陀螺分段测斜控制技术

根据钻孔试验成果，拟采用灯光测斜与陀螺测斜仪的测斜方法，每钻进至桩时进行灯光测斜校验，通过过程测斜控制钻孔轨迹，并采取相应措施。终孔采用灯光测斜与陀螺测斜仪相互印证，确保成孔测斜精度。根据成孔偏斜情况，确定下一个孔开孔位置及角度。偏斜率严格按照设计值30cm控制，控制终孔间距不超过1.4m。

（1）灯光测斜

水平冻结孔偏斜是指冻结孔成孔轨迹偏离设计轨迹的情况，用偏距和偏角来表示。垂直偏角可以用经纬仪直接读出（图3-83），而水平偏角 α 测量示意图如图3-84所示。

图3-83 经纬仪灯光测斜

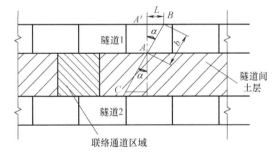

图3-84 灯光测斜原理示意图

（2）构件计算

① 门板及横挡

门横挡为［10槽钢外包12mm厚钢板组合结构，按照四边固定的双向板计算门的板中心弯矩：

$$L_x=2.161m，L_y=2.63m。L_x/L_y=0.822。$$

查表得：板中最大弯矩 $M_x=0.023qL_x^2$，$M_y=0.0163qL_x^2$

$$M_x=0.023qL_x^2=0.023×450×2.161^2=48.33\text{kN·m}$$

$$M_y=0.0163qL_x^2=0.0163×450×2.161^2=34.25\text{kN·m}$$

取中间1m×1m计算。根据槽钢、钢板截面模量以及平行移轴定理：

$$W_x=（100×1.23/12+5.52×100×1.2）×2/6=1214.8\text{cm}^3$$

$$W_y=39.7×2+1214.8=1294.2\text{cm}^3$$

$$\sigma_{max}=\frac{M_x}{\gamma W_x}+\frac{M_y}{\gamma W_y}=\frac{48.33}{1.05×12148}+\frac{34.25}{1.05×12942}=63.1\text{MPa}<f=210\text{MPa}$$

② 门上连接螺栓计算

总拉力=450×2.161×2.63=2558kN

选用M20大六角8.8级高强度螺栓，每个螺栓能承受的拉力为97.92kN。

则需要的螺栓个数为2558/97.92=27个

实际设计56个螺栓，满足要求。

③ 门框计算

门框均采用12mm厚钢板，每延米所受的拉力为

$$2558/[（2.161+2.63）×2]=267.0\text{kN}$$

按照 $\sigma=\dfrac{N}{0.7l_\text{w}t}\leqslant f_\text{t}^\text{w}$ 验算

$$267.0×1000/（0.7×1000×6)=63.57\text{N/mm}^2<f=160\text{N/mm}^2。$$

焊缝采用6mm角连续焊缝，满足承载力要求。

（3）陀螺测斜仪原理及精度

JTL-40GX光纤陀螺测斜仪是一种可以敏感地球转速的高灵敏度传感器，使用时无须在地面进行方向校准，它可以自主寻北，得出的方位值就是钻孔倾斜真北方位角，使用非常方便。它虽然价格较贵，但具有精度高、体积小、质量轻、零点漂移小、寿命长、维护方便等诸多优点。JTL-40GX光纤陀螺测斜仪顶角测量采用重力加速度传感器，它和其他类型传感器相比，具有精度高、性能稳定、能适应小直径钻孔等特点。

陀螺测斜仪已经经过地面试验的检验，经过精度校核，能满足现场测斜的需要，如图3-85所示。

（4）测温孔及温度变化

上海轨道交通18号线16标穿越10号线国权路水平冻结清障工程于2019年1月28日开始积极冻结，2019年2月2日冻结第7d盐水温度达到-22℃（<-18℃），冻结第15d即2019年2月10日盐水温度达到-25℃（<-24℃）；冻结第32d即2019年2月27日盐水温度去路为-28℃；冻结第47d双排孔位置冻结壁厚度满足设计厚度2m要求后，进行分组循环，

图3-85　光纤陀螺仪现场试验

对单排孔位置采取加大盐水流量、维持−30℃低温循环的方式，对双排孔位置采用适当提高盐水温度，调小盐水流量的方式，盐水温度维持在−24～−26℃。盐水温度回路图如图3-86所示。

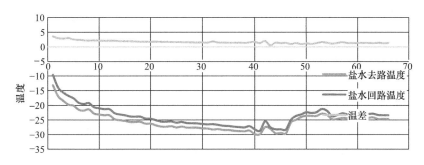

图3-86　盐水温度回路图

下行线共设计测温孔11个，其中内侧6个，外侧5个，每个测温孔内布设20个测温探头，设计深度42m，在每堵地下连续墙的前后两侧分别布置温度测点，如图3-87所示。

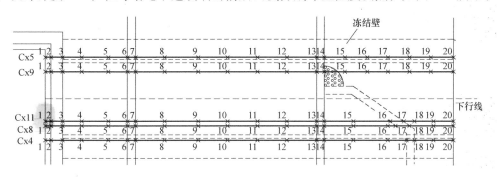

图3-87　温度测点布置图

2019年1月28日～4月2日Cx5测温孔温度变化情况，如图3-88所示。

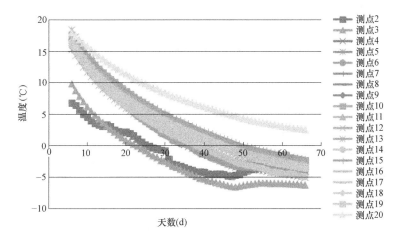

图3-88　Cx5测温孔温度变化曲线

（5）冻结帷幕厚度及平均温度计算

① 冻结帷幕厚度

根据测温孔实测冻土向外扩展速度，取最小值30mm/d，30mm/d×37d=0.921m。利用图解法计算2019年8月7日冻结壁向外扩展厚度为0.825m。

冻结管在B墙位置距离开挖荒径0.565m，故实测冻结壁的有效厚度为1.55m。预计2019年4月16日冻结第79d时，冻结壁的有效厚度为2.54m。

薄弱位置在左侧墙位置，在3月14日采用分组分别循环后，左侧墙盐水流量由最初的5m²/h调整为7.68m²/h，盐水温度维持在−30℃。冻结前期冻土扩展速度取25mm/d，冻结后期做适当折减取23mm/d，截至4月2日计算冻土向外扩展厚度为25×25+23×40=1545mm，冻结管距开挖荒径500mm，薄弱位置冻结壁的有效厚度为2045mm，满足设计厚度2m的要求。预计4月16日冻结第79d时，冻土向外扩展厚度为25×25+23×54=1867mm，冻结壁有效厚度为2367mm。见表3-15。

2019年4月2日冻土帷幕测点温度值　　　　　　　表3-15

序号	测温孔	测温孔到冻结孔的距离(mm)	降到0℃时间(d)	冻土向外扩展速度(mm/d)	37d温度(℃)
1	Cs1	575	19	30	−4
2	Cs2	1821	—	—	0.81
3	Cs3	1008	—	—	1.37
4	Cs4	833	23	36	−4.18
5	Cs5	1021	35	30	−0.75
6	Cx6	846	18	47	−6.87

② 平均温度计算

采用经验公式法（成冰公式）的计算公式为

$$t_c = t_{oc} + 0.25t_n$$

$$t_{oc} = t_b\left(1.135 - 0.352\sqrt{l} - 0.785\frac{1}{\sqrt[3]{E}} + 0.266\sqrt{\frac{l}{E}}\right) - 0.466$$

a.冻土平均温度：E=2.29m，l=1.4m，t_n=−13℃，t_b=−25.0℃，计算得冻结壁平均温度：t_c=−12.0℃≤−10℃（维护冻结盐水温度为−24～−26℃）

b.冻土平均温度：E=2.045m，l=1.4m，t_n=−13℃，t_b=−30.0℃，计算得冻结壁平均温度：t_c=−13.3℃≤−10℃（积极冻结盐水温度为−30℃，左侧薄弱区区域）

经分析计算，冻土帷幕的厚度及平均温度均符合设计要求。

（6）泄压孔情况

上海轨道交通18号线16标穿越10号线国权路水平冻结清障工程共布设16个泄压孔，其中内侧8个，外侧8个，2019年7月1日开始积极冻结，开始积极冻结时泄压孔的初始压力均为0.10～0.20MPa。

泄压孔压力从2019年7月22日开始连续上涨，可以判定通道冻结帷幕开始交圈。7月24日，压力最大达到0.35MPa，之后开始逐步泄压。泄压后继续上涨，打开泄压孔进行泄压。7月26日，打开内侧泄压孔，已无泥水流出，初步判断局部位置已经基本冻实。如图3-89所示。

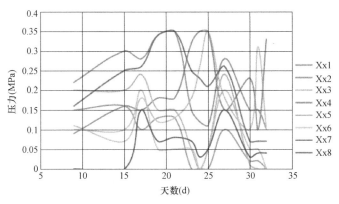

图3-89　泄压孔压力曲线

（7）探孔（取土孔）施工

为控制冻胀对10号线车站底板的影响，在内圈孔先后进行了6个取土孔的施工，取土孔深度28m，取土孔孔位图如图3-90所示。取土孔测温如图3-91所示。取冻土芯如图3-92所示。

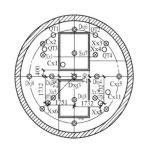

图3-90　取土孔孔位

图3-91　取土孔测温

图3-92　取冻土芯

取土过程中在AB段取芯为冻土，无泥水流出现象，取土孔温度为0～-4.9℃，AB段内圈已基本冻实。

3. 开挖、支护施工

隧道采用分段分台阶开挖，根据地下连续墙分成四个开挖段部分，即A墙及AB墙之间开挖段为第一段，B墙及BC墙之间开挖段为第二段，C墙及CD墙之间开挖段为第三段（下行线D墙包含于此段），D墙为第四段（上行线）。

采用分段、上下台阶开挖方式，第一~三段均采用上下台阶开挖，第一段开挖支护完成后，进行第二段开挖支护；第二段开挖支护完成后，开始第三段开挖支护；第三段开挖支护完成后，二次冻结后破除D墙。

在A墙上台阶安装防护门，开始第一段上台阶开挖，直到开挖至B墙，通过第一段上台阶向下台阶打探孔，探测第一段下部冻结情况，若冻结良好，破除A墙，拆除A墙防护门，挖第一段下台阶至B墙。

在B墙上台阶安装防护门，开始第二段上台阶开挖，直到开挖至C墙，通过第二段上台阶向下台阶打探孔，探测第二段下部冻结情况，若冻结良好，破除B墙，拆除B墙防护门，挖第二段下台阶至C墙。

在C墙上台阶安装防护门，开始第三段上台阶开挖，直到开挖至D墙，通过第三段上台阶向下台阶打探孔，探测第三段下部冻结情况，探孔为每3m一个探测断面，若冻结良好，破除C墙，拆除C墙防护门，挖第三段下台阶至D墙。

对于上行线，在挖至D墙时，将内部泄压孔改为冻结孔，结合原内部加强孔进行二次冻结。对于下行线，挖至C墙时，将内部泄压孔改为冻结孔，结合原内部加强孔进行二次冻结。

检测D墙端部冻结帷幕有效性，破除D墙，拔除钢质冻结管，进行免拔管替换。

每段开挖均采用短段掘砌技术，开挖步距控制在0.5m，及时安装临时钢支架、预埋注浆管及喷浆。开挖顺序示意图如图3-93所示。

根据工程结构特点，隧道采用分部开挖，先开挖断面上部，接着开挖断面下部，根据场地条件以及开挖需求，开挖平台设计3层，井口内搭建一层开挖平台145m²，二层开挖平台56m²，三层开挖平台56m²。如图3-94所示。

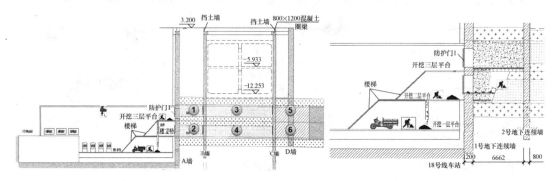

图3-93　分段开挖顺序图　　　　　图3-94　开挖平台设计示意图

"分段分部分台阶"是指：分段：分成3段，即AB段、BC段、CD段；开挖分区：圆断面分割为上部和下部两个区域，每个区域采用分台阶方式开挖；初支形式：HW300型钢+φ20钢筋连接+C25喷射混凝土；开挖顺序为：①→②→③→④→⑤→⑥；开挖步骤为：防护门安装→防护门内地下连续墙破除→分台阶开挖→每挖一榀支一榀→每支撑两榀混凝土喷射。

1）全站仪激光导向定位

采用分段灯光，分段陀螺，灯光与陀螺比对，陀螺重复性校核，为钻孔偏斜提供准确的定

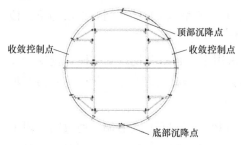

图3-95　格构柱上设置测量复核点

位。开挖机及拼装前轴线校核；拼装后轴线复核；每开挖2m要进行轴线校核。

AB、BC段对已拼装完成的环片，每隔3m布设一组收敛点，每周两次收敛观测，如图3-95、图3-96所示。施工过程中收敛累计值小于直径的±3‰，贯通验收收敛累计值小于直径的±6‰。

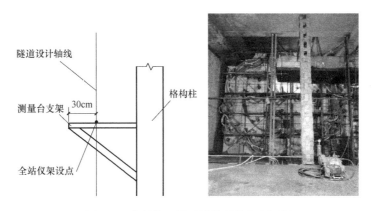

图3-96 格构柱上设置测量复核点现场图

2）四道地下连续墙破除

以下行线地下障碍地下连续墙破除为例，A、B、C、D墙破除步骤如下：首先，D墙在CD段开挖时随挖随凿；其次，B墙在CD段二次冻结时破除；然后，CD段内支撑拆除→泡沫混凝土充填→C墙凿除；最后，AC段内支撑拆除→泡沫混凝土充填→A墙凿除。如图3-97所示。

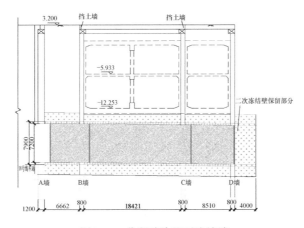

图3-97 分段破除地下连续墙

3）临时支架安装与拆除

上部首榀支架安装：开挖断面进尺1000mm；横撑就位，植筋固定ϕ20@500mm；内支撑安装，竖撑植筋固定；超挖100mm，外圆植筋；侧翼下部外圆支撑安装；单块外圆支撑长2000mm，质量为400kg。人工抬运，进行圆弧支撑对接；液压千斤顶用于临时固定和微调。如图3-98所示。

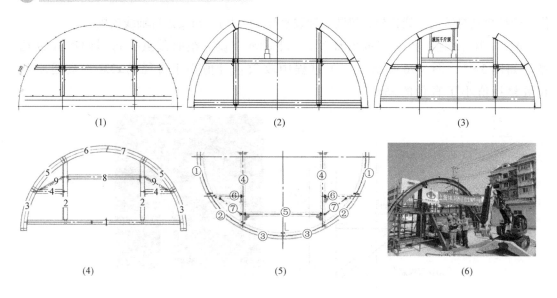

(1)   (2)   (3)

(4)   (5)   (6)

图3-98　临时支架拼装步骤图

环向支护可以满足全部荷载，在免拔管替换完成且冻结壁回冻稳定后，开始拆除支撑。分段拆除CD段、AC段。拆除步骤如图3-99所示。

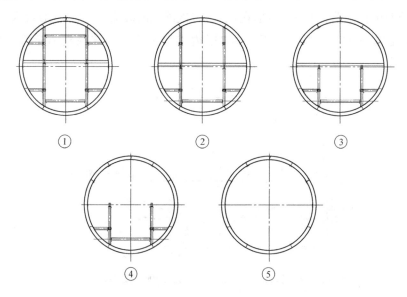

①   ②   ③

④   ⑤

图3-99　拆除步骤图

4）泡沫混凝土填充

填充采用轻质发泡混凝土，施工配合比为：水泥∶发泡剂=25∶1，水灰比为0.6。注浆方式为自下而上，先打开所有阀门，给底层注浆孔注浆，待上一层注浆孔返浓浆时，停止本层注浆，进行上一层的注浆。

（1）CD段泡沫混凝土填充长度为7.3m：①D墙位置采用PVC管织成网片+喷射混凝

土封闭端部，距离C墙2m处砌筑砖墙高2m，填充泡沫混凝土约67.16m³；②再砌筑砖墙高2m，填充泡沫混凝土约103m³；③再砌筑砖墙高2m，填充泡沫混凝土约97.09m³；④再砌筑砖墙高1.3m，填充泡沫混凝土约37.23m³，在砌筑砖墙顶部开两个孔，一个孔插管充填，另一个孔为观察孔，充填至观察孔满溢，最后封孔。CD段泡沫混凝土总方量为304.48m³，总用时4d。在CD段充填泡沫混凝土的同时凿除C墙。如图3-100所示。

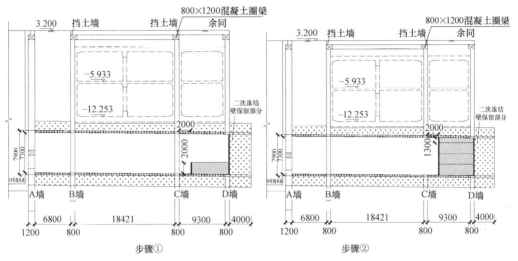

图3-100　CD段泡沫混凝土填充步骤图

（2）BC段泡沫混凝土填充长度为19.3m：①距离C墙2m处砌筑砖墙高2m，填充泡沫混凝土约177.56m³；②再砌筑砖墙高2m，填充泡沫混凝土约274.06m³；③再砌筑砖墙高2m，填充泡沫混凝土约256.69m³；④再砌筑砖墙高1.3m，填充泡沫混凝土约98.43m³，在砌筑砖墙顶部开两个孔，一个孔插管充填，另一个孔为观察孔，充填至观察孔满溢，最后封孔。BC段泡沫混凝土总方量为806.74m³。总用时6d。在BC段充填泡沫混凝土的同时凿除B墙。如图3-101所示。

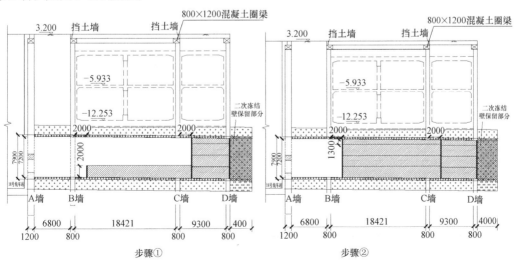

图3-101　BC段泡沫混凝土填充步骤图

图 3-102 冻结监测示意图

（3）同理，AB 段泡沫混凝土填充长度为 9.6m。

4. 监测及冻胀融沉控制

1）冻结系统监测

对冻结系统的监测包括温度监测、流量监测、冷冻机组参数监测、水位监测。冻结监测示意图如图 3-102 所示，冰冻系统监测界面如图 3-103 所示。

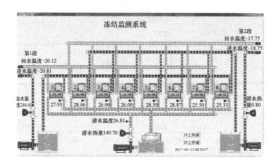

图 3-103 冻结系统监测界面

2）环境变形监测

（1）监测项目

本项目针对凿除地下连续墙、拆装支撑、填充泡沫混凝土、上下行线开挖等工况，共设 270 个监测点。其中沉降监测包括：隧道上方地面沉降监测、施工影响范围内管线监测、施工影响范围内建（构）筑物监测、车站立柱监测、上下行线隧道道床监测。

（2）变形控制值

隧道报警值严格按照《上海市轨道交通测量管理细则》及隧道施工设计相关要求执行。见表 3-16。

监测项目报警值 表 3-16

监测项目	累计报警值	监测频率
地面沉降	日变化量 ±2mm，累计变化量 ±25mm	1 次/d
地面管线	日变化量 ±2mm（雨污水管 ±1mm），累计变化量 ±10mm	1 次/d
地面建筑物	日变化量 ±1mm，累计变化量 ±20mm	1 次/d
车站及上下行线隧道道床监测	日变化量 ±0.5mm，累计变化量 ±5mm	2 次/周，1 次/d

（3）监测结果分析

为及时进行量测数据的分析和信息反馈，预测施工结构及地铁车站的稳定状态，全部数据用计算机处理,对施工情况进行分析并提出相应的施工决策。

地表、管线及建筑物沉降的监测由施工方监测与第三方监测同时进行,车站及道床监测由地铁项目公司委托进行。

根据第三方监测,从2019年1月4日至2020年1月6日10号线国权路站上行线累计沉降最大为25.17mm,保证在注浆压力作用下变形量在设计允许范围内(+10~-30mm)。如图3-104所示。

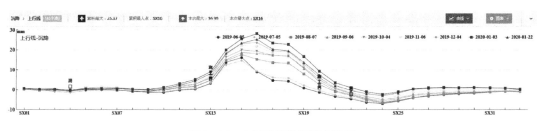

图3-104 上行线累计沉降曲线图

10号线国权路站下行线累计沉降最大为22.8mm,保证在注浆压力作用下变形量在设计允许范围内(+10~-30mm)。如图3-105所示。

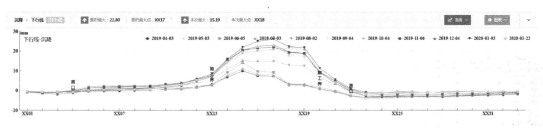

图3-105 下行线累计沉降曲线图

3)冻胀控制

(1)立柱抬升

立柱LZ03在上下行线之间靠近下行线,立柱LZ02在上行线正上方。如图3-106所示,立柱LZ03持续增长且达到44.9mm。立柱LZ02持续增长且达到34.58mm,如图3-107所示。

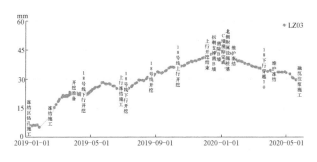

图3-106 LZ03立柱上涨趋势

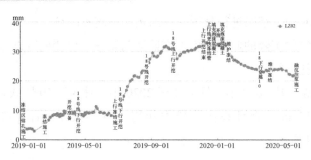

图3-107　LZ02立柱上涨趋势

从两立柱上涨趋势看，在正上方的立柱LZ02上涨趋势没有立柱LZ03明显，同样情况下立柱LZ02距离冻结壁近，但也需考虑立柱LZ03处于诱导缝处，如果不考虑诱导缝的影响，水源补给可能是造成立柱LZ03上升的主要原因。

（2）冻胀控制

① 立柱LZ02、LZ03抬升主要受冻胀以及外界水源补给影响。

a. 提高盐水温度以及间歇式停机，延长停机时间。

b. 在三角区内进行取土泄压。

c. 及时观察站台下积水，对站台积水进行清理。

② 间歇式停机，一种状态模式下，温度的变化幅度会逐渐缩小。在温度平稳时，长停机时间。

③ 上行线28m冻结壁厚度为2.68m，在验收结束后，进行间歇式停机：开1d停1d，以及开1d停2d的方式，逐渐延长停机时间。

4）融沉控制

融沉补偿注浆应遵循多点、少量、多次、均匀的原则。注浆分为充填补偿注浆和融沉注浆两种，充填注浆管分别主要预埋在初支与冻土之间，在拱顶部的支护层与原状土之间，预埋注浆管用以充填顶部的空隙。融沉注浆利用隧道永久管片上的注浆孔，根据监测数据和冻土融化情况随时进行注浆。充填注浆结束后根据地层沉降监测情况进行冻结壁融沉补偿注浆。

（1）隧道内注浆

① 利用隧道管片预留的注浆孔进行融沉注浆，如图3-108所示。

② 在整个冻结范围，管片设计为特殊环管片，冻结长度约为41m，特殊管片的环数为35环，每环设置16个注浆孔。

（2）三角区融沉控制

① 利用三角区内原有的11个泄压孔进行注浆，如图3-108所示。

② 泄压孔长度约38m，采用开孔钻机在泄压孔内钻至38m，之后在预留注浆孔内插入φ32注浆花管至孔底，每外拔1m注一次浆液，直到注至A墙。后期根据地面融沉的沉降量，在沉降量大的部位进行注浆。

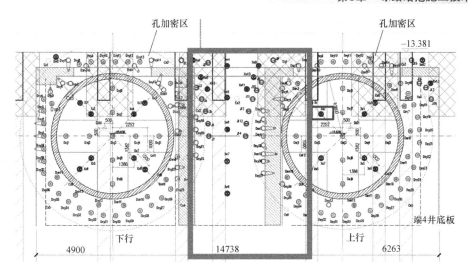

图3-108 加密泄压孔图

注浆材料采用单液水泥浆和C-S双液浆，单液浆水泥等级强度为P.C425级，水灰比一般为0.8～1；双液浆水泥等级强度为P.C32.5级，水玻璃等级强度为35～42°Be，可根据地层条件适当调整，将配好的水泥浆液和水玻璃浆液按照1∶1混合注入。

（3）注浆工艺

盾构穿越加固区，具备注浆条件后，停止冻结。停止冷冻后立即开始融沉注浆。参照《旁通道冻结法融沉注浆加固建设指导意见》，预计持续时间为1～3个月，具体根据变形及温度场监测确定注浆结束时间。

① 冻结壁外壁注浆工艺

注浆前，先用钻机进行开孔，每次开孔的深度要比上一次钻进的深度至少多20cm，直至向里钻进深度达到2.5m为止，然后在预留注浆孔内插入φ32注浆花管，插入深度以刚好穿透冻结壁为宜，孔口装上防返浆装置，分层注浆。注浆过程中不拔管，下次注浆时花管内拔，如图3-109所示。

② 冻结壁内侧注浆工艺

如图3-110所示。在预留注浆孔内插入φ32注浆花管，插入深度以刚好穿过结构层为宜，孔口装上防返浆装置，分层注浆。注浆过程中不拔管，下次注浆时花管外插。

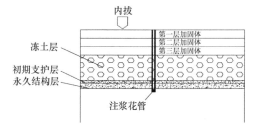

图3-109 冻结壁外侧注浆效果示意图

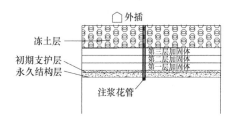

图3-110 冻结壁内侧注浆效果示意图

融沉注入双液浆，注浆压力采用0.3～0.5MPa，注浆量根据计算、不同土层和注浆材料的性质等实际情况进行相应调整。

注浆方式为间隔注浆，每个孔的注浆压力和注浆量达到规范的要求即停止注浆，换下一个注浆孔进行注浆。

对每个注浆孔进行注浆时，采用长度依次推进的注浆方式，即第一次注浆时开孔位置深入注浆孔20cm，第二次注浆时利用开孔钻机重新开孔，深入注浆孔40cm位置进行注浆，第三次注浆深入注浆孔60cm，依此类推，直到注浆位置至2.5m为止。

融沉注浆控制标准为：冻土全部融化，国权路车站、出入口及周边附属设施变形稳定。

3.5.4 施工设备

1. 冻结设备

（1）钻孔主要设备

钻孔选用MX-120A型多功能坑道钻机（图3-111）2台（套），备用一台MD-80A钻机。MX-120A型多功能坑道钻机参数表见表3-17。与钻机配套选用KBY50/10-11注浆泵（图3-112）2台（套），注浆泵参数见表3-18。

MX-120A型多功能坑道钻机参数表 表3-17

项目	单位	参数	项目	单位	参数
钻孔直径	mm	$\phi100 \sim \phi210$	给进速度	m/min	0～2、36
钻孔深度	m	100～140	额定提升力	kN	62
钻孔角度	°	−10～90	额定给进力	kN	32
额定输出扭矩	N·m	6500	给进行程	mm	1200
额定转速	r/min	25～100	动力	—	电动机
提升速度	m/min	1、18	总功率	kW	45

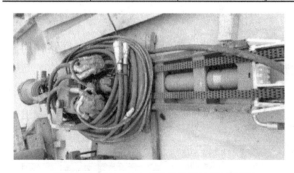
图3-111 MX-120A型多功能坑道钻机图

图3-112 KBY50/10-11注浆泵

KBY50/10-11注浆泵参数表 表3-18

型号	公称流量 (L/min)	公称压力 (MPa)	额定往返 次数(次/min)	容积效率(%)	总效率(%)	外形尺寸 (mm)	质量(kg)
KBY50/10-11	50	10	20	85	72	1550×960×800	400

其他的钻孔设备见表3-19。

钻孔设备一览表

表3-19

序号	设备名称	型号	单位	每台耗电量	设备台数	备注
1	水平钻机	MX-120A	台	45kW	2	—
2	水平钻机	MD-80A	台	37kW	1	备用
3	泥浆泵	BWD-250	台	15kW	3	1台备用
4	注浆泵	ZBY50/70	台	22kW	2	1台备用
5	手拉葫芦	3t	个	—	10	—

（2）冷冻设备

上下行线各配备工况制冷量8.6万kcal/h的YSLG16FZ冷冻机组5台（套）。其中，4台开启，1台备用，每台冷冻机组电机功率为125kW。共设一个冷冻站，在盐水系统安装中，上下行线盐水系统分别安装。

搭配RFR-100型冷却塔10台，冷却水循环量为100m³/h。

2. 暗挖设备

开挖使用的设备有支架抬升机（图3-113）布洛克机器人（图3-114）、空压机、注浆泵、风镐、手推车、喷浆机等，见表3-20。

土方开挖设备一览表

表3-20

序号	设备名称	型号功能	序号	设备名称	型号功能
1	汽车式起重机	50t	6	风镐	—
2	电动空压机	20m³/min	7	抽水机	—
3	电动空压机	3.5m³/min	8	测量仪器	—
4	挖掘机	PC40	9	汽车冲洗设备	—
5	风钻	YT28	10	潜孔钻机	—

图3-113　支架抬升机

图3-114　布洛克机器人

泡沫混凝土填充材料采用MLC多功能轻质发泡混凝土。

3. 测量设备

JTL-40GX光纤陀螺测斜仪是目前钻孔弯曲测量最好的设备，如图3-115所示。光纤陀螺测斜仪主要技术参数见表3-21。

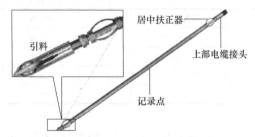

图3-115   JTL-40GX光纤陀螺测斜仪

光纤陀螺测斜仪主要技术参数   表3-21

序号	项目	测量范围	精度
1	顶角	0º ~ 45º	±0.1º
2	方位角	0º ~ 360º	±2º

4. 监测设备

1）冻结系统监测设备

（1）温度监测设备

温度监测系统所需设备、材料清单见表3-22。

温度监测系统所需设备和材料   表3-22

序号	内容	单位	数量
1	温度传感器	个	650
2	采集模块	块	15
3	串口转USB	块	2
4	组态软件(512点)	套	1

（2）流量监测设备

流量监测系统所需材料见表3-23。

流量监测系统所需材料   表3-23

序号	内容	单位	数量
1	电磁流量计(DN200)	台	2
2	电磁流量计(DN150)	台	4
3	电磁流量计(DN60)	台	2

（3）水位监测设备

液位监测系统所需设备、材料清单见表3-24。

液位监测系统所需设备和材料   表3-24

序号	内容	单位	数量
1	液位传感器(22m)	套	2
2	液位传感器(3m)	套	1

2）变形监测设备

（1）隧道收敛监测仪器

采用leica DISTOTM D2手持式测距仪测量隧道的直径变化。测距仪如图3-116所示。

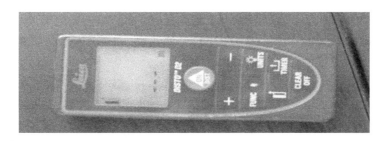

图 3-116 leica DISTOTM D2 手持式测距仪图片

（2）监测仪器设备

监测仪器设备见表 3-25。

监测仪器设备配置表 表 3-25

监测项目	仪器型号	用途	数量
测量系统	徕卡 NA2 水准仪	竖向位移测量	1 台（套）
	徕卡 TS06 型全站仪	水平位移测量	1 台（套）
	leica DISTOTM D2 手持式测距仪	隧道收敛监测	1 台（套）

3）注浆设备

注浆设备见表 3-26。

注浆设备配置表 表 3-26

序号	内容	单位	数量
1	KBY50/10-XY 双液注浆泵	台	2
2	手压注胶泵	台	2
3	液压钻机	台	1

3.5.5 实施效果

下行线于 2018 年 8 月 27 日开钻，于 2019 年 1 月 11 日钻孔结束，历时 4.5 个月，累计施工钻孔 102 个。积极冻结于 2019 年 1 月 28 日开始，冻结 73d，下行线于 2019 年 4 月 9 日开始开挖，于 2019 年 10 月 10 日开挖完成。临时支架安装如图 3-117 所示。

图 3-117 临时支架安装

上行线于2018年11月12日开钻，累计成孔102个。积极冻结于2019年7月1日正式开始，冻结49d，上行线于2019年8月19日开始开挖，于2019年12月20日开挖完成。下行线支撑拆除后圆断面如图3-118所示。

图3-118　下行线支撑拆除后圆断面

国权路18号线16标水平冻结清障工程综合施工技术的实践运用，形成了水平长距离钻进穿墙技术、支架拼装体系施工整套掘进技术、大体积冻土冻胀融沉的控制技术，在保证现场施工工期与安全质量的同时，为日后长距离水平冻结清障工程提供了有力的借鉴和指导。

第4章
矩形顶管施工技术

4.1　矩形顶管技术基本原理

　　矩形顶管技术作为一种地下暗挖工艺，是在拟建矩形通道两端设置始发工作井和接收工作井，借助后顶推进系统，把矩形顶管设备和矩形管节从始发工作井内向接收工作井内顶进，依靠矩形顶管刀盘不断地切削土屑，由螺旋机将切削的土屑排出，运出始发工作井。切削、顶进、管节安装，如此循环作业，使矩形通道向前延伸，直至矩形顶管机进入接收工作井并吊出，最终形成地下矩形通道，如图4-1所示。

图4-1　矩形通道示意图

　　矩形顶管施工工艺的具体流程如图4-2所示。

4.2　矩形顶管机系统组成

　　矩形顶管设备按照开挖断面稳定压力的方式，主要可分为土压平衡式矩形顶管机和泥水平衡式矩形顶管机。本书主要以土压平衡式矩形顶管机为例进行论述，它适用于淤泥质土层中施工，如图4-3所示。

　　土压平衡式矩形顶管机是一种全封闭式顶管机。在施工过程中，一方面，土压平衡式矩形顶管机与所在土层的土压力和地下水压力处于平衡状态，另一方面，切削破碎的土体量与排土量相一致。这类顶管机特别适用于城市繁华区，短距离、浅覆土条件下近距离穿越地下构筑物、埋设物（管线）等。

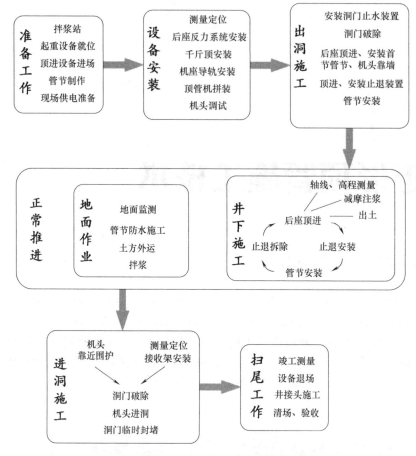

图 4-2　矩形顶管施工工艺流程

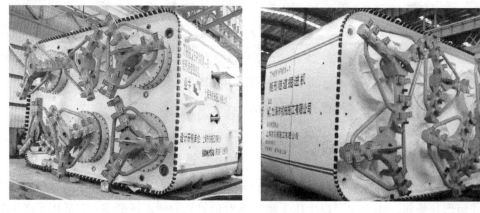

图 4-3　矩形顶管机设备

矩形顶管机按照系统的重要程度，可分为主要系统和辅助系统。主要系统包括：设备壳体支护系统、推进系统、减摩注浆系统、中继铰接纠偏系统、电气系统、控制系统等。

辅助系统包括：排渣土系统，注泥、水、泡沫装置系统，纠偏系统等。

4.2.1 主要系统

1. 矩形顶管机壳体支护系统

矩形顶管壳体一般采用钢材焊接而成。壳体支护系统既要满足各项驱动、排土、铰接、压注纠偏、供油、供气、注水、注浆、润滑控制系统等零部件的安装空间，又要承受地层土压力，起到支护作用，还要承受后置推进油缸水平推力，使得设备在土层中稳步前进而不变形。

矩形顶管机一般由前、中、后三段壳体组成。各段之间采用高强度螺栓连接。

1）前段壳体

前段壳体前端焊接一圈周边刀，前胸板上布置有刀盘驱动装置、土压计、注泥水或泡沫的注射孔、检视人孔窗口、螺旋机的取土孔，前段壳体四周布置有密封注浆孔，如图4-4所示。

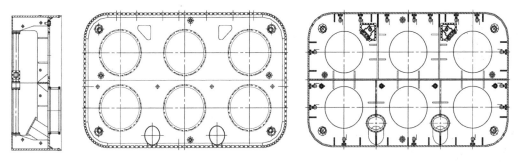

图4-4 矩形顶管机前段壳体示意图

2）中段壳体

中段壳体分两部分镶嵌组成，两部分之间采用内外两套橡胶密封，防止泥水进入。在橡胶密封旁边一圈布置多个阀门，用于橡胶密封失效时强制注浆进行密封，壳体四周布置了多个油缸，实现铰接纠偏功能，如图4-5所示。

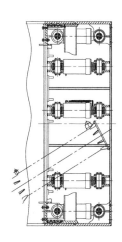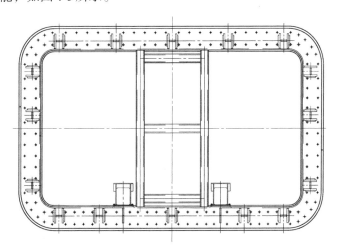

图4-5 矩形顶管机中段壳体示意图

3）后段壳体

混凝土管节前端置于后段壳体内。液压系统、供气系统、集中润滑系统也全部置于后段壳体内，如图4-6所示。

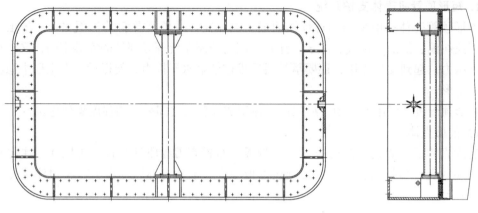

图4-6 矩形顶管机后段壳体示意图

2. 矩形顶管推进系统

矩形顶管推进系统主要由前置刀盘切削系统、排土系统和后顶推进系统组成。

1）前置刀盘切削系统

刀盘切削系统主要由刀具、刀盘、驱动和支撑组成，其选型应充分考虑设备形式、刀盘组成、刀盘切削扭矩、地质情况、后顶的推力等相关因素。

刀具由固定刀具和旋转刀具组成。固定刀具位于壳体前端，焊接有一圈周边刀，每个圆弧位置均焊接狭刀，直线部位焊接宽刀。矩形顶管机推进时靠周边刀对泥土进行切削，并使通道成型。旋转刀具位于每个刀盘上，包含中心刀和刮刀。中心刀由刀座、刀架及刀片焊接而成。刀架顶端开槽，焊接刀片，刀片由硬质合金材料压铸，为了提高中心刀的耐磨性，在刀片周围的刀架部位采用抗磨合金堆焊。刮刀由刮刀刀架及刀片焊接而成。刀架材料为优质合金钢，每把刮刀刀架上焊接刀片，位于刀盘外圈的刮刀外侧采用硬质合金堆焊，以提高耐磨性。如图4-7所示。

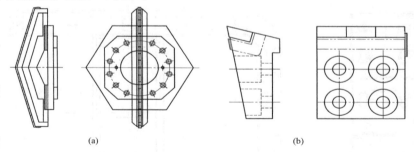

(a)   (b)

图4-7 中心刀和刮刀示意图

（a）中心刀；（b）刮刀

刀盘设置在矩形顶管机的最前端，其功能是切削地层中的土体，同时对已切削土体通过刀盘后方设置的搅拌棒进行搅拌，通过旋转的刀盘送至螺旋机出土口。刀盘由连接套、刀杆、刀座和加强杆焊接而成。连接套上焊接3根刀杆，3根刀杆之间由3根加强杆焊接为一体，刀杆上布置8个刀座，每个刀座上安装2把刮刀。刀盘与刀盘支撑靠连接套内花键连接。在连接套及每根刀杆上均布置一个注泥孔，为防止泥水进入注泥孔，在其上安置了单向阀，如图4-8所示。

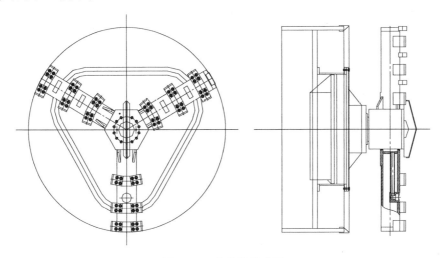

图4-8 刀盘结构示意图

矩形顶管机刀盘有独立的驱动机构带动刀盘旋转，利用刀盘上的刀具对泥土进行切削。每个刀盘驱动由多组电机组成，经过行星减速器，带动刀盘支撑内的小齿轮，3个小齿轮同时带动大齿轮及刀盘旋转。

为了防止刀盘旋转时互相干扰，6个刀盘支撑交叉安置于机座或前板上，使邻近两个刀盘避免互相干扰。输出轴后端安装中心回转接头，便于向输出轴前端及刀杆的注浆口注入泥水或泡沫，如图4-9所示。

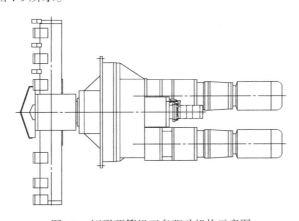

图4-9 矩形顶管机刀盘驱动机构示意图

2）排土系统

螺旋输送机在土压平衡掘进过程中起着重要作用。它控制排土量，维持工作面土压，以防止地面沉降。螺旋输送机的功能是将土舱内已切削的渣土排出，其入口位于土舱隔板的底部。螺旋输送机能正、反旋转，可变速，并且螺旋机设置注水孔，方便注水和注浆等，如图4-10所示。

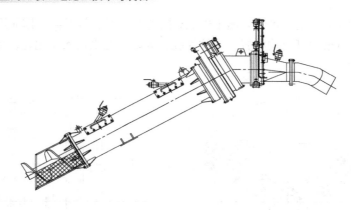

图4-10　螺旋输送机示意图

3）后顶推进系统

矩形顶管后顶推进系统由主顶油缸、后顶液压泵站、导轨、顶铁、后靠板等部分组成。其作用是为顶管机及后续混凝土管材提供一个安装、导向的平台，并提供顶推力。

（1）主顶油缸

主顶油缸由左右对称两组后顶油缸组成，是既可伸出又可缩回的双作用油缸，如图4-11所示。每个油缸组各安装相同行程的后顶油缸作为矩形顶管动力装置，选用的油缸顶力为200～300t，行程为2.5～3m，左右油缸组数相同。油缸固定在支撑架上，并在隧道中心轴线两侧对称布置。主系统采用恒压比例变量泵和比例调速阀对顶进速度进行控制。推进施工时，采用比例变量控制方式，调整速阀变量。

（2）后顶液压泵站

后顶液压泵站（图4-12）由油泵、油箱、控制阀、管路附件和电机及电器设备组成。后顶油泵和油缸的选型应相匹配，后顶油泵大多用柱塞泵，因为柱塞泵的压力较高。

图4-11　主顶油顶

图4-12　后顶液压泵站

控制阀有手动阀与电磁阀两种。采用手动阀，换向可靠，但须人工操作。采用电磁阀，可以远程控制。在为控制阀安装管路时，油管的通径要选择恰当。从操纵阀出来到每一只后顶油缸各腔室之间的油管直径大小和长短应相同，以确保后顶油缸同步运行。

（3）导轨

工作井导轨是安装在工作井内，为矩形顶管始发时提供导向基准的设备，如图4-13所示。导轨本身须具备一定刚度和耐磨等特性，这样才能保证矩形顶管机顺利始发和掘进。导轨上可放置矩形顶管机、管节、U形顶铁等。工作井导轨安装时必须定位准确，前后左右四个方向都加固牢靠，在整个施工过程中不能有丝毫的位移，并应经常检查校核。

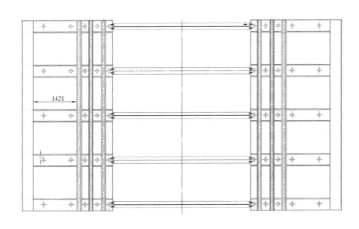

图4-13 导轨示意图

（4）顶铁

顶铁通常加工成一定形状和一定厚度的钢结构件。顶铁安放在最后一节顶进管节的管口部位，其作用是把后顶油缸的推力均匀地分布在被顶管节的管口受力面上，目的是保护所顶管节的管口不受到破坏，常做成环形。顶铁的另一个作用是为了弥补后顶油缸行程的不足，作为垫块能一次把一节管节推入土中，当后顶油缸回缩后，将顶铁加在后顶油缸前可继续再顶，因此顶铁必须有足够的刚度和强度。一般做成U形，顶铁与管口之间采用缓冲材料衬垫，如图4-14所示。

（5）后靠板

后靠结构的形式可分为门板式后靠板装置和钢框架式后靠装置。门板式后靠板装置主要用于后靠结构为墙板混凝土的结构形式，钢框架式后靠板装置主要用于后靠结构为框架混凝土的结构形式。其主要作用是把后顶油缸的反力分散地均布在后靠板后面的混凝土墙体上，以防止混凝土后座墙由于压力集中而损坏。对后靠板的要求是有足够的刚度和面积，平整密贴，如图4-15所示。

3.中继铰接纠偏系统

矩形顶管设备具备中继铰接功能，便于在顶推过程中修正通道走向，可以分别在上下及左右方向铰接0.5°。铰接系统由铰接油缸、铰接长度传感器、输油管路和液压泵站等构成，如图4-16所示。

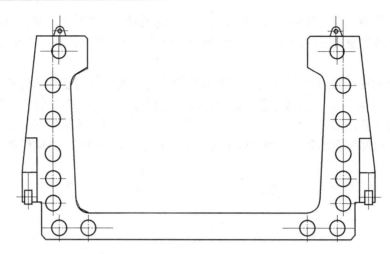

图4-14　U形顶铁示意图

图4-15　后靠板、后顶油缸组、U形顶铁示意图
①—反靠板；②—后顶油缸组；③—U形顶铁；④—上下井的楼梯通道

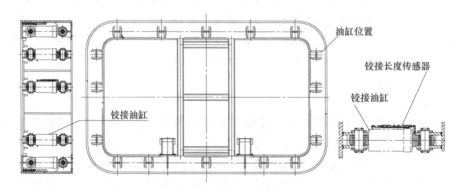

图4-16　铰接系统构造示意图

中继铰接系统（图4-17）位于本体中段，中段分两部分镶嵌组成，可以产生相对位移，具有顶推和铰接的功能。两部分由一圈多个油缸连接。这些油缸分成四组，上下、左右各一组，每组油缸安装一只长度传感器。当油缸同时伸缩时，带动两部分产生位移，实

现中继间的功能。当油缸伸缩长度不同时，则产生铰接。

两镶嵌部分之间采用两道密封，供气源采用空压机。空压机的压力可由上部的限气装置调整，压缩气体经过过滤器和油水分离器后分两路分别供给内外密封，每一路都装有减压阀、电磁截止阀、压力传感器及压力表，减压阀将压缩气体压力降到密封所需压力，电磁截止阀在压力达到后将气路关闭，压力传感器反馈密封内的压力，控制电磁截止阀的状态。通过旋转减压阀上的调整螺钉，可以改变减压阀通道大小，以达到改变气室压力大小的目的。

4. 减摩注浆系统

为了减少掘进机、管节与土壤的摩阻力，矩形掘进机配备了减摩注浆系统，使机体外壳及管节外壳形成完整的减摩浆液薄膜，有效地减少顶进阻力，确保施工正常进行。

为了达到较理想的减摩注浆效果，掘进机头部设置注浆口，管节配置了相应的补浆孔。掘进机铰接处设置了注浆孔，在施工时，万一铰接处气密封损坏，发生泥水渗漏现象时，可以从注浆孔内向外注入凝固性浆液，防止渗漏，确保施工正常进行。

注浆系统由浆液搅拌箱、储浆箱、挤压泵、压力表、1″管节注浆总管、机头注浆接口和管节注浆环路系统组成，如图4-18、图4-19所示。

5. 电气系统

1）系统构成

电气系统主要由现场配电、动力电源中继箱、主机电路系统等构成，如图4-20所示。

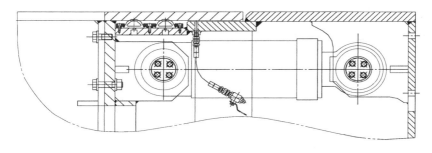

图4-17　中继铰接系统示意图

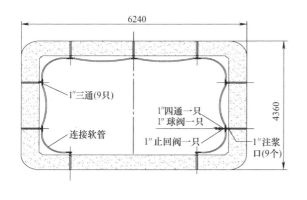

图4-18　管节注浆系统布置示意图

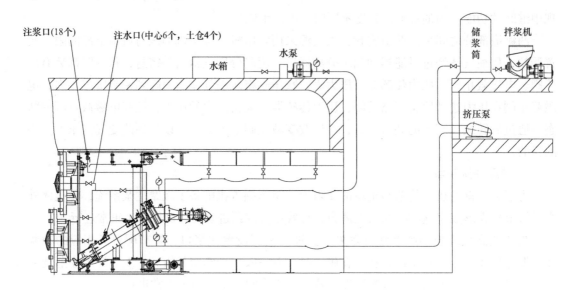

图4-19 减摩注浆、注水系统示意图

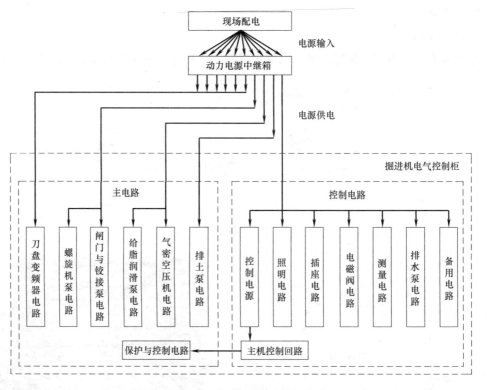

图4-20 矩形顶管电气系统构成图

2) 现场配电系统

由户外高压电源经过高压变电站后转变为施工电源进行现场配电,通过电源、动力电缆对地面控制室、推进系统和动力电源中继箱进行分配供电。由动力电源中继箱输出多路动力电源供矩形顶管机工作，如图4-21所示。

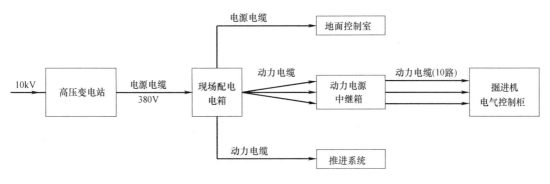

图4-21 电气配电系统构成示意图

3）动力电源中继箱

其内部设有多路分配漏电断路器、输入和输出电源指示灯、接线端子，其外部设有电缆插座、指示牌等，如图4-22所示。

其功能是接受二级电箱（或顶管机箱式变电柜）输送的多路380V动力电源，在内部分配为多路动力电源，通过漏电断路器、电缆插座，把动力电源通过多路电缆输送到矩形顶管掘进机电气控制柜，作为设备工作的驱动电源。施工中，可运用柜中的多路分配漏电断路器，以及输入、输出电源指示灯来进行电源切换和多路分配动力电缆的转接、增设或更换。以及接地（PE）线的转接。

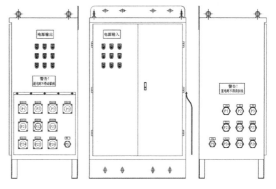

图4-22 动力电源中继箱

4）主机电路系统

主机电路系统包括主电路（包括刀盘变频器电路、螺旋机泵电路、闸门与铰接泵电路、给脂润滑泵电路、排土泵电路、气密空压机电路）、地面控制室、电气控制柜等构成。

（1）主电路

主电路由交流接触器、正反向转换接触器、丫-△转换接触器、电流继电器和辅助继电器，以及电气开关、电气控制、变频器、电气保护和各个工作电机等部件构成。

通过人机对话界面的输入操作，经计算机控制PLC发出工作指令，使电气控制柜内的接触器吸合工作，从而使各个工作电机运转。刀盘电机则由变频器控制进行驱动。当电机发生短路、过载、断相等故障时，电气保护电路发送故障信号至控制PLC，做出保护动作。

（2）地面控制室

其内部设有控制操作台、监控装置、开关箱和空调等设备，如图4-23所示。其功能是为控制操作台提供工作电源，通过操作台对井下矩形顶管机进行掘进操作。

图 4-23　地面控制室示意图

（3）电气控制柜

电气控制柜有漏电断路器、电源指示灯、接线端子、电缆插座、PLC、变频器、控制盘等部件。其功能是将输入的多路分配电源转化为驱动、传输、控制、测量和监控等系统的工作电源，并能通过内设的 PLC 系统进行设备总控，接收地面控制室的控制信号进行掘进施工，还能直接在电气控制柜上进行井下调试、维修和掘进施工作业。

6. 控制系统

控制系统包括地面控制台（上位机系统）、井下电气控制柜（下位机系统）、控制中继箱、控制/通信电缆和推进系统等，如图 4-24 所示。

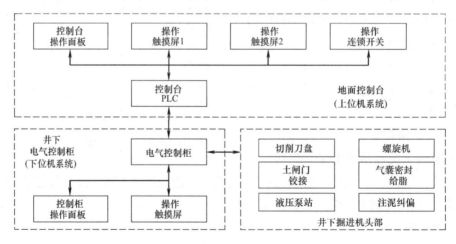

图 4-24　控制系统示意图

通过矩形顶管机计算机 PLC 控制系统（上/下位机系统），采集、传输施工作业与设备工作信息数据，对掘削刀盘系统、排土系统、铰接系统、纠偏系统、气压装置系统、注脂注水系统、注浆系统、推进系统等进行控制，并提供操作界面和平台。

1）下位机系统原理

接收操作人员的指令，根据控制逻辑，通过液电驱动电路对控制对象进行驱动控制，并通过传感检测电路采集控制对象的姿态、状态等信息，反馈给操作人员，作为控制操作的依据之一。

操作人员可在井下电气控制柜（下位机系统）操作面板、触摸屏上直接操作矩形顶管机。下位机系统也可以由地面上的上位机系统来远程控制操作。

2）上位机系统原理

接收操作人员的指令，通过远程通信电缆传输给下位机，同时将下位机的反馈信息传输给操作人员，从而实现远程控制。

操作人员也可在地面控制台（上位机系统）的操作台、触摸屏上操作矩形顶管机，即远程控制操纵井下的矩形顶管机作业。

4.2.2 辅助系统

1. 排渣土泵及管路系统

该系统通常有三种形式可选用。最简单的工具是有轨土车运输，用人力推车或卷扬机牵引等方式，在铺设的轨道上运输；在顶进大截面顶管施工中出土设备大多采用电瓶车，而且是轨道式电瓶车，使用电瓶机车为动力，拖拉土斗车，往返运输渣土；输土泵是较为先进的运土设备，输送顶进施工弃土、碎渣泥土。输土泵大致有三种，即螺杆泵、真空输送泵和活塞式泵。螺杆泵适用于输送软黏土，且最大颗粒粒径在10mm以下的黏土；真空输送泵也是输送含水量较大的黏性土或经过改良的碎渣土；活塞式泵是较为广泛应用的出土设备，如图4-25所示。

图4-25 输土泵示意图

2. 注泥、水、泡沫装置

矩形掘进机在土舱板、刀盘中心及刀杆上设置了不同的注浆口，便于施工时根据具体情况需要，注入不同的泥、水、泡沫，起到改良土质、降低切削力、稳定开挖面的作用。

1）注入泥浆

由泥浆泵连接注浆管，接入机头设置的注浆口（注浆口装有单向阀），通过球阀控制向土体注入泥浆。

2）注入泡沫

由贮水箱通过离心水泵连接水管，接入泡沫装置，接入机头部位设置的水管接口，通过单向阀向土体注入泡沫。

3）注入水

由贮水箱通过离心水泵连接水管，接入机头设置的注水口（注水口装有单向阀），通过球阀控制，向土体注入水。

3. 纠偏装置

1）平衡翼纠偏

在矩形顶管机左右两侧中间位置，各分布上下两组平衡翼装置（图4-26）。该装置由油缸驱动，最大伸长度500mm，可在±200mm 范围内上下转动。在顶进过程中需要纠正顶管姿态时，通过调整平衡翼的伸缩量和旋转角度来控制侧转，以防止和克服机体侧转量的增大。

2）矩形顶管机循环泥垫式防侧转装置

在矩形顶管机施工中，当矩形顶管机发生侧向偏转时，采用渣土注入泵通过泥垫式防侧转装置输送至矩形顶管机顶面和底面的泥垫压泥口，根据矩形顶管机的偏转程度，在泥垫压泥口压力控制阀的控制下，将渣泥从对应的泥垫压泥口压出，对矩形顶管机产生一个力，从而控制矩形顶管机的侧向偏转，如图4-27所示。

图4-26 平衡翼示意图

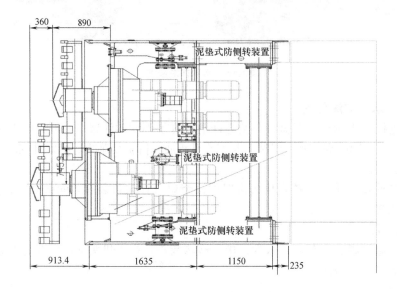

图4-27 矩形顶管机循环泥垫式防侧转装置

4.3 管节

4.3.1 管节生产工艺

管节生产工艺流程如图4-28所示。

4.3.2 管节生产

1. 钢筋骨架的制作加工

1）钢筋断料和弯曲成型

进入断料和弯曲成型阶段的钢筋必须是标识可用状态的钢筋。

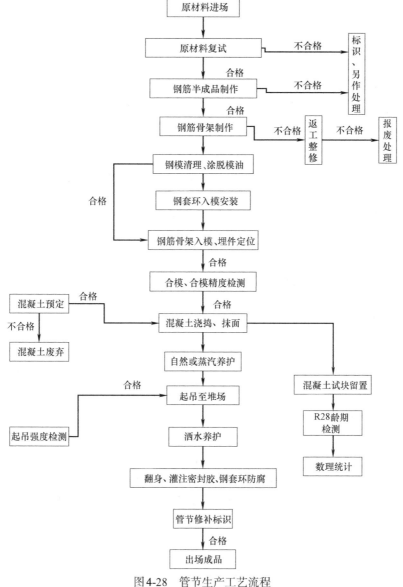

图4-28 管节生产工艺流程

断料、弯曲成型前，必须要有经过详细翻样确认的尺寸、形状明细表，并准备好准确的样棒和校核基模，以保证在断料、弯曲成型过程中快速检测。

切断和弯曲工序的操作和公差控制应遵从规范和标准中有关条款的规定。切断和弯曲成型后的钢筋制件应分类存放在支架上，并标识状态。

2）钢筋骨架总装

管节钢筋骨架制作的精度特殊性要求各单体部件制作成型精度必须满足总装精度要求。为了保证各单体部件和总装工艺的精度，专门加工相应的制作靠模，来达到各自的精度要求和总装的精度要求。

图4-29 管节钢筋的绑扎与定位

按照设计和规定的要求对总装完成的钢筋骨架进行严格的质量检查，主要内容包括外观、焊接和精度（公差）三个方面，检查合格后可挂牌标识进入成品堆放区待用。

3）钢筋骨架入模

钢筋骨架的隔离器采用专用塑料支架。选用标准包括：应符合厚度、承受力和稳定性要求，支架颜色同管节混凝土保持基本一致，并经工程师检验认可。

隔离器根据不同部位分别选用齿轮形和支架形两种。其中，支架形用于内弧底部；齿轮形用于侧面和端面。隔离器设置位置正确、布设均匀。

钢筋骨架经检验合格认可后才能入模，形状同钢模相符合。若钢筋骨架表面有恶化，不符合使用标准，则应采用工程师无异议的方法进行处理，处理后经工程师认可，方能进行下道工序作业。

钢筋骨架入模位置应保持正确，骨架任何部分不得同钢模、模芯等相接触，并应有规定的间隙。入模工序全部完成后，必须经质检员检查认可，并详细记录于自检表中，由专人进行隐蔽工程验收。检查钢筋品种、规格、尺寸、长度，钢筋的位置和数量、保护层等项目，验收合格后方能进行混凝土浇筑工序。如图4-29所示。

2. 埋件定位安装

为了保证吊装孔中心位置定位精度，设置了吊装孔预埋管，吊装孔预埋管由外模镶块座通过定位镶块定位，安装到位。注浆孔数量、位置按设计要求设置，并和钢筋骨架焊接在一起，一端与内模密贴，顶管起吊后，注浆孔内螺纹处及时涂抹黄油，防止丝牙生锈。

预埋件（吊孔）安装过程中不允许随意损坏预埋件而达到安装便利、容易的目的，埋件如遇钢筋无法定位，可以适当调整钢筋的间距，不可擅自割断主筋进行施工，如确需断开主筋才能安装，必须在预埋件定位安装后按相关规范要求对主筋进行补焊加固处理。

预埋件上锚筋规格按设计要求进行设置，必须保证锚筋的锚固长度和直径。电焊焊缝长度和高度应符合设计要求。

3. 钢模合拢

1）模具组装

模具组装顺序为底座→固定架→内模→内倒角模→外模。

先将两底座在水平地面上组装，并测量底座水平度，通过两底座四角的定位孔及地面预埋螺栓将底座与地面连接固定；通过底座内框纵横向拉结钢板上的定位孔将内模固定架用螺栓固定，不能错位或漏孔；将四件内模板（长内模和短内模各两件）通过模板下耳板插入底座上的定位座上以定位内模；将内模的四角模通过固定架顶部的定位拉杆和角模与底座的连接措施定位内角模。

将四块外模板（长外模和短外模各两件，两端弧形）通过外模下部耳板上的孔插入底座上的圆锥形销座定位，四角通过螺栓收紧定位；内模与外模通过固定架顶部的拉杆螺栓连接并调节构件厚度尺寸。内模和固定架一次性安装好后不用再装拆了，预制产品时，只需通过调节拉杆和螺栓装拆外模和四角模就行。如图4-30所示。

2）模具清理及尺寸控制

组模前必须认真清理模具，模具的内表面不能有混凝土残积物。模具清洁后，均匀涂抹一层隔离剂，隔离剂涂抹必须到位，特别插口及转角部位不能漏涂。

模具组装后必须检查模具的尺寸，并记录测量数据。长度允许公差为-5~0mm，高、宽度允许公差为-5~0mm，对角误差为±3mm。模具组装后还要检查所有拼接口是否紧密，并采取防止漏浆的有效措施。

图4-30 钢模定位和合拢

4. 管节混凝土浇筑

1）混凝土供料和运输

管节混凝土由搅拌系统供应。搅拌上料系统和搅拌系统及试验室等辅助设施均应经工程师确认能满足要求。

管节混凝土搅拌配合比经模拟对比试验后，由工程师指定的配合比作为管节混凝土的基本配合比。每天混凝土开拌前根据气候、气温和骨料的含水量变化，出具当日搅拌的混凝土配合比。

根据当日混凝土配比单，调整好称量、计量系统。称量、计量系统应定期校核，把称量、计量公差控制在允许公差之内，以保证上料计量系统始终在受控状态下工作。

混凝土搅拌要充分、均匀，现场测试混凝土坍落度公差满足设计要求。混凝土试块留置每次浇捣不少于3组。其中，2组（其中有1组备用）进标准养护室标准养护，做28d强度试验；另1组同管节同条件养护，测得起吊时的抗压强度。混凝土倒入专用1m³贮料斗内，由电机车运输到管节车间内，经龙门吊作垂直提升运到浇筑位置，下料入模。

2）混凝土布料、振捣和成型

开始阶段混凝土由贮料斗向钢模内均匀进行布料。当盖板封上后，混凝土从钢模中间下料。下料速度应同振动效果相匹配，尤其是在每块钢模即将布满时，更要控制布料速度，以防止混凝土溢出钢模外。

振捣是管节成型质量的关键工序。振动时间、混凝土坍落度、布料速度和振动器的效率是构成振捣效果的四大要素。因此管节正式生产前，必须经过试验和试生产来确定有关制作参数，如图4-31所示。

成型后的管节外弧面的混凝土收水应根据气温间隔一定时间后进行。间隔时间一般以管节外弧面混凝土表面已达初凝来控制。收水的目的是使其表面压实抹光和保证外弧面的平整、和顺，因此该工序应由熟练的抹面工来操作。

钢模内侧面和端面螺孔芯棒既要便于脱模又要防止塌孔，因此在管节混凝土初凝前先松动钢模芯棒，严禁向外抽动。当混凝土初凝后，对芯棒再次松动，直到混凝土达到强度后方可拆下螺孔芯棒。

5. 脱模、养护

四点吊装时起吊的管节应成水平状态。管节在翻身架上拆除螺栓手孔活络模芯及其他附件，拆除时应按规定进行，不得硬撬硬敲，以防止损坏活络模芯、附件及管节，如图4-32所示。

图4-31　管节混凝土浇筑　　　　　　　　图4-32　管节脱模、吊装

翻身架与管节接触部位必须有柔性材料予以保护。在内弧面醒目处应注明管节型号、生产日期和钢模编号。在脱模过程中遇有管节混凝土剥落、缺损、大缺角等，应采用指定修补方案进行修补。

管节脱模后覆盖土工布湿养护7d，至强度达到设计强度的90%吊运至管节堆场。

6. 矩形管节堆放

管节堆场应坚实平整。顶管堆放位置处需浇筑混凝土地梁，地梁需满足双层堆放时不出现较严重的变形、整体沉降需保持在同一平面内、顶管上钢套环因沉降不可接触地面的要求。

管节应排列堆放整齐，顶管与混凝土地梁及顶管与顶管之间的接触面应放置柔性垫木，垫木厚度不小于20cm，如图4-33所示。

顶管管节吊运过程中管节经过之处严禁下面站人或有其他工作人员，管节在堆放过程中行车工和现场指挥人员需密切配合，杜绝安全事故的发生。

7. 管节出厂检验

每节管节必须经过严格质量检查，并逐节填写好检验表，检验后在统一部位盖上合格或不合格章以及检验人员代号，合格的管节才能出厂。

图4-33 管节堆放及吊装

做好管节出厂检验。管节无缺角掉边，无麻面露筋；管节的预埋件完好，位置正确，埋件表面无余浆；管节型号和生产日期的标志醒目、无误；管节生产当月的28d强度，抗渗检漏等技术质量指标符合要求。

4.4 矩形顶管施工

4.4.1 顶管工作井

矩形顶管工作井根据功能不同可以分为始发工作井和接收工作井。一般始发工作井和接收工作井根据工程的要求、通道埋深、地质条件等不同，分别采用不同的围护结构形式。常用的围护结构形式有钢板桩、SMW工法桩、钻孔灌注桩+止水帷幕形式、地下连续墙等。

通过对始发工作井内的设备及附属设备的布置，借助于主顶油缸及管道中继间等的推力，把矩形顶管机从始发工作井内穿过土层一直推到接收工作井。

1. 始发工作井的设置

始发工作井的工作尺寸须满足平面和深度要求，要考虑各种矩形顶管机设备、后顶油缸设备、发射架设备、顶管反力后座、顶铁设备和操作空间等的尺寸，如图4-34所示。

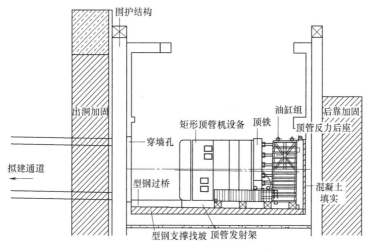

图4-34 始发工作井布置剖面示意图

1）始发工作井穿墙孔尺寸

穿墙孔尺寸依据矩形顶管断面尺寸加上四周理论间隙来确定，始发工作井穿墙孔洞四周理论间隙一般取120～150mm。

2）始发工作井布置

（1）矩形顶管基座安装

顶管顶管基座分为底部调坡支座和基座导轨，依据始发洞门中心点和接收洞门中心点复测实际轴线坡度，安装底部支座并进行坡度找坡，底部支座长度与工作井长度相同，并在支座上安装基座导轨，四周采用刚性水平支撑构件进行固定，防止在始发过程中基座导轨偏移。

（2）反力系统和油缸组安装

矩形顶管反力系统由反力后座及扩散段组成，根据后靠结构的形式可分为门板式反力系统和钢框架式反力系统。

矩形顶管油缸由左右对称2组后顶油缸组成，油缸宜固定在支撑架上，并在隧道中心轴线两侧对称布置。如图4-35所示。

图4-35　始发工作井后顶油缸左右安装示意图

（3）矩形顶管设备下井安装

下井安装矩形顶管设备的前段、中段和后段，然后相继连接，再安装顶管设备内的螺旋机、电气装置等设备，如图4-36所示。

图4-36　矩形顶管设备下井安装

3）穿墙孔洞口止水装置

穿墙孔止水非常重要，需要针对穿墙孔外地质而选择相应止水装置，可以分为单层防护洞口止水装置、双层防护洞口止水装置、多层防护洞口止水装置。

（1）单层防护洞口止水装置

该装置由橡胶帘布板和钢翻板组成，安装在预埋钢洞圈上，主要适用于淤泥质土层和无地下涌水风险的穿墙孔洞口，如图4-37（a）所示。

（2）双层防护洞口止水装置

该装置设有两道止水装置，即在第一道止水装置外再设置一道止水装置，中间预留注浆孔，以备压注堵漏剂或浆液。它适用于地下水位高、易造成流沙的土层，或靠近江河，或10m以上深覆土位置的穿墙孔洞，如图4-37（b）所示。

（3）多层防护洞口止水装置

在两道止水装置的基础上，通过在预埋钢圈上安装钢板刷或者钢丝刷、预埋注浆管等措施，形成多层防护洞口止水装置，如图4-37（c）所示。

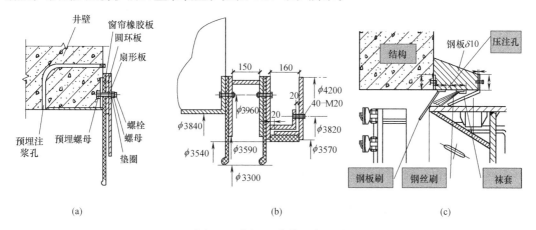

图4-37　洞口止水装置类型图

（a）单层防护洞口止水装置；（b）双层防护洞口止水装置；（c）多层防护洞口止水装置

2. 接收工作井的设置

接收工作井的工作尺寸需满足平面尺寸和深度的要求，并能满足设备接收的距离和操作空间尺寸的要求。

1）接收工作井穿墙孔尺寸

接收工作井穿墙孔尺寸根据矩形顶管断面尺寸加上四周理论间隙来确定，实际接收工作井穿墙孔洞四周理论间隙与始发工作井穿墙孔洞相等或略大，一般取150mm。

2）接收工作井下井布置

接收工作井内安装接收基架导轨，导轨高度比实际轴线略低，方便矩形顶管设备顺利接收至接收基架上。接收机架四周用钢构件进行加固，防止在接收过程中接收基架变形。

4.4.2　矩形顶管始发

1. 矩形顶管端头加固

矩形顶管端头加固分为始发加固和接收加固，是矩形顶管设备始发和到达洞门前的土体加固，目的是提高始发和接收区域土体的强度、止水性、均匀性和整体稳定性。加固的方式要根据周围环境、地质情况、施工条件合理选择，常用的有冷冻加固和水泥土加固（搅拌桩加固、高压旋喷加固、MJS加固等）。加固范围依据矩形顶管设备的断面尺寸、矩形通道的深度，由设计人员计算而定。在地下水丰富地层，通常在始发或接收区域两侧增设降水井辅助始发和接收。

2. 穿墙孔洞口破除

穿墙孔洞分为始发工作井穿墙孔洞和接收工作井穿墙孔洞，在破除前需具备一定的条件。对搅拌桩加固、旋喷桩加固等水泥系加固体质量进行检验，常用的检验方法是钻孔取芯、预留试块进行无侧限抗压强度检测。冷冻法加固检验是指冻土平均温度及发展范围达到设计值，泄压孔确认无泥水涌出。对穿墙孔洞口进行探孔，其目的是探查加固体是否密实，以判断加固体的挡土止水性能。

1）穿墙孔洞口破除

穿墙孔洞门破除依据围护结构形式可分为两种方式：第一种方式适用于围护结构为混凝土结构形式，如地下连续墙、钻孔灌注桩等；第二种方式为水泥系+型钢组成的加固形式，如SMW工法桩等。

（1）混凝土结构体系围护洞口破除方式

洞口破除采用人工风镐或者钻排孔法，可根据环境要求进行选择。一般洞口采用人工风镐破除，若接收区域在运营的商场内，为不影响商场运营和减少噪声污染，洞口适合采用钻排孔方式进行破除。

（2）水泥系+型钢组成的加固洞口破除

矩形顶管机顶入洞口内，贴近围护桩后，在地面采用千斤顶顶升设备和吊车配合一起拔除H型钢。

2）矩形顶管始发

矩形顶管机始发是矩形顶管机由工作井穿越洞口进入土体的过程，是施工关键工序。始发施工把握好如下要点。

（1）矩形顶管机始发时应设置延伸导轨，其轴线方向应与工作井内导轨一致。

（2）土舱内加注黏土。利用正面预留孔向土舱内压注黏土，并提高到一定土压力，以达到稳定开挖面的目的。同时，土舱内的黏土也能和切削到土舱内的加固土体相拌和，改良土体，增加润滑，有利于螺旋输送机出土。

（3）矩形顶管机始发。穿墙孔洞门凿除后，应立即开始掘进。由于正面为全断面的加固土，为保护刀盘和刀具，掘进速度应尽量放慢，使刀盘能对加固土进行彻底的切削；另外，由于土体过硬，螺旋机出土可能有一定困难，必要时可加入适量清水或减摩浆液来软化和润滑土体。在加固土被基本排出，螺旋机内出来全断面原状土后，为控制好地面沉降、掘进轴线、防止矩形顶管机突然"磕头"，可适当提高掘进速度，把正面土压力建立到稍大于理论计算值。

（4）矩形顶管机与机尾后3节管节应纵向连成一体，以防止矩形顶管机与矩形管节之间形成较大的缝隙。

（5）始发顶进速度是一项重要施工参数。所以在顶进时，应对顶进速度不断调整，以找出顶进速度、正面土压力、出土量三者的最佳匹配值，使矩形顶管机以最协调状态工作。

3）止退装置安装

在覆土较深或土体较软时，由于在始发阶段正面水土压力远大于矩形顶管机和管节周边的摩擦阻力及它们与导轨间摩擦阻力的总和。拼装管节时后顶油缸缩回，往往造成矩形顶管机及已装管节的整体后退，导致洞口止水装置受损、水土流失、前舱土压下降、地面沉降，对管线安全构成威胁。如果在比较单一的土体中，由于上部土体扰动后，土压力变小，矩形顶管机再次掘进的方向是沿土体的滑裂面往上爬高。如果是在不均匀的土层中，矩形顶管机不仅会爬高，而且会发生方向偏移。因此，必须在后顶油缸回缩前，对矩形顶管机和已装管

图4-38　矩形顶管止退架示意图

节使用止退装置进行临时固定（图4-38），直至顶入土体管节周边的摩擦阻力大于正面的水土压力为止。

4.4.3　顶进施工

利用土舱内的土压力来平衡开挖面的土体，从而达到对顶管正前方开挖面支护的目的。平衡压力的设定是土压平衡式顶管施工的关键，维持和调整设定的压力值又是顶管推进操作中的重要环节，这里包含着顶力、推进速度和出土量三者的相互关系，对顶管施工轴线和地层变形量的控制起主导作用，所以在顶管施工中根据不同的土质情况和覆土厚度、地面建（构）筑物，配合监测信息的分析，及时调整平衡压力值的设定，同时使推进速度保持相对的平稳，控制每次纠偏的量，减少对土体的扰动，并为管节的拼装创造良好的条件。同时，根据推进速度、出土量和地层变形的监测数据，及时调整注浆量，从而将轴线和地层变形控制在允许的范围内。

1. 控制顶力

矩形顶管法施工，首先要确定控制顶力。控制顶力就是在施工过程中允许的最大顶力。控制顶力由管材的允许顶力、工作井的允许顶力、工作井后靠土体的土抗力及顶进油缸的推力等因素决定。

1）控制顶力的确定

根据地质资料、管材、管节截面、隧道长度及覆土深度等施工参数，计算顶管顶进所需要的总顶力。

矩形顶管推进总顶力可按下式估算：

$$F = F_1 + F_2 = (a + b) \times 2Lf + a \times b \times R_1$$

式中　F——总顶力（kN）；

F_1——管道与土层的摩擦阻力（kN）；

$(a+b)\times2$——矩形顶管机机头周长（m）；

L——管道顶进长度（m）；

f——管道外壁与土的平均摩擦阻力（kPa），宜取 $2 \sim 7$ kPa；

F_2——顶管机的迎面阻力（kN）；

$a \times b$——矩形顶管机截面尺寸（m²）；

R_1——顶管机下部1/3处的被动土压力（kN/m²）。

实际顶进过程中，为了防止顶力过大损坏始发井结构，预防顶力超过允许值，在主顶泵站设备调试时，调整压力阀，以使系统的总推力控制在最大顶力的80%，并用螺栓锁死压力阀，避免施工中超出顶力事件的发生。

2）混凝土管材允许顶力计算

管节断面的允许顶力是决定顶进长度的一个重要因素，管节的允许顶力取决于管材强度、顶进时的加压方式、受力面积、顶铁与管节端面的接触状态等。直线隧道中钢筋混凝土管材的允许顶力可按以下公式计算：

$$F_{dc} = k_{dc} \times f_c \times A_p$$

式中　F_{dc}——混凝土管允许顶力（N）；

　　　k_{dc}——混凝土管综合系数，取 k_{dc}=0.391；

　　　f_c——混凝土抗压强度设计值（N/mm²）；

　　　A_p——管节的最小有效传力面积（mm²）。

3）工作井允许顶力

矩形顶管在掘进施工时，顶力由工作井的后背墙传给土体。当顶力与土体处于极限平衡状态时，其顶力即为工作井允许最大顶力。影响工作井最大允许顶力的主要因素是工作井平面尺寸、工作井入土深度和土的力学特性。

2. 中继间的设置

中继间是一个由多个短行程油缸组成的移动式顶推站。中继间的设置（图4-39）是矩形顶管长距离施工的必要条件，应依据估算顶力、管材允许顶力、工作井允许顶力、中继间千斤顶总顶力和主顶千斤顶的总顶力确定。采用中继接力技术以后，管道的顶进长度不再受后座顶力的限制，只要增加中断间的数量，就可延长管道顶进的长度。

图4-39　矩形顶管中继间设置示意图

1）中继间的构造

中继间必须具备足够的强度和刚度、良好的水密性，密封面应该经过切削加工，尺寸精度和表面光洁度高。密封装置应能够径向可调,并采用双道密封的形式。

组合式密封中继间的主要特点是密封装置可调节、可组合,可在常压下对磨损的密封圈进行调换,从而攻克了在高水头、复杂地质条件下由于中继间密封圈磨损而造成中继间渗漏的技术难题,满足了各种复杂地质条件下和高水头压力下的长距离顶管的工艺要求。中继间的允许转角使其在顶进过程中可以纠偏,但允许转角不宜过大,偏大易造成渗漏及减小顶进力。

2) 中继间的使用

中继间应安装行程限位装置,单次推进距离控制在设计允许距离内。中继间安装时应检查各部件工作是否正常,安装完毕应进行调试。

多组中继间的使用应进行编组作业,从顶管机头向后按顺序一次将每段管节向前推移。一组千斤顶伸出时,其他中继间应保持不动。当所有中继间依次完成顶伸后,主顶千斤顶最后完成顶进作业。

3) 中继间的拆除

顶进结束后应立即从接收工作井向始发工作井方向将中继间逐环拆除,闭合中继间应按设计要求进行处理。中继间拆除后应还原成管道,还原后的管道强度和防腐性能应符合管道设计要求。钢管中继间拆除后,在薄弱断面处宜在管节内加焊加强筋板和内板,两端焊缝应平滑。

3. 正面土压力的设定

土压平衡式矩形顶管应是利用土舱内的土压力来平衡开挖面的土体,从而达到对顶进正前方开挖面土体支护的目的,并控制好地面沉降。因此平衡土压力的设定是掘进施工的关键。按理论土压力计算如下:

$$P = k_0 \gamma h + P_1$$

以上计算得到的土压值只作为土压力的最初设定值。在实际掘进后,通过掘进参数、地面沉降监测数据显示,将设定土压力值及时调整,确保地面情况理想。

4. 顶进速度

正常顶进时,顶进速度以匀速顶进,并在顶进过程中时刻注意土压变化,及时调整推进相关参数。

5. 出土量控制

顶管工程中,管内的出泥量要与顶进的取泥量相一致,当出泥量大于顶进取泥量时,地面会沉降,当出泥量小于顶进取泥量时,地面会隆起,这都会造成管道周围土体扰动。只有控制出泥量与顶进取泥量相一致,才不会影响管道周围的土体,从而才能维持地面不受影响。

6. 顶管姿态控制

由于矩形顶管机在顶进过程中,受到设备机头自重、油缸千斤顶顶力偏差、不同土层的不均匀性等因素的影响,所以矩形顶管机在实际施工中往往不能始终按照预先设计的轴线顶进,这就需要在施工过程中不断调整矩形顶管机的姿态。矩形顶管机的顶力主要由后顶油缸提供,为了使管节顶进轴线控制在预设置的轴线范围内,施工前需按设计的高程和方向精确地安装发射架、引向导轨、后靠反力门板、反力油缸组及布置顶铁,必须通过测量来保证以上工作的精度。在顶进过程中必须不断观测矩形顶管机前进的轨迹,检查矩形顶管机的姿态是否符合设计规定的轴线要求。

隧道轴线偏差作为衡量施工质量的主要技术指标，它的偏移不仅对隧道的整体质量造成影响，还会在施工过程中由于纠偏作用产生超挖，从而对周围土体环境与地面环境产生不良影响。

在矩形顶管施工过程中，可能会发生的偏差为方向偏差和自转偏差，方向偏差又分为平面轴线偏差与高程轴线偏差，因此在顶进过程中可进行平面轴线偏差、高程轴线偏差、自转偏差三个方面控制。

1）矩形顶管机姿态控制要点

后顶油缸、中断间油缸安装要平行于隧道设计轴线并且稳定，控制油路要使各油缸动作同步。纠偏液压系统工作可靠。设备在施工前应该认真维修保养。在施工过程中配备足够的易损件。液压锁不能有泄露现象。纠偏油缸的设计顶力应符合能够克服异常情况下的纠偏顶力的需要。施工过程中，应贯彻勤测量、勤纠偏、微纠偏的原则，避免过大纠偏。

确定矩形顶管机姿态的偏差报警值，当矩形顶管机姿态达到报警值时，现场施工人员必须遵循逐级汇报制度，不允许擅自继续掘进。对于纠偏操作，应根据施工现场绘制的矩形顶管机姿态变化曲线图，按经过分析以后确定的纠偏方案进行施工。将矩形顶管机的偏差消灭在萌芽状态。

在开挖面必须建立水土压力的平衡。只有开挖面的稳定才能够使得矩形顶管机的纠偏操作有效。测量成果应及时准确传递到矩形顶管机操作人员，指导纠偏操作。

2）产生侧向偏转原因

在矩形顶管施工过程中，由于土质不均匀、地面临时超载变化、矩形顶管施工的不当操作、设备制造误差等，都容易产生矩形顶管机的侧向偏转。对于矩形顶管机而言，侧向偏转将直接影响管片拼装，同时会造成通道底平面的倾斜，影响通道的正常使用功能。故需对矩形顶管机在施工过程中及时进行纠偏，防止矩形顶管机侧向偏转。

3）纠偏方法

矩形顶管机纠偏的方法主要有以下几种：

（1）改变刀盘转动方向。通过改变和调整刀盘的切削方向所提供的反扭矩，改善侧转。

（2）采用纠偏千斤顶纠偏。在矩形顶管机顶进过程中，通过利用机头内的千斤顶调整伸缩量进行纠偏，以修正矩形顶管机的偏转。

（3）采用后顶千斤顶纠偏。对于短距离的矩形顶管机发生侧转时，可以通过调整后顶千斤顶左右数量的偏差和千斤顶顶进位置来修正矩形顶管机的偏转。

（4）通道内单侧压重。当矩形顶管机发生侧向偏转时，可以通过在矩形顶管机侧转高位加压配重，实现矩形顶管机的纠偏。

（5）调整触变浆液的注入位置。由于管节的触变浆液管上出浆口是串联方式，浆液总管的入浆口位置一侧易偏高，故调整注浆口相对称的位置能有效实现纠偏效果；平衡翼纠偏，即在矩形顶管机左右两侧中间位置，各分布上下两组平衡翼装置。该装置由油缸驱动，最大伸长500mm，可在±200mm范围内上下转动。顶进过程中，需要纠正顶管姿态时，通过调整平衡翼的伸缩量和旋转角度来控制侧转，对防止和克服机体侧转量的增大，有较好的效果。

（6）泥垫式纠偏。在矩形顶管机施工中，当矩形顶管机发生侧向偏转时，采用渣土注入泵，通过泥垫式防侧转装置输送至矩形顶管机顶面和底面的泥垫压泥口，根据矩形顶管机的偏转程度，在泥垫压泥口压力控制阀的控制下，将渣泥从对应的泥垫压泥口压出，对矩形顶管机产生一个力，从而控制矩形顶管机的侧向偏转。

7. 矩形顶管管节拼装

矩形顶管通道管节普遍采用的是钢筋混凝土管节。基本参数包括管节的截面尺寸、壁厚、有效长度、结构形式、管体强度、接口形式、接口强度和性能、接口材料等。其中，管节间的接口强度和性能是直接影响施工进度和工程质量。

1）管节的拼装

顶管法施工由后顶油缸将矩形顶管机顶入土体，紧随其后的管节也逐节顶入。管节间拼装连接。

管节使用前对钢筋混凝土管、钢承口套环、橡胶密封圈及衬垫材料作检测和验收。钢承口套环按设计要求进行防腐处理，刃口无疵点，焊接处平整。橡胶密封圈材质为氯丁橡胶与水膨胀橡胶的复合体，用胶粘剂粘贴于管节基面上，粘贴前必须进行基面处理，清理基面的杂质，保证粘贴的效果。管节与管节之间采用中等硬度的木制材料作为衬垫，以缓冲混凝土之间的应力，板接口处以企口方式相接。粘贴前注意清理管节的基面，管节下井或拼装时发现衬垫有脱落的立即进行返工，确保整个环面衬垫的平整性、完好性。如图4-40所示。

图4-40 管节止水和管节安装示意图

准备好的管节从地面平稳地吊入工作井内，正确就位。注意小心轻放，避免损坏管节和止水橡胶圈，接续承插时外力必须均匀缓慢，承插后橡胶圈不移位、不反转。衬垫板粘贴平整，位置正确，钢承口套环与插入管节的间隙应符合要求。

2）管节制作的止水措施

矩形顶管通道在含水层内的地下水压力下工作，要防止地下水的渗入，首先要做到结构自防水。其主要方法是管节材料采用防水混凝土。防水混凝土是一种通过调整配合比或掺入少量有益的外加剂来改善混凝土的不密实性，补偿混凝土的收缩，增加抗裂性和抗渗性的混凝土。同时通过入模温度、浇捣顺序、养护时间和条件等施工措施来抑制和减少混凝土内部孔隙的生成，改变孔隙的形态和大小，堵塞渗水通路，以达到密实和防水的目的，更应在管节脱模，吊装运输、拼装过程中的操作过程中严防管节受损，避免出现贯穿性裂缝。

3）管节外防水涂层

当地下水中有害物质含量高时，会使混凝土本身受到损坏，导致管节中钢筋受到锈蚀，影响钢筋混凝土结构寿命。因此对所用管节采用增强防水、防腐蚀性的外防水涂层。涂层具有良好的抗化学腐蚀功能，抗微生物侵蚀功能和耐久性。

4）管节接口的密封

（1）以楔形橡胶止水圈防水。钢筋混凝土F形钢承插管以楔形橡胶止水圈作为首要防水线，具体采用何种橡胶材质应根据隧道的用途确定，当接口插入时，由高强度胶粘剂粘贴于无钢套环管节端头基面上的楔形橡胶止水圈受到钢套环的挤压，与钢套环紧密相贴，起到防水、止水的作用。管节接口防水构造示意图如图4-41所示。

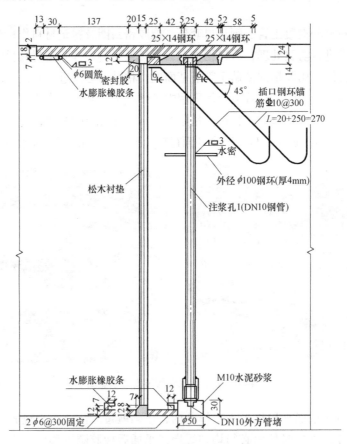

图4-41　管节接口防水构造示意图

（2）衬垫上部设置弹性橡胶密封垫。为加强顶管接口防水，还可在传力衬垫上部设置弹性橡胶密封垫。弹性橡胶密封垫的材质为氯丁橡胶与遇水膨胀橡胶的复合体，通过弹性压密与遇水膨胀效应来达到止水的目的。

（3）钢承口套环埋入混凝土部分的止水措施。考虑钢承口套环与管节混凝土温差收缩不一致，两者之间可能存在渗水通道，与混凝土相接触的钢套环环面上一般通过设置遇水膨胀橡胶条、注射单组分聚氨酯膨胀密封胶和在钢套环上焊接止水钢片来达到止水的目的。

遇水膨胀橡胶条和单组分聚氨酯膨胀密封胶皆为遇水膨胀材料，通过材料遇水后产生的膨胀压力来堵塞渗水通道，而止水钢片通过延长渗水路径的方式来达到止水目的。遇水膨胀橡胶条采用胶粘剂和在钢套环上点焊圆钢帮助定位的方式固定；单组分聚氨酯膨胀密封胶主要靠其自身与钢套环的粘结强度来固定，但此材料固化时间较长，一般需48h左右，然后才能浇筑管节混凝土，故对管节的生产周期有较大影响；止水钢片与钢套环之间的焊接质量在生产中有可靠的保证，但管节混凝土的浇筑为垂直方式，即止水钢片在混凝土浇筑时呈水平设置，止水钢片下的空气不易完全排出，容易形成渗水通道。

（4）钢套环管节端头预留沟槽，灌注低模量聚氨酯密封胶（应在管节预制场内完成）。通过上述两条措施来达到钢套环与混凝土之间的防水目的。

（5）管节内壁接口处的防水。当整条矩形通道施工完毕后，管节内壁接头之间的嵌缝沟槽内嵌填具有良好水密性、耐侵蚀性、伸缩复原性的高模量聚氨酯密封胶，从而最后于管节接头处形成封闭的防水密封圈。

5）管节接缝后期措施

（1）管节与管节拉结。矩形管节贯通后，为防止管节与管节接缝错开变形，设置刚性构件，即利用每节管节的预留钢板进行拉结，形成一个稳定的整体。

（2）管节上部设置接水盒。当整条矩形通道防水都完成后，为防止矩形通道在地层中的变形，产生上部管节接缝渗水，在矩形顶管管节上部接缝处设置接水盒。

（3）传力衬垫。衬垫是顶管工程中垫于两管节之间的一种材料，其应具有如下基本特征：衬垫材料应当弹性模量低，在应力较小情况下，变形应相对较大，以填充混凝土表面的不平度；传递荷载的过程中，特别是在反复荷载作用下，衬垫材料会发生塑性变形，但又不会硬化，其形变模量与混凝土相比应小得多；在反复荷载作用下，每次加载卸载的回弹量应不大，不致引起顶程损失；在衬垫压缩时它的侧向变形小，即泊松比小，以减小管端由衬垫的侧向变形而产生的径向拉应力，不会因衬垫的侧向膨胀导致管端径向撕裂。

8. 减摩注浆

减摩注浆是通过矩形顶管在顶进工程中，通过注浆设备和矩形管节内布置的注浆管路向土体与管节之间注入减摩浆液，使其达到减少顶进管壁外的摩擦阻力，减少后顶进推力的目的。通过顶进过程中的减摩注浆，使管节外壁形成完整的泥浆套，防止管节入土后被土体握裹，产生背土现象。通过顶进过程中的减摩注浆，填充周围土体来防止水体流失，影响地面沉降。

1）触变泥浆

减摩注浆一般是以膨润土为主要材料，CMC（粉末化学浆糊）或其他高分子材料等为辅助材料的一种均匀混合溶液。膨润土加水搅拌后成为悬浮液。当悬浮液静止时，薄片状的蒙脱石微粒会由分散状态经过絮凝，变成凝胶体。这种当浆液受到剪切时，稠度变小，停止剪切时，稠度又增加的性质称为触变性，相应的水分散体称为触变泥浆。

2）注浆管路系统

（1）压浆系统组成及布置。压浆系统地面部分由一套拌浆系统、若干储浆桶和输送管道泵组成。触变浆液通过地面拌浆系统拌制，需拌制充分、均匀，送至储浆桶24h发酵；之后，通过管道泵输送至管节内的储浆桶进行浆液压注。压浆系统包括拌浆桶、储浆池、液压注浆泵、液位计、电动阀门及管道等。

图4-42 注浆孔及注浆管布置示意图

（2）注浆孔及注浆管布置。管节注浆孔根据截面大小进行布置，一般依据管节上注浆预留孔布设注浆管道，如图4-42所示。

（3）注浆系统及设备。注浆系统分为两个独立的子系统。一个系统为了改良土体，对机头正前方及土仓内的土体进行注浆；另一个系统则是为了形成触变泥浆套，而对管节外进行注浆。

（4）注浆压力。顶管机尾部后方管节设置多个连续同步注浆断面，注浆压力比所在地层的水土压力稍大。

3）注浆工艺

（1）压浆施工要点

压浆应由专人负责，保证触变泥浆的稳定，在施工期间不失水、不固结、不沉淀。严格控制注浆量，每节管节的压浆量一般为建筑空隙的300%～500%。

注浆泵需具有足够的工作压力和一定的排浆量，并带有压力调节装置。严格按压浆操作规程施工，在顶进时应及时压注触变泥浆，充填顶进时所形成的建筑空隙，在管节四周形成泥浆套，减少顶进阻力和地表沉降。压浆时必须遵循"先压后顶、随顶随压、及时补浆"的原则。

压浆顺序：地面拌浆→启动压浆泵→总管阀门打开→管节阀门打开→送浆（顶进开始）→管节阀门关闭（顶进停止）→总管阀门关闭→井内快速接头拆开→下管节→接总管→循环复始。

（2）注浆工艺流程

a. 机尾同步压浆。其目的是及时填充机头与管节之间的空隙以及纠偏产生的空隙，在泥土接触管节前先一步填满空隙，建立泥浆套。软性土或纠偏动作小时，压入浆量少些；砂性土或纠偏动作大时，压入浆量多些。同步压浆，首先要装压力表，控制好注浆压力。在每节管子开顶时打开机尾球阀，先观察机尾的泥浆压力表是否已建立起压力，以确保浆液通达。只有当沿线所有管节上的补浆球阀全体关闭，而机尾的同步压出球阀开启时，才能保证机尾处定点定量的同步压浆。

b. 沿线补浆。目的是对管节外壁泥浆渗透到土层中而造成的泥浆套缺损失进行修补。具体操作是在掘进过程中逐一开启球阀，压出一些浆后立即关闭。需要注意的是逐一开启、逐一关闭。浆液不可单侧大量压入。否则，这些有压力的浆液把管节压向单侧的土体中，常常会造成顶力的剧烈上升。一旦有一只球阀没有完全关闭，将会造成所有浆液都从这里溢出，甚至打穿地面。而机尾处反而没有压力浆，造成恶性循环。沿线补浆一般是2～3节管节设置一个断面，并与同步压浆区分开来，分别计量。

c. 洞口注浆。管节刚进入洞口时如果没有压浆填充，土体就会立即塌落而裹住管节。洞口是泥浆套易破坏的地方，在洞口要进行专门针对性地、不断地压浆填充。

9. 矩形顶管施工测量

矩形顶管法施工测量是保证隧道按设计轴线顺利贯通的重要措施。施工测量的主要内容包括首级控制点的复核、地面临时控制点的放样测量、矩形顶管始发前的测量、矩形顶管施工中的测量、矩形顶管的接收测量、隧道贯通测量和测量标尺安装。

1）首级控制点复核测量

对提供的平面控制网的点位和高程控制网的水准点作为首级控制点，必须进行复核测量。首级平面控制点不少于3个，高程控制点不少于2个。首级控制点的复核测量主要技术要求应符合精密导线测量的主要技术要求。其中，平面控制点进行二次以上复核测量。

2）地面临时控制点的放样测量

地面临时控制点作为二级控制网设置在施工现场附近，点位要求稳定、通视、使用方便。地面临时控制网分为地面平面二级临时控制网和高程二级临时控制网。

地面平面控制网应通视良好。测量应符合精密导线测量技术要求。高程控制网可采用精密水准测量方法一次布设全面网，技术要求执行二等水准测量规范。由于二级控制网在施工现场附近，容易遭到施工破坏或者变形移动，该控制网的使用需随时根据施工阶段的场内情况做调整，必要时需重新布设二级控制网。

3）矩形顶管始发前的测量

矩形顶管隧道始发工作井建成后，通过联系测量方法将平面控制点的坐标和高程传递到工作井下，作为井下测量工作的起算数据。测量前对这些起算数据进行复测检查，确保起算数据的正确。

（1）发射基座和后顶装置定位测量与检测

首先，使用全站仪在井底测设隧道设计轴线的投影线和井底的标高，按照基座的制作尺寸和施工设计的要求，进行基座的定位；然后，对基座安装质量进行检测。检测的内容有基座定位的里程、高程，基座中心线与设计中心轴线的方位角偏差，坡度是否满足施工设计精度要求。

后顶装置同样以隧道设计轴线的投影线和井底的标高为依据按施工设计的要求进行定位，然后对后顶装置安装质量进行检测。检测的内容有检测后顶装置是否对称布置，后顶油缸中心线与矩形顶管实际中心轴线是否平行，高度是否满足要求。

（2）始发预留洞门钢圈位置测量

预留洞门钢圈位置可通过全站仪进行测设。测设完成后，应对工作井预留洞门钢圈安装位置和尺寸进行检测，其安装位置和尺寸应满足矩形顶管始发要求。

4）矩形顶管施工中的测量

（1）矩形顶管姿态测量和隧道轴线检查的内容

矩形顶管姿态测量的主要内容是矩形顶管的横向偏差、竖向偏差、俯仰角、方位角、滚动角等。在顶进过程中，考虑顶进长度增加、纠偏等因素，隧道的轴线需经常检测；如有超常的情况，应立即采取措施。

（2）矩形顶管顶进测量方法的选择

矩形顶管在顶进过程中的姿态测量，多采用人工测量方法进行。

5）矩形顶管的接收测量

矩形顶管接收测量是指矩形顶管机到达接收工作井前，在接收工作井内应完成的测量工作，主要内容是接收预留洞门钢圈位置测量、接收基座位置测量等。复测预留洞门钢圈位置所使用的控制点必须使用顶进施工的首级控制点。接收测量方法和技术要求与始发前的相关测量工作基本相同。

6）隧道贯通测量

（1）顶管内沉降、收敛、位移监测

在顶管顶进中，通过管节沉降、收敛变形监测，及时掌握管节的动态变化和趋势，掌握管节的沉降变形和直径变形情况。在土压力作用下，顶管管节产生的变形也会引起周围土体扰动，顶管管节沉降较大时，也会引起较大的地面沉降。通过隧道沉降和收敛测量，可以指导管节注浆和压重施工。

在顶管内每3环布设一个监测断面，在拱顶、拱底、两侧拱腰处布设管节结构净空收敛监测点，拱顶、拱底的净空收敛监测点可兼作竖向位移监测点，两侧拱腰处的净空收敛监测点可兼作水平位移监测点，如图4-43所示。

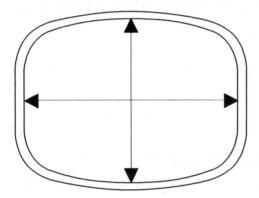

图4-43　顶管沉降收敛监测点布置示意图

（2）顶管贯通测量

在顶管推进了全长的2/3时，为确保顶管顺利贯通，应进行顶管贯通测量，该项工作包括控制网测量、联系测量、顶管姿态测量等，确保顶管姿态的准确，使顶管能够顺利进洞。隧道顶管贯通后进行贯通误差测量，贯通误差测量是指在接收工作井的贯通面设置贯通相遇点，利用接收井传递下来的地下控制点和指导贯通的地下控制点，分别测定贯通相遇点的三维坐标。

（3）顶管竣工测量

顶管竣工测量内容包括隧道横向偏差值、高程偏差值、水平直径和竖直直径等。

7）测量标尺安装

出洞前测量标尺的安装是关键的一步，标尺安装的精度直接影响测量掘进机姿态的精度。通常是安装两把横尺，即前、后横尺各一把。测量横尺中心来控制掘进机的平面偏差，测量横尺的下边来控制设备的高程偏差。

测量标尺安装步骤：选择位置，保证与吊篮通视，尽量使前、后标尺的水平距离最大；安装前要测出矩形顶管机出洞前的平面偏差坡度和旋转角；定出矩形顶管机的机械中心，使标尺的中心与机械中心重合；标尺安装时要考虑矩形顶管机的旋转角的影响。旋转角通过安装U形管来测量；前、后标尺进行安装固定，确保顶管机在顶进过程中标尺的稳定。标尺安装到位后，要仔细测量顶管机的有关数据及参数，如设备的长度、宽度、高度及矩形顶管机的前尺到切口刀盘的距离，后尺到设备机尾的距离，前、后尺的水平距离，横尺下边到设备中心的垂直距离，以及每顶进一节管节后首节管的大里程。矩形顶管顶进姿态测量示意图如图4-44所示。

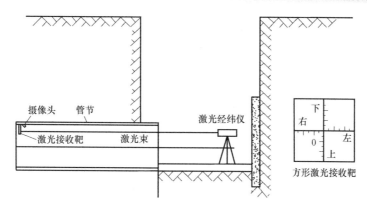

图4-44 矩形顶管顶进姿态测量示意图

10. 施工监测技术

矩形顶管施工监测主要是掌握周围环境的变化情况，以便采取针对性的措施改进施工工艺，调整施工参数，减小地表和土体变形，保证矩形顶管施工的安全性。

施工监测内容分为地表沉降监测、邻近建（构）筑物变形监测、深层土体水平位移监测、隧道变形监测、隧道管节接头相对位移测量、孔隙水压力监测、隧道管节内力测试等。

1）地表沉降监测

地表沉降监测是根据顶管施工所用的地面水准控制点高程进行的，水准点应选用在监测对象的沉降影响范围以外，保证基础坚固、稳定。要求水准点通视良好，与观测点距离接近，以保证监测精度。水准点应在沉降监测的初次观测之前一个月埋设好，并且水准点须定期进行复核，以保证监测成果的正确性。

沉降监测点一般沿隧道轴线上部地面、每隔5m设置一点，沿轴线每隔20m设置一个与轴线垂直的横断面测点，即每个横断面设置5~7个测点。施工影响范围内的管线，除了在管线上方的地面增设管线监测点，根据需要还要设置与管线接触的直接点。

监测主要是采用水准闭合线路进行，各监测点高程初始值取两次观测的平均值。将监测点本次高程减去前次高程的差值即为该点本次沉降的变形量。将监测点本次高程减去其初始高程的差值即为该点的累计沉降变形量。对于控制要求高的监测，须使用精密水准仪，水准仪通常带有光学测微器。

2）邻近建（构）筑物变形监测

邻近建（构）筑物变形监测包括沉降监测（差异沉降）、水平位移监测、倾斜监测、裂缝监测。以下只介绍前两种变形监测。

（1）沉降监测：监测点的位置和数量应根据建筑物的体态特征、基础形式、结构种类及地质条件等因素综合考虑。监测点应埋设在沉降差异较大的地方，同时考虑施工便利和不易损坏。监测点一般可设置在建筑物的四角（拐角）上，高低悬殊或新旧建筑物连接处、伸缩缝、沉降缝和不同埋深基础的两侧，框架（排架）结构的主要柱基或纵横轴线上。

（2）水平位移监测：当建筑物有可能产生水平位移时，应在其纵横方向上设置监测点及控制点。在可判断其位移方向的情况下，则可只监测此方向上的位移。每次监测时，仪器必须严格对中，平面监测点可用红漆画在墙（柱）上，也可利用沉降监测点，但要凿出中心点或刻出十字线，并对所使用的控制点进行检查，以防止其变化。

3）深层土体水平位移监测

深层土体位移反映到地表有一个滞后的过程，需要一定的时间，因此，及时掌握深层土体的变形规律，判断开挖面的稳定情况，分析施工过程中周围地层的变形规律，在必要时采取适当的施工保护措施，对地下工程施工和周围环境安全非常有利。深层土体位移监测包括水平位移和垂直位移监测。

4）隧道变形监测

隧道变形包括隧道隆沉与水平位移，隧道隆沉采用水准仪测量，水平位移可以采用经纬仪测量，也可采用全站仪。影响隧道变形的因素主要有注浆材料、注浆方式、注浆压力、掘进机推力、隧道线形及地质条件等。通过监测分析隧道变形原因，从而制订防止隧道变形或上浮过大的措施。

5）隧道管节接头相对位移测量

测量管节接头接缝的张开情况，同时判断管节顶进工艺的合理性和施工过程的安全性。操作时，先在管节接头两侧用膨胀螺栓安装两测片；在顶进过程中及顶进结束时，用螺旋测微计测两测片间发生的相对位移。

6）孔隙水压力监测

顶管施工过程中均会对周围地层产生扰动，引起附加应力。如果产生的附加应力越大，则土体扰动程度越大。因此，通过监测孔隙水压力在施工前和施工过程中的变化情况，为开挖面土压力及掘进速度等提供可靠依据。同时，结合土压力监测，可以进行土体应力分析，为开挖面稳定计算提供依据。

7）隧道管节内力测试

隧道管节内力测试包括管节纵向和横向应力的测试。主要通过在管节纵向和横向钢筋上安设钢弦式应力计，测定受力钢筋的应力或应变，据以计算管节所受的弯矩和轴力。主要分析施工荷载对管节内力的影响，为管节的设计和施工提供参考。

4.4.4 矩形顶管接收

接收就是矩形顶管机穿越加固土体进入接收井的过程，包括接收井的土体加固、矩形顶管机位置状态的复核测量、接收基座安装、接收井穿墙孔门破除、管节连接、矩形顶管机接收、洞门封门、浆液固化等。

1. 接收井土体加固

接收井洞口土体加固的措施一定要做得更完善。对于含水量大的砂性土还应做好降水措施，确保接收井洞口加固土体的稳定。在洞口凿除前必须检验加固体的质量，达到要求才能进一步施工。

2. 矩形顶管机位置状态的复核测量

当矩形顶管机机头逐渐靠近接收井时，应增加测量的频率和精度，减小轴线偏差，以确保矩形顶管机能准确接收。

贯通前的测量是复核矩形顶管机所处的方位、确认矩形顶管机状态、评估矩形顶管机接收时的姿态和拟定矩形顶管机接收的施工轴线及施工方法的重要依据，使矩形顶管在此阶段的施工中始终按预定的方案实施，以良好的姿态接收，正确无误地坐落到接收井的基座上。

3. 接收基座安装

基座位置和标高应与矩形顶管机靠近洞门时的姿态相吻合，接收基座标高比矩形顶管标高略低，并适当设置纵向坡度，便于接收。

4. 接收井穿墙孔洞门破除

等矩形顶管顶进至加固区内，矩形顶管刀盘贴近接收井围护结构时，进行穿墙孔洞门破除。

5. 管节连接

为防止矩形顶管机接收时由于正面压力的突降而造成前几节管节间的松弛，宜将矩形顶管和紧随其后的几节管节的相邻接口全部使用钢构件连接牢固，以防磕头。

6. 矩形顶管机接收

矩形顶管机刀头到达洞口外壁，设备停止顶进，并在接收井洞圈内的四个角开观察孔，以确切探测矩形顶管的实际位置，在探明矩形顶管位置确实正确落在接收井洞圈范围内时，开始破除洞门。在洞门完全破除后，应迅速、连续顶进管节，尽快缩短矩形顶管机接收时间。矩形顶管机接收到位后，立即用钢板将管节与洞门间的间隙封堵，并通过管节内注浆孔用水硬性浆液填充管节和洞门的间隙，充填密实。如图4-45所示。

图4-45 矩形顶管进洞示意图

7. 洞门封门

洞门封门可以分为内封门和外封门。若地下水位高或者通道位于粉砂性土层，应采用外封门方式进行，即通道管节顶至内衬墙外侧约200mm，与矩形顶管机脱离，并采用钢板沿洞圈四周间隙进行封闭，并预留后期注浆管。对于通道位于良好地质情况下，应采用内封门方式进行，即通道管节顶至内衬墙内侧约400mm，与矩形顶管机脱离，并采用钢板封闭洞门四周空隙。

8. 浆液固化

等矩形顶管顺利贯通后，进行矩形通道注浆，起到对通道四周间隙的加固和抗渗作用。矩形通道注浆按注浆的位置可以分为洞口注浆和通道段注浆。

1）洞口注浆

待通道贯通后，洞口的四周间隙可能成为渗漏水通道，为防止洞口水土流失，造成地面塌陷，先采用钢板对洞口四周空隙进行封堵，并预埋注浆管，再采用水泥与水玻璃的双液浆液快速填充洞口间隙。

2）通道段注浆

待两侧洞门完成注浆封堵后，对通道段进行单液水泥注浆进行置换加固，保证后期通道及周围土体的稳定。

4.5 工程案例——陆家嘴中心区地下空间开发工程

4.5.1 工程概况

陆家嘴中心区地下空间开发项目位于银诚中路、世纪大道、花园石桥路和金茂大厦间的绿地内，基坑总面积约4320m²，建筑总面积7121m²，地面建筑面积6410m²，通道建筑面积711m²。开挖深度为13.6m，局部深坑落深为0.9～1.5m，采用明挖施工。另外，本项目拟在地标大楼间设立四处地下通道项目。其中，通道三（地下空间—金茂大厦）采用明挖施工，其余通道一（地下空间—国金）、通道二（地下空间—上海中心）、通道五（环球—上海中心）采用矩形顶管施工工艺进行，如图4-46所示。

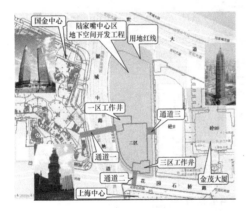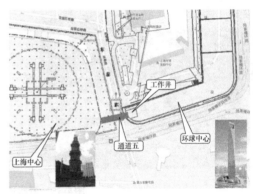

图4-46　陆家嘴中心区地下空间开发工程现场总平面示意图

通道一（地下空间—国金）采用外截面为6900mm×4200mm的矩形顶管工艺，壁厚450mm，坡度为1.5%，全长60.16m；穿越银城中路，覆土深度为6.35～7.24m。始发工作井设立于地下空间开发基坑内，接收方式采用"金蝉脱壳"工艺（即将顶管机外壳留在土中，拆除内部各系统设备循环再利用）进行，主要土质为②3灰色黏质粉土与④灰色淤泥质黏土。

通道二（地下空间—上海中心）采用外截面为6240mm×4360mm的矩形顶管工艺，壁厚500mm，坡度为0.5%，全长21.01m；穿越花园石桥路，覆土深度为8.7m。始发工作井设立于地下空间开发基坑内，接收方式采用"金蝉脱壳"工艺进行，主要土质为③灰色淤泥质粉质黏土夹粉土与④灰色淤泥质黏土。

通道五（环球—上海中心）采用外截面为6240mm×4360mm的矩形顶管工艺，壁厚500mm，坡度为1.2%，全长24m；穿越东泰路，覆土深度为8.63m。始发工作井设立于环球地下空间开发基坑内，接收方式采用"金蝉脱壳"工艺进行，主要土质为③灰色淤泥质黏土与④灰色淤泥质黏土。

4.5.2　技术路线

利用换乘中心的基坑作为顶管始发工作井，改造弧线形斜洞门结构，以满足垂直始发出洞条件，对已建地下室结构和运营的地下空间结构进行改造，在矩形顶管机到达接收位置后，采用水平冻结加固和暗挖对接技术，将顶管机外壳留在地下作为现浇通道的临时支护结构和外模板，实现无接收井条件下的矩形顶管通道建造，满足苛刻环境约束条件下互联互通工程建设需要。

4.5.3　关键技术

1. 斜洞门的临时和永久处理

本工程5号通道始发工作井，出洞口的一边围护地墙利用原基坑围护地墙，为斜角圆弧状，且洞门与矩形顶管机呈30°斜角。为保证矩形通道出洞的安全，在永久出洞洞门口处增设临时混凝土框架结构，将斜角度调整为垂直出洞，满足矩形通道出洞的安全要求，在使用阶段需将临时洞门和隧道管节改造成原围护结构的弧线形状。

1）始发工作井斜洞门的结构改造

采用临时混凝土框架结构来调整洞门与矩形顶管机出洞的垂直角度。在临时洞门上方（中板区域）开设一个回填土孔洞以及在右侧临时洞门的内侧壁设置二根等高的限位轨道，以平衡矩形顶管机由于左右受力不均而发生的向右侧偏移的倾向，如图4-47所示。

图4-47　始发工作井斜洞门结构改造平面图和剖面图

2）斜洞门的临时和永久的处理

由于斜洞门左右偏差量较大，可采用预制的钢管片（2.5m长）作为斜洞门与矩形通道的临时过渡结构，同时方便后期复原斜洞门的永久结构。

钢管节既要满足钢管片受力要求，又要满足防腐、防水要求，还要满足钢管节长度以及顶进过程中钢管片顶进受力的要求。钢管节采用厚度14mm钢板制作而成，顶力传递采用壁厚25mmQ345b级ϕ325的圆形钢管组装而成，如图4-48所示。

图4-48　钢管节设计图

3）施工后斜洞门与通道的连接处理

洞门口采用水泥和水玻璃的双液注浆进行加固；拆除洞门口临时框架结构；根据洞门口位置形状切割钢管节；现浇井接口洞门结构，如图4-49所示。

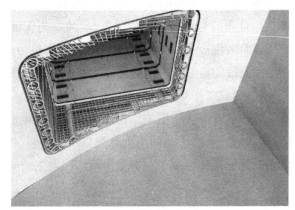

图4-49　施工后斜洞门与通道的连接处理示意图

2. 适应本次顶管接收的优化改造

本工程矩形通道接收区域的改造涉及已建的上海中心地下室建筑物、运营中的国金中心地下室建筑物。如何减少对原来建筑结构受力体系的影响，利用原来结构受力体系构建矩形顶管接收需要的框架结构受力体系，是本工程接收区域改造工程的重中之重。

1）接收区域的建筑物临时支撑体系的建立

矩形顶管通道接收断面正好位于地下室环梁高度内，需要切断原来的地下室环梁，在接收洞门上下各新设一根洞边加强梁，在接收洞门左右两边各新设一根扶壁柱（由B5地下室一层层接上来），在切割原地下室环梁前，需在多根地下室结构梁下增设临时钢格构柱支撑，保证原地下室梁板结构的安全。如图4-50所示。

临时钢支撑采用截面为400mm×400mm格构柱，单根柱肢选用∟100×8的等边角钢，缀板厚10mm，平面尺寸为300mm×360mm，缀板间距为700mm，柱长约4m。钢支撑支撑于梁底，起到换撑作用。

2）接收区域的建筑物优化改造

接收区域结构改造内容有B1～B5层的扶壁柱改造、B2和B3层的框架结构和B3层的新增洞边加强梁，如图4-51所示。

3）接收区域的改造流程

（1）在B3～B5层施工洞门口底部的扶壁柱，如图4-52所示。

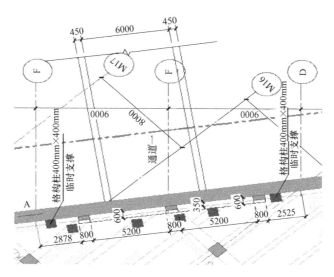

图4-50　临时钢支撑受力体系的建立示意图

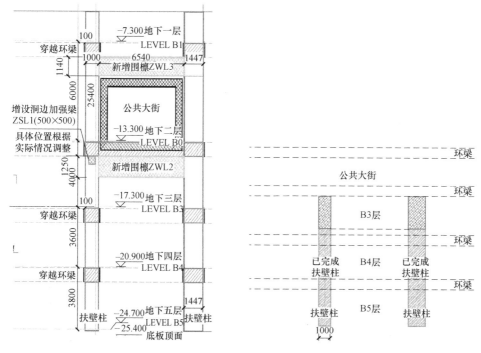

图4-51　B1～B5层接收结构改造剖面示意图　　图4-52　B3～B5层接收结构新增扶壁柱施工

（2）在B3层进行满堂脚手架搭设，施工新增洞边加强梁，如图4-53所示。

（3）凿除B3层顶板环梁、施工底部新增围檩结构，如图4-54所示。

（4）B1～B2层新增结构施工，如图4-55所示。

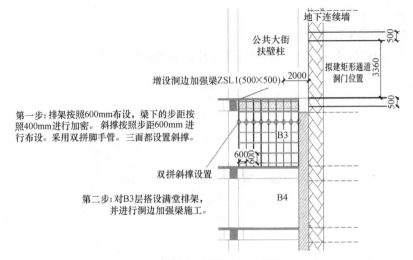

第一步：排架按照600mm布设，梁下的步距按照400mm进行加密。斜撑按照步距600mm进行布设。采用双拼脚手管。三面都设置斜撑。

第二步：对B3层搭设满堂排架，并进行洞边加强梁施工。

图4-53　B3层新增洞门加强梁施工

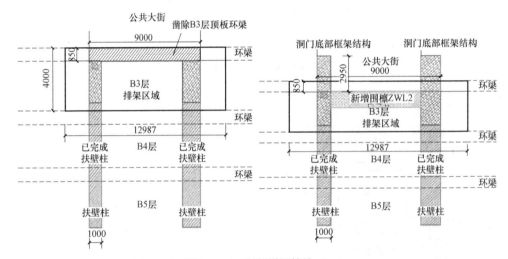

图4-54　B3层新增围檩施工

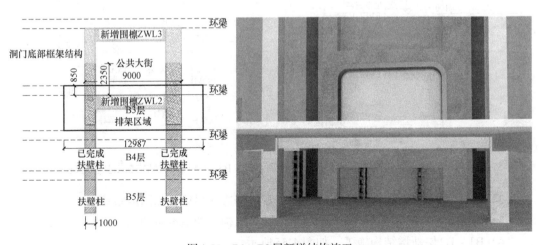

图4-55　B1~B2层新增结构施工

3. 矩形顶管就位后的水平冷冻技术

为适应本次矩形顶管接收加固的条件，考虑到顶管机的切削能力无法满足切削冷冻土的强度，故等矩形顶管机推进就位后，实施水平冷冻加固，如图4-56所示。

1）冻结壁和冷冻管的布置

（1）洞门正面通道结构范围内冻结壁厚度设计为2.0m。

（2）通道结构外围冻结壁厚度设计为3.5m。

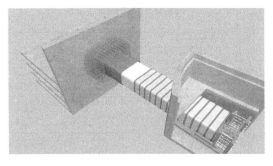

图4-56　矩形通道水平冷冻下接收效果图

（3）冻结管的布置：60个冻结孔，4个土体测温孔，另在顶管机壳体上设6个测温孔；如图4-57所示。

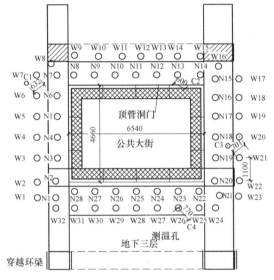

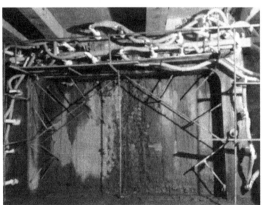

图4-57　冻结管布置及现场施工

2）冷冻加固监测效果分析

（1）盐水温度

7d盐水温度已降至-28℃（设计值为-18℃），15d盐水温度降至-31℃（设计值为-24℃），至11月18日冻结27d，盐水温度保持在-30℃（设计值为-28℃）左右。冷冻测温孔温度变化图如图4-58所示。

（2）盐水去回路温差

实测盐水循环系统去回路温差在1℃左右（设计值不大于2℃），如图4-59所示。

（3）盐水流量

盐水系统60个冻结孔共分15组盐水进出回路，实测总流量为120m³/h，单孔盐水流量达到8m³/h，充分保证冻结器的冻结效果。

（4）冻结壁厚度和交圈情况

按冻结壁有效区最大孔间距1160mm，冻土平均发展速度为28mm/d计算，冻结壁交圈时间为21d。按840mm发展半径作图分析，冻结壁有效冻结区最薄弱处厚度为2.157m，达到设计厚度，如图4-60所示。

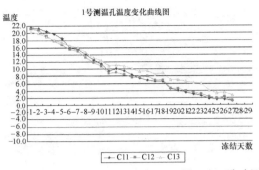

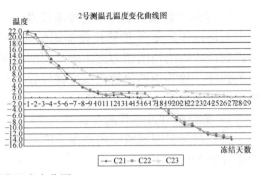

图4-58　冷冻测温孔温度变化图

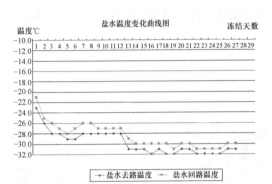

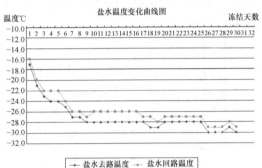

图4-59　盐水去回路温差曲线图

（5）冻结壁的平均温度

冻结壁的平均温度为-10.4℃，达到设计要求。

4. 水平冷冻下的倒接"金蝉脱壳"工艺

由于矩形顶管机的刀盘为敞开式，刀尖距离四周帽檐有570mm，再算上刀尖距离地墙50～100mm，故冷冻区域的暗挖土厚度为600～700mm。暗挖施工原则是从上到下、从中间到两边进行暗挖。把暗挖施工分为9个区域进行，每开挖一个区域，就采用预制的组合钢模板进行支撑，钢模板的两端焊接点分别为矩形顶管机四周的帽檐和预埋的钢洞框，如图4-61所示。

1）预制组合钢模板与设备的倒接工艺

钢模板既作为起挡土、防水作用的挡板，又作为现浇混凝土的外侧钢模板，采用10mm钢板与横纵肋板组合而成。

图4-60　冻结壁交圈示意图

钢模板的焊接紧接暗挖施工进行，不盲目操作，根据现场施工情况，有序连接组合。

2）"金蝉脱壳"实施

矩形顶管机"金蝉脱壳"拆解技术采用"先装后拆，后装先拆，从后部到前部"的拆解顺序。根据矩形顶管机刀盘拆解需要，在既有建筑物的上层楼板底设置刀盘临时吊点；先整体拆除后部的螺旋输送机，由平板车沿通道运至地面；在刀盘临时吊点处悬挂手拉葫芦，将刀盘用钢丝绳绑住紧固，卸去刀盘前部帽口，用千斤顶抵住胸板，缓慢将刀盘推至堆土缓冲平台，缓缓放倒后提至半空并放稳；依次拆除刀盘后部的齿轮箱及马达、铰接油缸、脱离油缸、电气动力柜和纠偏液压站等部件，由平板车沿通道依次运至地面。"金蝉脱壳"工况图如图4-62所示。

图4-61　预制组合钢模板示意图和现场拼装现状图

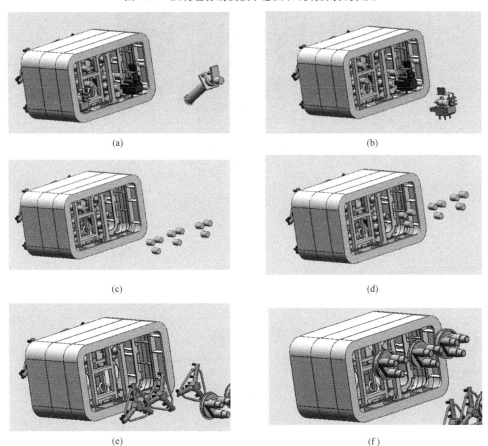

图4-62　矩形顶管机"金蝉脱壳"工况图

（a）拆除左右两个螺旋机；（b）拆除两个液压泵站；（c）拆除下半部9个刀盘电动机、减速机；（d）拆除上半部9个刀盘电动机、减速机；（e）拆除上半部的3个刀盘；（f）拆除下半部的3个刀盘

4.5.4 实施效果

在多栋超高层建筑之间新建换乘通道大厅，并作为顶管始发工作井，通过对已建地下室和运营中的地下空间的改造，在无接收井的情况下，对建筑物的结构、支撑、加固进行全面改造加强。对顶管设备就位之后进行水平冷冻，采用倒接"金蝉脱壳"工艺，满足苛刻环境约束条件下互联互通工程建设需要，并且保证在结构改造过程中对周围环境的影响达到最小化。

矩形通道投入使用状态如图4-63所示。利用矩形顶管施工新工艺在多栋超高层建筑之间实现互联互通人行通道建设，为将来矩形顶管工程的发展提供了宝贵的借鉴，增强了企业社会品牌效应。

图4-63 矩形通道投入使用状态

第5章
矩形盾构施工技术

矩形盾构施工技术是软土地区地下互联互通施工技术中一种重要的非开挖施工技术。与顶管施工技术相比，其应用范围更广，适应性更强，对周边环境影响更小，设备也更为复杂，更适用于长距离、大截面空间的曲线施工。

5.1 矩形盾构施工技术的特点

世界上最早采用矩形盾构法施工的隧道是英国伦敦穿越泰晤士河底的公路隧道，隧道断面为11.4m×6.8m的矩形。日本在矩形隧道工艺、设备、管片性能试验和施工技术等方面较先进。1965～1968年，日本名古屋和东京都采用4.29m×3.09m手掘式矩形盾构掘进两条长534m和298m的共同沟。1999年，日本奥村、小松共同体采用一台10.24m×6.87m的矩形盾构机，在日本京都完成一条753m的地铁延长线施工。2012年，日本大林组在东京都3环线道路相模纵贯川尻隧道工程中采用11.96m×8.24m的矩形盾构进行隧道施工。近年来我国的矩形盾构隧道在城市建设中得到了越来越多的应用。2004年，新疆乌鲁木齐采用20m×6.2m×7.8m三联体组装形式的矩形盾构机、履带式行走模板拼装机和现浇衬砌箱体钢模，完成了328m矩形隧道施工。2015～2016年，上海建工机施集团有限公司采用10.1m×5.3m矩形盾构机相继成功实施了上海虹桥临空地块地下连接通道工程和上海虹桥商务区核心区（一期）与中国博览会会展人行地下通道工程。2016年，上海隧道股份有限公司在宁波轨道交通3号线采用11.83m×7.27m类矩形盾构机完成了390.3m隧道。

矩形盾构隧道具有较高的断面使用率，较浅的安全埋置深度，较低的土地占用率等特点，矩形盾构机能进行中长距离曲线推进，矩形盾构技术在都市核心区大断面地下通道的建设项目中，具有显著的经济和社会效益。

5.2 矩形盾构机主要系统组成

土压平衡式矩形盾构机由本体和后续台车组装成，本体分成切口环、支承环和盾尾三段，主要由切削系统、排土运输系统、推进系统、管片拼装系统、集中润滑系统、同步注浆系统等组成，配有防侧转装置和防背土装置。

切口环主要承担切削土体和形成土仓的功能。在切口环前部设置了悬臂式的帽檐结构，在帽檐结构的前端焊接了齿形刀，方便进行土体切割。在帽檐结构的后端设置了胸板结构。胸板结构一方面支撑切削刀盘，另一方面对矩形盾构机的前方土体有支撑作用。多个切削刀盘安装在胸板上，在矩形盾构机推进过程中对土体进行切削和搅拌，上述过程形成的切削土进入土仓内形成渣土。在胸板后端设置了两台螺旋排土机，其功能是将土仓内形成的渣土排至隧道外部。在切口环的上方设置了防背土装置，对可能出现的背土进行切割分离。

支承环主要承担支撑与过渡连接功能。在支承环内部安装有多组推进油缸，油缸提供矩形盾构机推进时需要的推力。同时支承环内部还设置了中心平台装置，盾构内部的大量管线通过上述平台进入到盾构机内部。中心平台下部还设置了运送渣土的皮带机输送系统，通过将渣土从螺旋机的出土口运送至渣土车，完成渣土的运输工作。

盾尾主要承担注浆和密封功能。盾构机内部的注浆管路通过盾尾内部到达需要注浆的区域。同时在盾尾内部安装了三道钢丝刷，可以有效地防止矩形盾构外部的土和水进入盾构内部。在盾尾内还安装了两台管片拼装机，该类型拼装机为中心立柱式拼装机，拼装机由立柱、横臂和拼装头组成。拼装机的旋转中心可以沿着立柱进行上下移动，拼装机通过接收来自后方喂片机送来的管片，采用双机抬吊的方式将底块管片和顶块管片运送到位，而侧块管片则由单台拼装机通过旋转、上下移动和径向伸出等动作将管片拼装到位。盾构机设备布置如图5-1和图5-2所示。

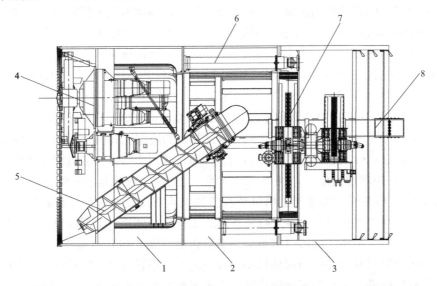

图5-1　矩形盾构机内部布置侧视剖面图

1—切口环；2—支承环；3—盾尾；4—切削刀盘；5—螺旋机；6—推进油缸；7—拼装机；8—中心平台

5.2.1　土压平衡控制系统

1. 系统原理

土压平衡控制系统主要由计算机控制系统、人机操作系统、电气和液压系统、传感器等主要系统组成。其中，控制计算机PLC主站、人机对话触摸屏和操作台控制面板布置在驾驶室，电气控制柜和液压泵站部分布置在盾构台车上，控制计算机PLC从站、左右螺旋输送机和土压力传感器则分布在机头内。

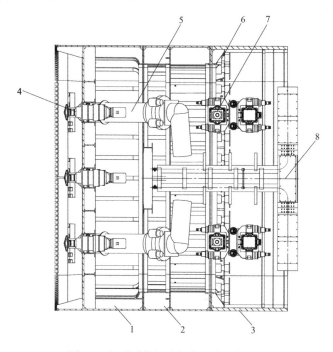

图5-2 矩形盾构机内部布置俯视剖面图

1—切口环；2—支承环；3—盾尾；4—切削刀盘；5—螺旋机；6—推进油缸；7—拼装机；8—中心平台

控制计算机PLC系统是指根据采集的土压力反馈数据、推进速度、地面沉降等状况，通过液压驱动变量泵比例阀控制双螺旋输送机转速变化，从而有效地控制密封仓内土压并使其与开挖面水土压力相平衡。在实施控制时，通过操作台控制面板与人机对话触摸屏的操作界面，选择操作界面、确定控制模式、设定土压目标值（管理土压值）、整定PID初始参数，然后确定所需工作的左右螺旋输送机，启动泵源，由液压泵站提供左右螺旋输送机旋转的动力，选择手动或自动模式，通过计算机PLC主站驱动液压比例阀对双螺旋输送机进行转速控制。系统方案原理示意图如图5-3所示。

2. 系统控制特点

由于要控制双螺旋输送机的转速，所以对计算机系统的控制要求较高。土压平衡控制的PID控制对参数整定要求非常高，参数是否准确将直接影响调节品质，参数整定是PID控制中比较困难的部分。另外，大截面矩形盾构机由于其开挖面较大，目标值的变化、不可预测的外扰、控制对象的快慢变化都会导致系统特性的变化，使原来整定的PID参数无法保证对系统进行很好的控制。为了解决这些问题，在自动控制时研究采用双PID-1/2算法控制方式，能很好地保证土压平衡的控制。螺旋机转速控制特性如图5-4所示。

采用手动设定与自动整定PID参数相结合的算法来完成土压平衡控制。自动整定PID参数算法可以在控制过程中自动完成参数的整定，然后用整定得到的参数对过程进行控制。这样既能简化系统运行控制，又能优化控制品质。手动设定参数整定，则可根据施工情况选择使用。

当掘进速度、目标土压值发生变化时，由于土压值偏离目标值产生偏差，这时通过自动控制螺旋机旋转速度来减少偏差量。

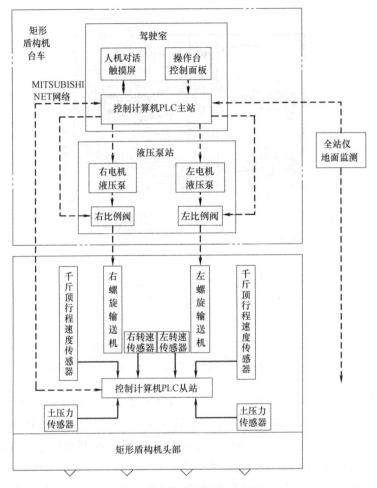

图 5-3　系统方案原理示意图

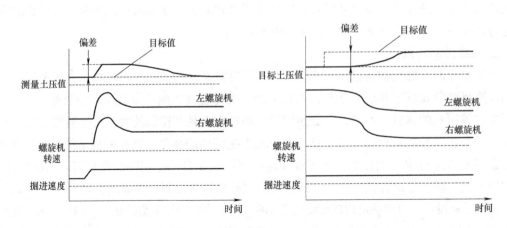

图 5-4　螺旋机转速控制特性示意图

5.2.2 切削系统

切削系统主要由刀盘和刀盘驱动系统组成。刀盘采用多刀盘组合切削模式，具有切削面积可变、轴向可伸缩的功能。

1. 刀盘布置

矩形盾构不同于圆形盾构，很难做到100%的切削率，在设计中应尽可能多地提高断面切削率，以减小盾构推进阻力。刀盘采用多刀盘组合切削模式，即多组刀盘共同完成土体切削工作。根据矩形地下通道断面尺寸对刀盘布置进行优化组合，例如，某RS10100-1矩形盾构机，最终确定了大切削刀盘的模数为$\phi2450mm$，大切削刀盘的切削直径可以在$\phi2300mm \sim \phi2700mm$的小范围内进行微调，小切削刀盘的模数为$\phi1500mm$，共使用8个大刀盘和3个小刀盘，如图5-5所示。针对在软土地质条件下的施工，刀盘采用辐条式刀盘，切削刀具以刮刀为主；同时，为了保证整个断面有较高的断面切削率，在切口环的帽檐边缘处加装了一整圈的周边刀。

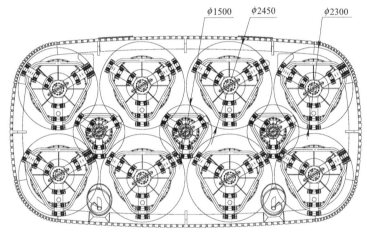

图5-5 切削刀盘的模数组合

2. 切削面积可变式刀盘

为了更好地适应土层，提高切削效率，可采用切削面积可变式刀盘代替切削面积固定式刀盘。切削刀盘的切削面积可以在一定范围内进行微调，可极大地增加切削刀盘的通用性。新型切削刀盘的刀杆结构由中空式刀杆、主刮刀、伸缩杆、定位连接装置和连接轴销组成。在需要增大切削面积时，将伸缩杆从中空式刀杆内拉出，在伸缩杆的伸出部分上安装主刮刀，便可以实现增大切削面积的目的。在需要减小切削面积时，将伸缩杆缩回至中空式刀杆内部，便可以实现减小切削面积的目的，如图5-6和图5-7所示。

此外，切削刀盘的切削面积可变，对矩形隧道的断面尺寸和不同土质条件的适应性更好。在应用中，在保证最大断面切削率的要求下，一台切削刀盘还可以用在不同尺寸的矩形隧道掘进机上，切削刀盘的通用性好。同时，可以根据预先勘察的土质条件对切削刀盘的切削面积进行调整，防止出现功率浪费和功率不足等现象。

3. 轴向可伸缩式刀盘

为提高刀盘对不同土层的适应性，采用组合式可伸缩切削刀盘（轴向伸缩距离500mm），可以在盾构壳体静止状态下实现一个或多个刀盘轴向伸缩切削土体，减少土体扰动和地面沉降。在盾构壳体前行时，伸缩式刀盘又可对盾构机本体提供支撑和导向，防止和减少盾构机在推进过程中发生轴线偏移或扭转；在矩形盾构推进过程中针对土体的不同状况，可采取多刀盘灵活组合分步切削，减小掘进阻力，降低设备负荷峰值。驱动系统的轴向伸出机构外观图如图5-8所示，内部机构如图5-9和图5-10所示。

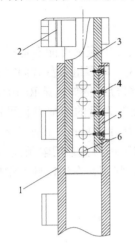
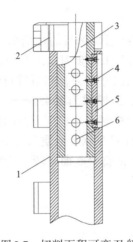
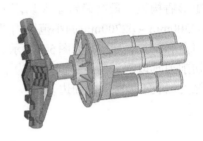

图5-6　切削面积可变刀盘　　　图5-7　切削面积可变刀盘　　　图5-8　驱动系统轴向伸出机构外观图
　　　　　伸出状态　　　　　　　　　　　缩回状态

1—中空刀杆；2—刮刀；3—伸缩　　1—中空刀杆；2—刮刀；3—伸
杆；4—定位装置；5—抗剪板；　　缩杆；4—定位装置；5—抗剪
　　　　6—连接销轴　　　　　　　板；6—连接销轴

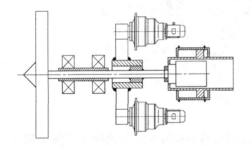
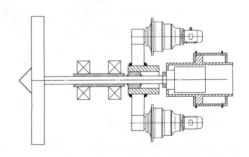

图5-9　驱动系统的内部结构示意图（缩回）　　　图5-10　驱动系统的内部结构示意图（伸出）

　　轴向伸缩系统由液压油缸、支撑轴承系统、转矩传递花键和密封系统组成。其中，液压油缸负责推动驱动轴沿轴向伸出或缩回，主驱动齿轮与驱动轴使用滑动式长花键连接，保证驱动轴在伸出或缩回时，旋转传递机构不致脱开；为了防止驱动轴的旋转运动传至活塞杆上，在活塞杆和驱动轴之间使用推力轴承连接。密封与防尘装置可防止外部砂土进入减速器内部。

4. 矩形盾构刀盘驱动系统

　　刀盘驱动系统采用电机驱动的方式，该方式具有结构体积小、效率高、启动方便、噪声低、机内温度低、安装维护简单的优点。通过减速器的输出轴上的小齿轮带动大齿轮、主轴和刀盘旋转，并由刀盘完成对土体的切削和搅拌改良。齿轮箱体置于切口环前部，主轴安装在齿轮箱体的中间。主轴的主要支承方式采用了中心支承的滑动轴承。为了拆装方便，主轴与大齿轮和刀盘之间采用渐开线花键连接。这样安排不仅能够传递较大的转矩，而且在部件重量都比较重的情况下拆装都比较方便。刀盘驱动器如图5-11，驱动电机如图5-12所示。其相关参数见表5-1和表5-2。

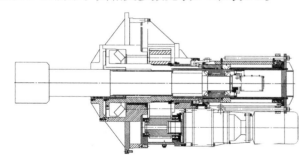

图5-11 刀盘驱动器示意图

图5-12 驱动电机

某**RS10100-1**矩形盾构机切削刀盘参数   表5-1

项目	设计值
切削直径(mm)	2450
搅拌棒个数	2
搅拌棒直径(mm)	150
刀杆个数	3
刀杆直径(mm)	245
刮刀数目	18
最外圈刮刀数	2
刀杆伸缩范围(mm)	2300 ~ 2700
中心刀	1

某**RS10100-1**矩形盾构机切削刀盘驱动器参数   表5-2

型号	2500DG01
输入功率(kW)	22×3=66kW
输出转速(rpm)	1.8
驱动轴直径(mm)	320
输出转矩(N·m)	350000

5.2.3 排土运输系统

排土运输系统负责将土仓内的高压渣土运输至隧道内部的渣土车内，由螺旋排土机和皮带运输机组成。在盾构推进过程中，为了保持切削面的稳定，一定要通过对土仓内的渣土进行加压的方式对切削面进行支撑。上述高压渣土首先通过螺旋排土机的减压和输送，从土仓内排至皮带输送机。皮带输送机位于螺旋排土机的后部，负责将渣土从螺旋排土机运送至渣土车内。

1. 螺旋排土机

土压平衡式盾构机依靠土仓内的被动土压力与掌子面的主动土压力相互平衡来保持掌子面的稳定。当土仓内的渣土能够形成一种塑性流动状态时，才可维持掌子面的水土压力平衡。而在遇到透水性大、级配不良的砂土或者粉土时，土仓内的压力渣土不能够在螺旋排土机内逐级减弱，大量的水土就会从螺旋排土机的出口处发生喷水、喷砂和喷泥的喷涌现象。喷涌的发生不但影响正常的施工和土仓压力的控制，严重时会过多地将掌子面附近的砂土带出，造成地表沉降、塌陷，管片漏水等施工事故。

经过分析可知，喷涌的主要原因是排土压力过大，渣土的止水性差，常用的螺旋机无法将土体中的水和土一起从土仓内排出，高压力水导致了砂土一起喷出。因此，通过将螺旋机内的叶片间距设置为不等距的形式，高压力的水土在经过不同叶片空间的压力释放后，使得压力降低，进而排土口的水土压力降低，防止了螺旋机喷涌现象的发生。不等螺距式螺旋机螺杆叶片间距变化情况如图5-13所示。螺旋机参数见表5-3。

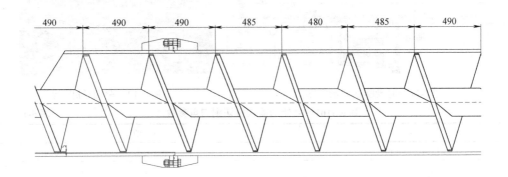

图5-13　螺旋机螺杆叶片间距变化情况

某 RS10100-1 矩形盾构机螺旋机参数　　　　　　　　　　　　　表5-3

	螺旋机筒体内径(mm)	800
	螺旋机筒体外径(mm)	840
	螺杆直径(mm)	194
	叶片外径×螺距(mm)	750×(480～495)
	螺旋机扭矩(kN·m)	56.8
后出土螺旋机	螺旋机转速(rpm)	14
	理论排土量(m³/h)	170
	传动比	5.8235294
	液压马达的型号	2QJM32-1.6
	液压马达的排量(L/转)	1.649
	液压马达额定扭矩(kN·m)	4.881

2. 皮带运输系统

使用皮带运输机进行盾构隧道内出土的方法已经在圆形盾构隧道内得到了广泛的应用，其出土量大，运行平稳，可靠性好。而渣土泵和渣土车运送方案在矩形盾构机长距离推进过程中效率很低。在矩形盾构隧道内部采用移动式皮带机进行渣土运输会较高效。

皮带运输机系统由第一级皮带机、第二级皮带机第一部分和第二级皮带机第二部分组成。第一级皮带机为固定式皮带机，第二级皮带机为移动式皮带机，第二级皮带机第一部分和第二部分之间采用铰连接。

在中心横梁的正下方设置第一级皮带机，其作用是将螺旋排土机内的渣土水平输送至中心横梁的后部。第一级皮带机前端通过铰支座与第一级皮带机前端固定装置连接，第一级皮带机的进土口位于螺旋排土机出土口的下方，第一级皮带机的后端通过钢丝绳悬挂在壳体的内部。第一级皮带机高度低于中心横梁；第一级皮带机下端的高度大于喂片机的高度。

在台车的上方设置第二级皮带机。第二级皮带机由第一部分和第二部分组成，第一部分可以绕着铰装置转动。在第二级皮带机的两侧隔一定间距设置了若干组滚轮，在连系梁的上方设置了皮带机移动轨道，从而可以实现第二级皮带机可以沿着隧道轴线方向前后移动。

在喂片机的横梁中部设置了提升装置，提升装置负责将第二级皮带机第一部分的前端提升或下降。当第二级皮带机第一部分前端被提升装置放下时，橡胶轮与隧道衬砌的底面接触，橡胶轮可以在隧道底部滚动，实现第二级皮带机第一部分前端的前后运动。

矩形盾构内部皮带机布置如图5-14所示。皮带机系统参数见表5-4。

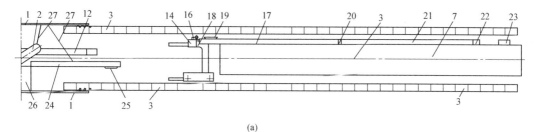

(a)

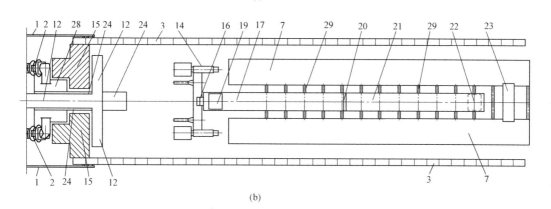

(b)

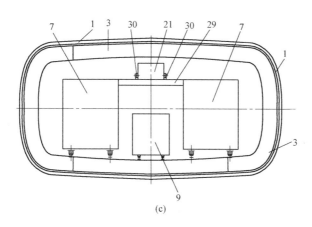

(c)

图5-14　矩形盾构内部皮带机布置

（a）主视图；（b）俯视图；（c）侧视图

1—壳体；2—螺旋排土机；3—隧道衬砌；4—双梁结构；5—固定式皮带机；6—固定式皮带机出土口；7—盾构台车；8—电机车；9—渣土车；10—渣土泵；11—排土管；12—中心横梁；13—喂片机工作区域；14—喂片机；15—拼装机工作区域；16—提升装置；17—第二级皮带机第一部分；18—橡胶轮；19—第二级皮带机进土口；20—铰连接装置；21—第二级皮带机第二部分；22—第二级皮带机出土口；23—第二级皮带机轴向运动驱动装置；24—第一级皮带机；25—第一级皮带机出土口；26—第一级皮带机前端固定装置；27—第一级皮带机的悬挂钢丝绳；28—第一级皮带机的进土口；29—台车间的连系梁；30—第二级皮带机两侧的滚轮

皮带机系统参数   表5-4

项目	设计值
输送带宽度(mm)	800
输送带长度(m)	44
输送量(m³/h)	300
输送速度(m/s)	2.5
输送距离(m)	20
提升高度(m)	2.5
输送倾角(°)	14.5
驱动功率(kW)	18.5

5.2.4 管片拼装系统

隧道断面呈扁平的矩形断面，管片分为上块、侧块和下块等6个部分。为了避免上部水平管片跨中部的弯矩使接缝破坏，上块和下块的接缝设在了左右两侧，这就导致了上块和下块的长度较大，重量较重，最重的上块管片重8t，侧块管片重4t，如图5-15所示。

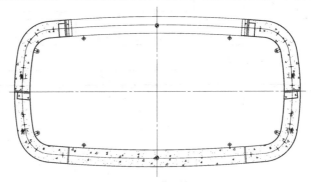

图5-15 矩形管片分块设计

1. 矩形隧道管片拼装机的结构组成

新型管片拼装机不仅要能够拼装侧块弧形管片，还要能拼装大而重的上块和下块管片。因此新型管片拼装机将常规的旋转式拼装机改为伸臂式拼装机，即新型拼装机在抓取管片时，不仅可以实现旋转动作，还可以实现上下移动和左右移动。

管片拼装机采用双立柱拼装机。通过拼装头的升降运动、旋转运动和径向伸缩运动将管片运送到位。拼装机主要由立柱、上下移动机构、旋转机构、横臂伸缩机构和管片抓取机构组成，如图5-16所示。拼装机立柱安装在盾构机壳体内部，不仅为壳体提供支撑作用，还为拼装机提供轨道功能。拼装机的上下移动机构由安装在套筒内部的两台液压马达驱动安装在立柱上的齿条来实现。横臂伸缩机构安装在回转支承上，在液压电机的驱动下，通过安装在伸臂上的齿条与液压马达输出齿轮的啮合，伸臂可以实现伸出和缩回。最后，在拼装头安装了夹紧油缸和调整油缸，在拼装管片时，可以夹紧管片和微调管片姿态，保证拼装管片能够顺利进行。整台拼装机由液压系统进行驱动，保证整台设备安全、可靠。此外，在拼装管片时通过预先设定的动作程序，管片拼装机可以自动进行管片的上下移动、旋转和伸出缩回动作，实现拼装过程的自动化。

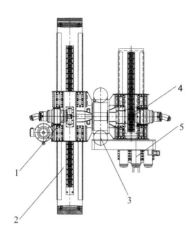
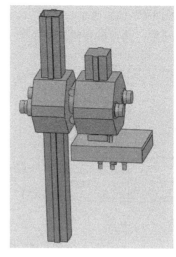

图5-16　立柱式拼装机外观效果图

1—拼装机立柱；2—上下移动机构；3—旋转机构；4—横臂伸缩机构；5—管片抓取机构

新型管片拼装机通过旋转中心上下移动扩大了拼装头的运动范围，同时可以提升重型管片，改变了以往管片拼装机活动范围小、提升能力小的缺点，特别适合在一些高宽比很小、空间狭窄、断面扁平的矩形隧道内进行作业。主要参数见表5-5。

新型管片拼装机的主要参数（单台）　　　　　　　　　　表5-5

项目	数值
起重能力(t)	9
回转力矩负载(t·m)	32
上下移动速度(mm/s)	50
旋转范围(°)	±200
旋转速度(rpm)	1
伸臂最大工作直径(mm)	2300
伸臂最小工作直径(mm)	1050
伸臂伸出缩回速度(mm/s)	20
拼装头轴向滑动行程(mm)	500
双机抬吊同步误差(mm)	不超过5mm
控制方式	手动和自动两种模式
功率(kW)	45

2. 矩形隧道衬砌拼装方法

采用两台上述拼装机构成双立柱式拼装机，两台拼装机分别安装在盾构机的左右两侧。左侧的拼装机负责左侧管片的拼装，右侧的拼装机负责右侧管片的拼装，使用左拼装机和右拼装机以双机抬吊的方式来安装底块管片及封顶块管片。

1）底块管片拼装方法

底块管片的特点是比较长，同时质量较大，在空间比较狭窄的隧道内部无法对长度和质量都比较大的管片进行旋转和翻身等操作，因此，使用两台拼装机分别抓取底块管片两端的吊耳，如图5-17（a）所示；夹紧后，两台拼装机同时提升，底块管片便脱离喂片设备，待喂片设备离开后，两台拼装机同时下降，将底块管片安装到位，如图5-17（b）所示。

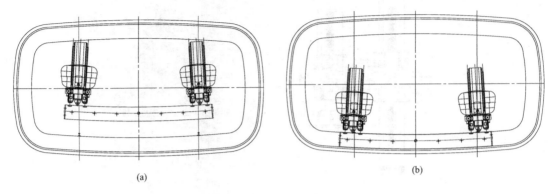

(a)　　　　　　　　　　　　　　　(b)

图5-17　底块管片的安装方法
（a）起始状态；（b）最终状态

2）侧块管片拼装方法

侧块管片为弧形管片，又称为转角管片，其质量和尺寸都不大，因此可以使用单台拼装机完成管片的拼装。左侧的拼装机拼装左侧的侧块管片，右侧的拼装机拼装右侧的侧块管片。

侧下块管片的起始状态如图 5-18（a）所示。待拼装机抓取并夹紧管片后，管片通过上下移动、旋转和径向伸出等动作到达预定位置，管片的中间状态如图5-18（b）所示，管片的最终状态如图5-18（c）所示。

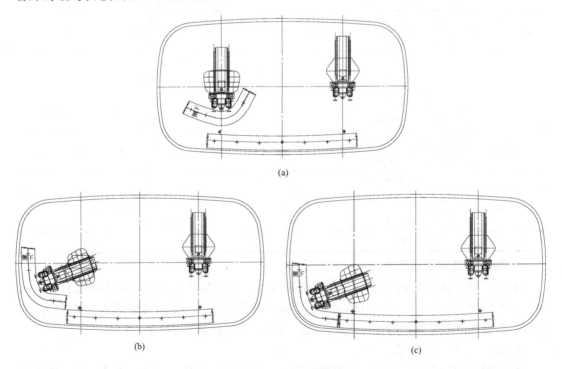

(a)

(b)　　　　　　　　　　　　　　　(c)

图5-18　侧下块管片拼装方法
（a）起始状态；（b）中间状态；（c）最终状态

侧上块管片的安装条件与侧下块管片的安装条件不同，在安装侧下块管片时，周围基本没有障碍物，安装时不需要考虑各种避让措施；而在安装侧上块管片时，侧下块管片已经安装完成，侧上块的各种动作必须防止与已安装的侧下块管片发生干涉而造成管片损坏。因此，在安装侧上块管片时，主要动作还是通过上下移动、旋转和径向伸出等动作将管片安装到位；但在进行各个动作操作时，须经常查看是否与周围其他部件发生碰撞和干扰，如图5-19所示。

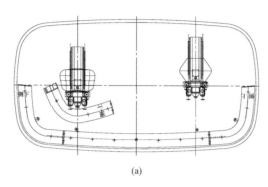

(a)

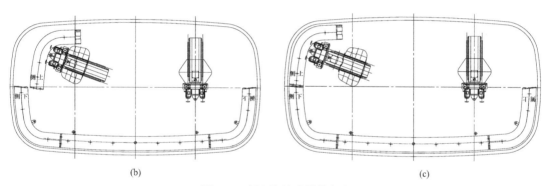

(b)   (c)

图5-19 侧上块管片拼装方法
(a) 起始状态；(b) 中间状态；(c) 最终状态

3）封顶块管片拼装方法

封顶块管片的安装方法与圆形盾构机的封顶块安装方法类似，也有纵向插入的动作。所不同的是，由于矩形盾构衬砌的封顶块较大，需使用两台拼装机完成上述功能。封顶块管片的起始状态如图5-20（a）所示，通过两台拼装机同时上升将封顶块管片顶推到位；然后，借助于盾构机的推进油缸将封顶块管片纵向插入至预定位置，封顶块管片的最终位置如图5-20（b）所示。

5.2.5 推进系统

推进系统由盾尾液压油缸和液压系统组成。

推进系统配备了大排量、高压力的变量泵，采用一台75kW的电机驱动。总计30只推进油缸，分为23只行程1400mm的短油缸和7只行程2150mm的长油缸，可产生52500kN总推力，可达到5cm/min的推进速度。

30只油缸分为4个区域（图5-21），推进油缸既能分区控制，也能单独控制。每个分区中各有一只油缸安装了行程传感器。可通过操作台上的触摸屏来调节每个区域中油缸的推进压力，形成基本导向装置系统。

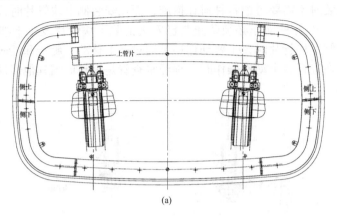

(a)

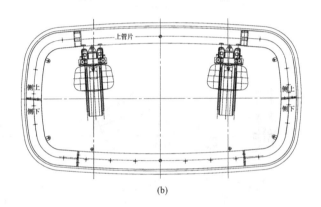

(b)

图 5-20 封顶块管片拼装方法
（a）起始状态；（b）最终状态

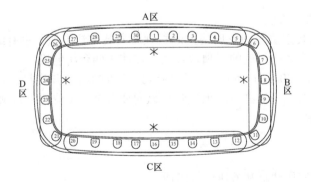

图 5-21 推进系统油缸分区图

5.2.6 防侧转装置

在矩形盾构施工过程中，由于土质不均匀、地面超载变化、盾构机的制造误差、施工

布置不合理或操作不当等方面的原因，矩形盾构机
在施工过程中往往会产生侧向偏转，如图5-22所示。

矩形盾构机发生侧转将直接影响管片拼装，同
时会造成隧道底平面的倾斜，影响正常使用功能。
为此，在矩形盾构施工过程中需要不断地对侧向偏
转进行纠偏，但过大的纠偏也会使周围地层扰动变
形而引起额外的地表沉降。所以，侧向偏转控制也
就成为矩形盾构施工过程中的重点和难点。

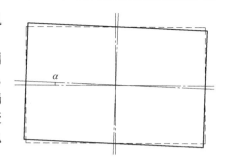

图5-22　矩形盾构机侧向偏转

在矩形盾构机施工中，泥垫纠偏是指当矩形盾
构机发生侧向偏转时，将高压泥流输送至矩形盾构机底面的泥垫充泥口，根据矩形盾构机
的偏转程度，在泥垫充泥口压力控制阀的控制下，将一定压力的高压泥流从泥垫充泥口喷
出，形成泥垫，对矩形盾构机产生一个力，也可以分别控制泥垫充泥口的高压泥流的喷
出，形成一个力偶，从而控制矩形盾构机的侧向偏转。

矩形盾构机泥垫纠偏装置包括砂土泵1台，泵体安装在支撑环内。砂土泵出土量为3m³/h，
最高出土压力为4MPa。切口环下部有两个孔连通盾构机壳体外侧，孔上方有一锥形泥垫底
座，泥垫底座上方有一个2寸球阀，需要注泥时启动砂土泵开关。泥垫纠偏装置侧视图和正
视图分别如图5-23和图5-24所示。

泥垫底座上安装有1个压力传感器和1个压力表，可以实时显示注入泥浆的压力，如图5-25所示。

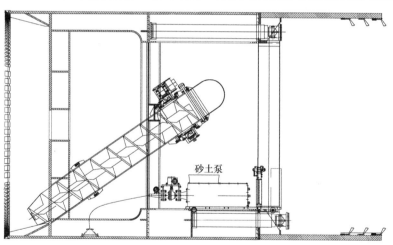

图5-23　泥垫纠偏装置侧视图

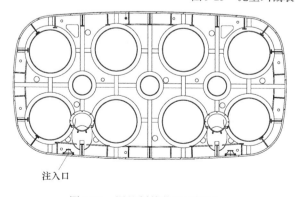

图5-24　泥垫纠偏装置正视图

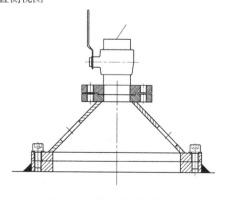

图5-25　泥垫纠偏装置细节

5.2.7 防背土装置

对于大断面矩形盾构机而言，由于矩形盾构机断面呈矩形或者近似矩形，在地下推进时极易发生背土现象。矩形隧道掘进机由于上部壳体的曲率半径大，几乎近似水平，在埋深较浅时，上部土体的卸载拱作用相对不明显，卸载拱高度以内的土体在自重作用下完全作用于矩形隧道掘进机的上表面，使得矩形隧道掘进机向前顶进时上部的土体的正压力较大。在软黏土地区，由于土体内黏粒比例大，矩形隧道掘进机上部的黏性土在较大正压力作用下牢固地附着在矩形隧道掘进机的上表面。当该部分土体与壳体的附着粘结强度大于与周围土体的摩擦力时，矩形隧道掘进机上部的大量黏性土形成背土，跟随设备一起向前移动。因此，出现背土的主要原因是黏土与盾构机壳体发生黏着。为了减少这种黏着效应，首先配备了减摩注浆系统，在机体外壳形成完整的减摩浆液薄膜，使得黏土难以粘附在盾构机的壳体上；其次采用新型防背土装置，通过机械的方式强行对大块背土进行切割，减轻背土现象。

1. 减摩注浆系统

为了达到较理想的减摩注浆效果，盾构机设置了两排减摩注浆孔，第一排设置了11个注浆口，第二排设置了6个注浆口。第一排注浆口分布于切口环四周，第二排注浆口分布于支撑环上部。

减摩注浆系统由浆液搅拌箱、挤压泵、压力表、2个2寸注浆总管、支撑环注浆环路系统和切口环注浆环路系统组成，如图5-26所示。

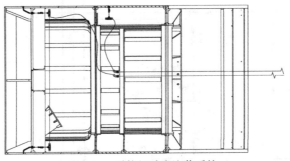

图5-26　盾构机减摩注浆系统

第一排注浆口靠近切口环前端，通过切口环帽檐内部，穿过胸板接入盾构机内部减摩注浆系统。共11个注浆口，分别为上部4个，左右各2个，下部3个。

切口环注浆环路系统由1根2寸注浆总管、2寸环管、11个三通、1根1寸支管和1寸球阀组成，如图5-27所示。

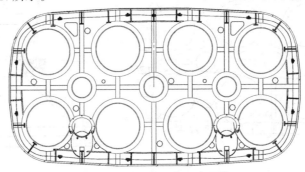

图5-27　切口环注浆环路系统

支撑环注浆环路系统由1根2寸注浆总管、2寸支管、6个三通、1根1寸支管和1寸球阀组成，如图5-28所示。

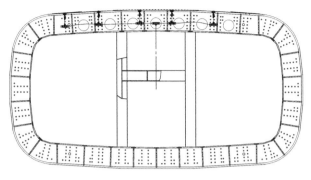

图5-28 支撑环注浆环路系统

2. 新型防背土装置

1）新型防背土装置的设计原理

发生背土的主要原因是由于矩形隧道掘进机的上部平坦部位与黏土的粘结力大于黏土自身的剪切强度，导致大块黏土跟随设备一起移动而形成背土。因此，通过在矩形隧道掘进机的上部增加特殊的机械装置，通过机械装置的运动将大块背土分割成若干小块背土，如图5-29（a）所示。由于机械装置的运动，使得与机械装置相粘结的背土与防背土装置发生脱离，如图5-29（b）中的阴影区域所示。上述两种效果使得掘进机上部的背土与壳体之间的粘结力变小，在周围土体的阻力作用下，无法跟随掘进机一起向前移动，从而达到减轻和消除背土的目的。

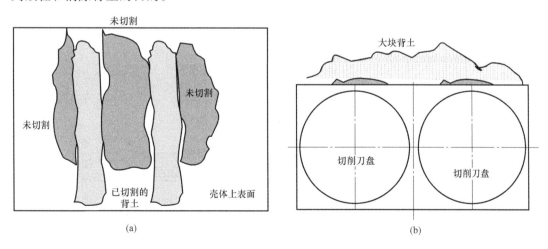

图5-29 新型防背土装置的工作原理
（a）大块背土被切割成小块背土；（b）大块背土下方与掘进机壳体部分脱开

2）新型防背土装置的结构组成

新型防背土装置包括了动力机构、传动机构和位于盾构机外壳上表面的执行机构，动力机构分别与执行机构和传动机构连接，动力机构固定于盾构机外壳的内壁上，动力机构通过传动机构驱动执行机构沿盾构机外壳的上表面移动。新型防背土装置的安装位置如图5-30所示，伸缩式防背土装置的结构图如图5-31和图5-32所示。

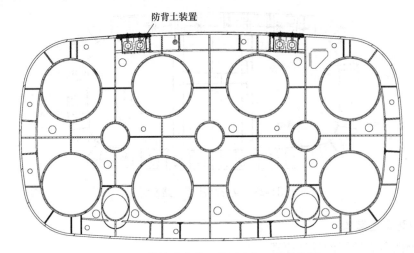

图5-30 伸缩式防背土装置在切口环处位置

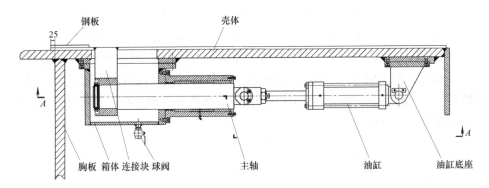

图5-31 伸缩式防背土装置结构的正视图

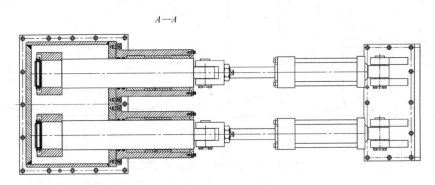

图5-32 伸缩式防背土装置结构的俯视图

动力机构和传动机构设于盾构机外壳的切口环内侧。动力机构包括了油缸和油缸支撑，油缸通过油缸支撑与盾构机外壳的内壁连接，油缸的活塞结构与传动机构连接。油缸上设有位移传感器，位移传感器与一个用于控制油缸运作的自动控制系统连接。传动机构包括主轴、连接块和箱体。主轴与动力机构连接，且由动力机构驱动实现移动，主轴通过连接块与执行机构固定连接，主轴和连接块位于箱体内侧，通过箱体内的空间连通至盾构机外壳的上表面。执行机构为钢板，覆盖盾构机的切口环、支承环和盾尾的上表面。图5-33（a）为钢板原始位置，图5-33（b）为钢板往后移动了一段距离，即钢板能够沿着盾构机前进方向移动。

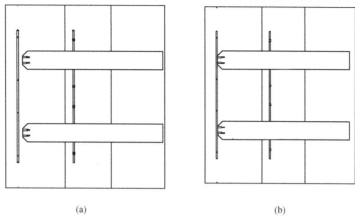

(a) (b)

图5-33　防背土装置的钢板工作状态
（a）原始位置；（b）移动后位置

5.3　矩形衬砌管片的设计、试验与生产

5.3.1　管片设计

1. 管片外形优化设计

为保证盾构隧道外围曲线的连续光滑，以满足施工与使用要求，隧道由拱顶圆弧、侧墙圆弧和四个角部的连接圆弧组成，圆弧在连接处是相切的。计算中以四个角部的圆弧半径为固定半径，然后将拱顶圆弧和侧墙圆弧与角部圆弧相切，将切点作为圆弧起点，通过调整拱顶圆弧和侧墙圆弧的半径，进而得到不同圆弧半径的隧道外形。拱顶圆弧的中心点与矩形隧道的顶部中心点在高度方向上的差记为f_1，将侧墙的圆弧中点与矩形隧道的腰部中心点在水平方向上的差记为f_2，如图5-34所示。

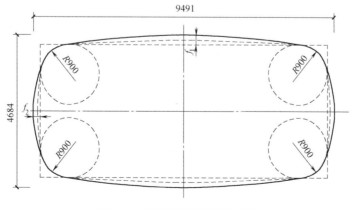

图5-34　管片外形优化设计方法

在讨论隧道外形对内力的影响时，采用全断面同一刚度进行计算。通过计算分析得出：采用具有弧度的衬砌环与采用完全矩形衬砌环相比，可以显著减少隧道的剪力与弯矩，其中对剪力的减少更为有利；隧道外形轮廓的改变对隧道所发生的轴力影响不明显；增大拱顶的f_1，可以减少所发生的最大弯矩；增大拱腰的f_2，对所发生的最大弯矩影响甚微；外形轮廓的设计必须与盾构机的切削覆盖率相匹配，两者要取得平衡。

2. 荷载与内力计算

设计计算中主要考虑的荷载有地面超载、结构自重、垂直和水平土压力、水压力、侧向地层抗力、地层反力、施工荷载（注浆压力、千斤顶顶力），并按照施工阶段和运行阶段可能出现的最不利荷载组合来进行结构强度和刚度计算。工况按照表5-6所示的工况组合表进行组合分析。

工况组合表				表5-6
工况组合表				
使用工况	工况1	最高水位	有地面超载	有内部行车荷载
	工况2	最高水位	有地面超载	无内部行车荷载
	工况3	最高水位	无地面超载	有内部行车荷载
	工况4	最高水位	无地面超载	无内部行车荷载
	工况5	最低水位	有地面超载	有内部行车荷载
	工况6	最低水位	有地面超载	无内部行车荷载
	工况7	最低水位	无地面超载	有内部行车荷载
	工况8	最低水位	无地面超载	无内部行车荷载
施工工况	工况9	最高水位	有地面超载	同步注浆荷载

3. 管片主断面设计

通过多次试验和专家论证，采用了六面覆盖钢板的钢筋混凝土复合管片结构，矩形管片断面如图5-35所示。

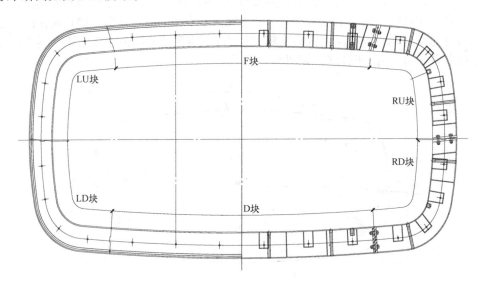

图5-35 矩形管片断面简图

分别对全断面同一刚度和考虑接头转动刚度两种模型进行内力分析，选取最不利情况进行主断面和接头的设计。

5.3.2 管片试验

1. 单体试验

复合管片通过管片试验反力架（图5-36）进行了单体抗弯试验（图5-37）、接头抗弯试验（图5-38）与抗剪试验（图5-39），主要测试在荷载作用下接头的转角刚度。

2. 整环足尺试验

通过整环足尺试验，验证管片成环后的整体受力情况。采用对称张拉自平衡体系和竖向反力架进行混合加载的整环试验方法，模拟了结构重力效应和弹性地基边界条件。如图5-40所示。

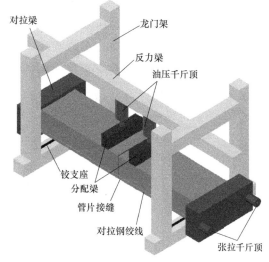

图5-36 管片试验反力架模型

通过对关键位置结构位移和结构应变的比较分析得出，在加载过程和到达设计工况时，试验结果和有限元计算匹配，模型能很好地反映结构的变形和应力情况。在施加螺栓预紧力后，衬砌结构收敛位移和接缝张开明显减小，在螺栓预紧力提高的初始阶段，衬砌结构变形性能改善明显。

图5-37 单体抗弯

图5-38 接头抗弯图

图5-39 接头抗剪图

图5-40 直立式整环试验

3. 管片浇筑试验

通过超声探伤和外壳切割检验混凝土充填率，验证了封闭条件下复合管片内部混凝土浇筑工艺，如图 5-41 和图 5-42 所示。

防水试验检验防水效果，如图 5-43 所示。

图 5-41 混凝土充填试验

图 5-42 浇筑检验

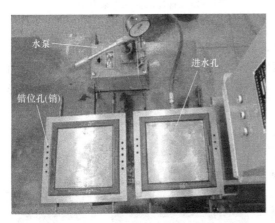

图 5-43 防水试验

5.3.3 管片生产

1. 钢管片制作

1）准备工作。端板铣止水条凹槽，画线定位手孔板位置并焊接手孔板（全焊），二次机械加工铣端板平面、凹凸榫槽、钻螺栓孔；环板手孔画线定位点焊，栓钉焊接；内外弧板卷板到设计弧度，栓钉焊接。

2）内弧胎架上端板定位，环板定位，放置中隔板，盖外弧板（连接均采用点焊），如图 5-44 所示。

3）前道工序的初加工部件从内弧胎架上翻身到外弧胎架，放置加劲三角板、预埋件（注浆管、吊装孔等）并焊接，外弧板内侧焊缝（双面焊）以及隔板焊接，盖内弧板并焊接，自然冷却，如图 5-45 所示。

图 5-44 上端板定位

图 5-45 侧板内侧焊接

4）翻回到内弧胎架，焊接外弧板外侧焊缝以及隔板剩余部分。端板重新定位，修正因焊接变形导致的端板位置不准确。前道工序的部件自然冷却后吊出胎架，侧板外侧焊接如图5-46所示。

5）焊环板上的手孔板及端板，焊接端板时要用一个刚度较大的板构件与端板贴合并有效连接（图5-47），强制辅助端板定形，防止焊接变形。

图5-46　侧板外侧焊接　　　　　　　　　　　图5-47　焊接端板

6）制作过程中注意事项：考虑钢材焊接收缩变形，胎架端板定位应预留余量，横向环板间也应预留约2mm的余量；内外弧板焊接时应注意焊接方法及焊接顺序，即从两头端板向中间焊、两边环板平行焊接，防止不均匀收缩变形；栓钉焊接时，应检查栓钉是否有假焊或不完整的碰焊，如果有需要及时补焊；焊接时一定要将环板锁定在靠山上，防止变形；每步焊接完成后，需等完全自然冷却后方能从胎架上拆下。

2. 管片预拼装

预拼装工作既是对管片准确性的检查，又是对胎架标准度的验证，所以预

图5-48　管片试拼装

拼装工作最为关键。在预拼装过程中可看出每块管片的制作及胎架的准确性，及时发现问题并修正胎架，如图5-48所示。

3. 混凝土浇筑

混凝土应填充密实，尤其注意填充死角，但应避免过度振动，防止产生分层现象。上部孔隙采用注浆方式填充。

4. 涂装

除锈喷砂后应及时喷涂底漆并达到设计厚度要求，中间漆、面漆采取高压喷涂方式。由于面漆较厚，需要分层喷涂。每层涂完后，需要等油漆晾干后方能进行下一层的涂装，且尽量做到涂刷厚度均匀、无杂质，如图5-49和图5-50所示。

图5-49　中间漆涂装　　　　　　　　　　　图5-50　面漆涂装

5.4　矩形盾构施工关键控制点

矩形盾构施工关键控制点主要有矩形盾构始发施工、矩形盾构掘进施工和矩形盾构接收施工。

5.4.1　矩形盾构始发施工

1. 矩形盾构洞口地基加固

矩形盾构洞口地基加固一般采用水泥系加固。当外部环境制约导致水泥系加固无法满足工程要求时，宜采用水泥系加冻结的复合地基加固处理工法。

地基加固长度需满足土体自立性的要求，一般要求超过盾构机长度，宽度为洞圈外3m，深度为地面至洞圈底下3m。

2. 矩形盾构始发区域场地布置

矩形盾构场地布置需满足盾构机下井的要求，规划好管片堆放场地、集土坑、仓库等。管片下井采用行车或履带起重机，如图5-51所示。

图5-51　典型场地布置图

3. 矩形盾构机组装与调试

矩形盾构机组装前需对拼装机、推进单元等进行调试，确保各子单元有效工作，如图5-52所示。组装时需满足以下要求：结构件组装定位准确；结构件的连接螺栓应按照设计扭矩和操作规程拧紧并复核；液压管线保持清洁、整齐；电缆连接牢固；组装完成后，调试通电前应进行电气试验，保证系统安全运行。盾构机通电后应进行系统空载调试，应包括分系统调试、联动调试、整机调试，并确认安全联锁功能完好，如图5-53所示。

图5-52　拼装机调试　　　　　　　　　　图5-53　空载调试

5.4.2　矩形盾构掘进施工

矩形盾构掘进应确保开挖面土体稳定，选择合理的土压力、掘进速度，控制好掘进姿态，避免大幅度纠偏，调节防背土设备和同步注浆施工参数，减小后方沉降。

1. 土压平衡模式的实现

根据矩形盾构面板上下左右设置的土压力计反馈的数值，参考自动化环境监测数据动态调整土压力，如图5-54所示。

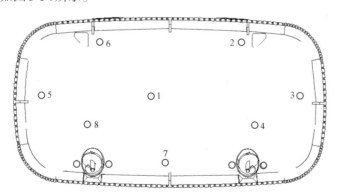

图5-54　矩形盾构土压力计分布图

土压平衡模式掘进时，将刀具切削下来的土体充满土仓，由盾构机的推进、挤压而建立起压力，利用这种泥土压与作业面地层的土压与水压的平衡，同时利用螺旋输送机进行与盾构推进量相适应的排土作业，始终维持开挖土量与排土量的平衡，以保持开挖面土体的稳定。

1）土压平衡模式下土仓压力的控制方法

土仓压力控制采取以下两种操作模式：一种是通过螺旋输送机来控制排土量的模式，即通过土压传感器检测，改变螺旋输送机的转速控制排土量，以维持开挖面土压稳定的控制模式，此时盾构机的推进速度人工事先给定；另一种是通过推进速度来控制进土量的模式，即通过土压传感器检测来控制盾构千斤顶的推进速度，以维持开挖面土压稳定的控制模式。此时螺旋输送机的转速人工事先给定。掘进过程中根据需要可以不断切换控制模式，以保证开挖面的稳定。

2）掘进中排土量的控制

排土量的控制是盾构在土压平衡模式下工作的关键技术之一。根据对渣土的观察和监测的数据，要及时调整掘进参数，不能出现出渣量与理论值出入较大的情况。一旦出现，立即分析原因并采取措施。

渣土的出土量必须与掘进的挖掘量相匹配，以获得稳定而合适的支撑压力值，使掘进机的工作处于最佳状态。当通过调节螺旋输送机转速仍达不到理想的出土状态时，可以通过改良渣土的可塑状态来调整。

3）土压平衡模式的技术措施

技术措施主要有：控制土压力，采用土压平衡模式掘进，严格控制出土量，确保土仓压力，以稳定开挖面来控制地表沉降；向土仓和刀盘面注入泥浆、泡沫和膨润土来改善土体的流动性，防止泥土在土仓内粘结，以使土仓内的压力稳定平衡；采用不等螺距式螺旋排土机，以降低排土口的水压力，防止排土口喷涌；定期使螺旋输送机正反转，保证螺旋输送机内畅通，不发生堵塞。

2. 隧道轴线控制

盾构推进会产生一定的偏差，当这种偏差超过一定界限时可能使隧道衬砌侵入限界，因此盾构施工中必须采取有效技术措施控制掘进方向，及时有效纠正掘进偏差。

1）盾构掘进方向控制

采用盾构机自带自动导向系统和人工测量辅助进行盾构姿态监测。该系统配置了导向、自动定位、掘进程序软件和显示器等，能够实时在盾构机主控室动态显示盾构机当前位置与隧道设计轴线的偏差以及趋势。据此调整控制盾构机掘进方向，使其始终保持在允许的偏差范围内。随着盾构推进，导向系统后视基准点需要前移，必须通过人工测量来进行精确定位。为保证推进方向的准确可靠，每推进一环进行一次人工测量，以校核自动导向系统的测量数据并复核盾构机的位置、姿态，确保盾构掘进方向的正确。

采用分区操作盾构机推进油缸来控制盾构掘进方向。推进油缸按上、下、左、右分成四个组，每组油缸都有一个带行程测量和推力计算的推进油缸，根据需要调节各组油缸的推进力，控制掘进方向。

在上坡段掘进时，适当加大盾构机下部油缸的推力；在下坡段掘进时，则适当加大上部油缸的推力；在左转弯曲线段掘进时，则适当加大右侧油缸推力；在右转弯曲线掘进时，则适当加大左侧油缸的推力；在直线平坡段掘进时，则尽量使所有油缸的推力不产生大的差值。

2）盾构掘进姿态调整与纠偏

在实际施工中，由于各种原因，盾构机推进方向可能会偏离设计轴线并超过管理警戒值；在稳定地层中掘进，因地层提供的滚动阻力小，可能会产生盾体滚动偏差。

分区操作推进油缸来调整盾构机姿态，纠正偏差，将盾构机的方向控制调整到符合要求的范围内。当掘进过程中发生侧转，可以通过改变刀盘转动方向纠偏、采用纠偏千斤顶纠偏、采用单侧压重纠偏等常规防侧转技术，也可以通过泥垫式防侧转纠偏装置，利用高压泥浆来纠正矩形盾构机的侧向侧转。一般纠偏逐步进行，不能一次到位。每环的纠偏量在水平方向上不超过6mm，在竖直方向上不超过5mm。

3）方向控制及纠偏的注意事项

在切换刀盘转动方向时，应保留适当的时间间隔，切换速度不宜过快，切换速度过快，可能造成管片受力状态突变而使管片损坏；根据地层情况应及时调整掘进参数，调整掘进方向时，应设置警戒值与限制值。达到警戒值时，及时启动纠偏程序；推进油缸油压的调整不宜过快、过大，否则可能造成管片局部破损甚至开裂；确保拼装质量与精度，以使管片端面尽可能与计划的掘进方向垂直。

3. 管片拼装

管片拼装对通道工程质量至关重要，将影响通道的使用寿命及防水效果。管片在出厂时须经严格的质量检验，并达到设计强度。管片进入现场后，堆放不得超过三层，并在每层之间搁置点处设置木衬垫。搁置点应上下对齐。凡有缺角、损边、麻面的管片不得下井拼装。管片通过履带式起重机吊至井下管片车上，然后通过管片车运输至拼装机作业面。

1）管片安装程序

管片安装工艺流程图如图5-55所示。

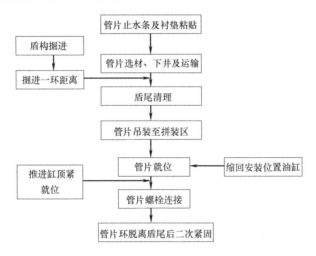

图5-55 管片安装工艺流程图

2）管片安装方法

管片由管片车运到隧道内后，由专人对管片类型、龄期、外观质量和止水条粘结情况等项目进行最终检查，检查合格后才可卸下。管片按安装顺序放到管片输送机上。掘进结束后，再由管片输送机送到管片拼装机工作范围内等待安装。

管片安装首先必须从隧道底部开始，然后依次安装相邻块，最后安装封顶块。安装第一块管片时，用水平尺与上一环管片精确找平。在拼装底块时，首先两台拼装头分别夹紧管片上的两个吊耳，然后同时提升，将底块以双机抬吊的形式抬起，然后向下移动，将底块放置于预定位置，如图5-56所示。

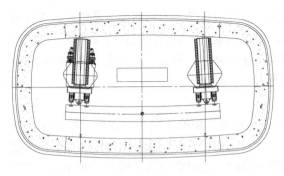

图 5-56　拼装底块提升

拼装侧块时，拼装头处于倾斜位置，由送片车将侧块送至拼装头下，待拼装头抓紧管片后，送片车离开。整个拼装机通过整机提升，横臂旋转和伸出等一系列动作将侧块拼装到预定位置。然后通过人工进行管片微调，使管片就位。侧块的拼装过程如图 5-57 所示。

封顶块安装前，对止水条进行润滑处理，先与邻接块搭接 700mm，然后纵向插入成环。

拼装顶块时，两个拼装机进行无负荷旋转，保持拼装机头朝上位置，待抓紧管片后，使用双机抬吊的方式将管片提升；然后，使用推进油缸将顶块推入至预定位置，如图 5-58 所示。

管片块安装到位后，应及时伸出相应位置的推进油缸顶紧管片，其顶推力大于稳定管片所需力，达到规定要求，然后方可移开管片拼装机。

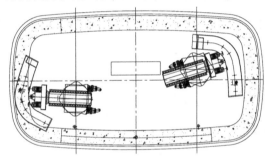

图 5-57　拼装侧块

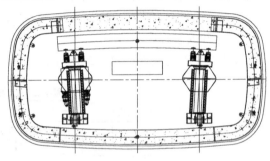

图 5-58　拼装顶块

管片安装完后，在管片脱离盾尾后要对管片连接螺栓进行二次紧固。管片脱出盾尾后，在自重和土压作用下产生变形，给管片螺栓安装带来困难，利用保持器上的千斤顶对管片进行临时支撑，保证下环管片的成环拼装。管片形状保持器如图 5-59 所示。

3）管片拼装质量控制

成环环面质量控制要求：环面不平整度小于 2mm，相邻环高差控制在 6mm 以内。安装成环后，在纵向螺栓拧紧前，进行衬砌环测量。管片拼装允许偏差和检验方法见表 5-7。

图 5-59　管片形状保持器工作图

管片拼装允许偏差和检验方法　　　　表 5-7

检验项目	允许偏差(mm)		检验方法	检查频率
	地铁隧道	公路隧道人行隧道		
竖向高度收敛	$\pm4‰D_h$(隧道内净高)	$\pm5‰D_h$(隧道内净高)	尺量后计算	4点/环

续表

检验项目	允许偏差(mm)		检验方法	检查频率
	地铁隧道	公路隧道人行隧道		
相邻管片径向错台	5	6	尺量	4点/环
相邻环环面错台	6	7	尺量	4点/环

止水条及衬垫粘贴前，应将管片进行彻底清洁，以确保其粘贴稳定牢固。施工现场管片堆放区应有防雨设施。管片安装前应对管片安装区进行清理，清除污泥、污水，保证安装区及管片相接面的清洁。严禁非管片安装位置的推进油缸与管片安装位置的推进油缸同时收缩。管片安装时必须运用管片拼装机的微调装置将待装管片与已安装的相邻管片内弧面平顺相接，以减小错台。调整时动作要平稳，避免管片碰撞破损。

4. 同步注浆和跟踪注浆

矩形盾构掘进注浆采用盾尾同步注浆。同步注浆是充填土体与管片间的建筑间隙和减少后期沉降的主要措施，也是推进施工中的一道重要工序。同步注浆系统由储浆桶（含搅拌器）、注浆泵、注入管、注入控制装置等组成。

随着盾构推进，脱出盾尾的管片与土体间出现"建筑空隙"，该空隙用浆液通过设在盾尾的压浆管予以充填。由于矩形盾构断面大，管片与土体间的空隙量也较大，矩形盾构逐步推进，管片与土体之间的理论空隙量也逐步增大。由于压入衬砌背面的浆液会发生失水收缩固结，部分浆液会劈裂到周围地层中，另外由于曲线推进、纠偏或盾构机抬头等原因，使得实际注浆量要超过理论建筑空隙体积。因此，矩形盾构对盾尾注浆的性能要求、后期收缩量、地面沉降的控制要求都较高。

同步注浆的注浆量一般设定为"建筑空隙"的140%～180%。注浆压力是根据地层的土压力、水压力、管片强度及地面监测情况综合判断而设定的，注浆压力和注浆量的控制应确保充填全部建筑空隙。

注浆量压力过大，会引起地面隆起、浆液从盾尾窜入而出现盾尾漏浆、浆液从盾构机外壳与土体之间的孔隙流入土仓、管片出现受压变形或被损坏；注浆压力过小，则出现注浆的填充速度很慢，注浆量不足，使地表变形增大。

在矩形盾构施工中，同步注浆注入量即使完全按照设定值注入，也不能完全控制住地面沉降值。为此，在盾构施工过程中需采用跟踪注浆来填充空隙，以减少后期沉降。注浆材料可采用单液水泥浆，有时为了使浆液较快凝固，也可采用水泥—水玻璃双液型浆液。

5.4.3 矩形盾构接收施工

其工作内容包括：盾构机定位及接收洞门位置复核测量、洞门密封的安装、接收基座的安装、盾构接收等。盾构接收施工流程图如图5-60所示。

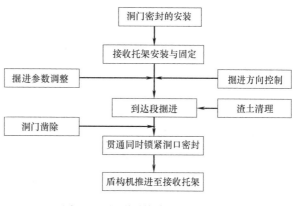

图5-60 矩形盾构接收施工流程图

1. 盾构机定位及接收洞门位置复核测量

在盾构机推进至接收井范围时，对盾构机的位置进行准确的测量，明确成洞隧道中心轴线与隧道设计中心轴线的关系，同时对接收洞门位置进行复核测量，确定盾构机的贯通姿态及掘进纠偏计划，综合这些因素，在隧道设计中心轴线的基础上适当调整。

2. 洞门密封的安装

为防止盾构机始发时推出的渣土损坏帘布橡胶板，洞门防水装置在洞门第一次凿除的渣土被完全清理干净后安装。密封橡胶帘布安装如图5-61所示。

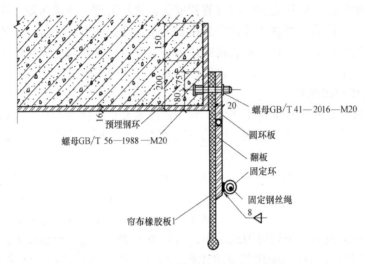

图5-61 密封橡胶帘布安装示意图

3. 接收基座的安装

接收基座的中心轴线应与隧道设计轴线一致，同时还需要兼顾盾构机到达姿态。接收基座的轨面标高除适应于线路情况外，适当降低20mm，以便盾构机顺利上基座。为保证盾构刀盘贯通后拼装管片有足够的反力，将接收基座以盾构始发方向+5‰的坡度进行安装。要特别注意对接收基座的加固，尤其是纵向的加固，保证盾构机能顺利到达接收基座上。

4. 盾构接收

在盾构切口距洞门50cm时，停止盾构推进，尽可能出空土仓内的泥土，使洞门正面的压力降到最低值，确保混凝土洞门的安全。洞门钢筋网片清理完毕后，盾构开始推进。由于刀盘已出洞圈，前方无土层存在，故此时推进无出土，每推进1m应立即拼装管片，尽可能缩短接收时间。当盾构机露出刀盘后停止推进，立即在主体结构预埋的洞口钢环上与盾壳之间焊接一整圈弧形钢板，焊接完毕后用速凝水泥封堵弧形钢板、管片、钢圈之间的缝隙。

第一次进洞完成，待浆液达到一定强度后开始第二次进洞。伸长千斤顶，直到将盾构机全部推出，第二次进洞结束。

刀盘距围护结构2~3环时，如发现地层含水量大，可通过盾构机支撑环的注浆孔在盾体外侧注聚氨酯，聚氨酯可填充盾体四周间隙形成一圈止水带，以防止发生喷涌现象。如发现刀盘与围护结构间发生喷涌，同样通过支撑环的注浆孔注入双液浆，形成密封环，逐渐阻止喷涌。

5.5　工程案例1——虹桥临空11-3地块地下连接通道工程

5.5.1　概况

1. 工程概况

矩形盾构隧道首次应用于虹桥临空11-3地块地下连接通道工程。本工程位于福泉北路下，是虹桥临空11-3地块与10-3地块的连接通道（下穿福泉北路），其位置如图5-62所示。隧道建成后交通对象以小型车辆为主，兼顾两地块之间行人穿行。本工程由2个工作井和1段矩形盾构隧道组成，盾构隧道长约30m，其纵断面图与平面图分别如图5-63和图5-64所示。

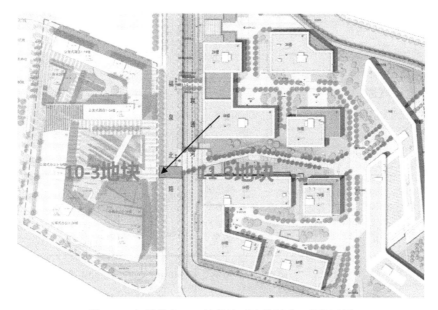

图5-62　虹桥临空11-3地块地下连接通道工程位置图

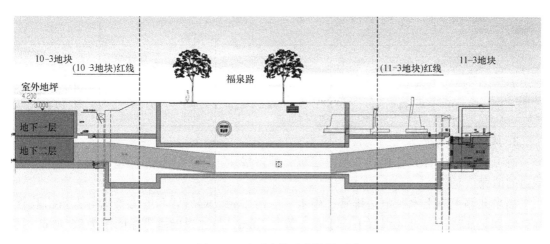

图5-63　地下连接通道纵断面图

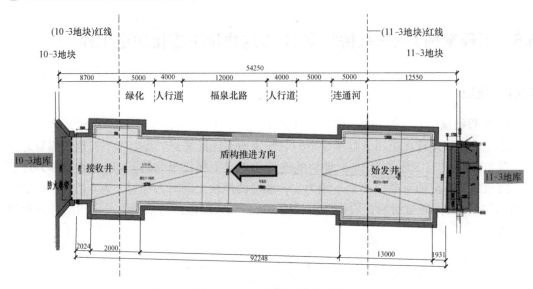

图 5-64　地下连接通道平面图

2. 工程地质概述

隧道主要通过的地层为③2灰色砂质粉土与④灰色淤泥质黏土。土层的物理参数见表5-8。

土层的物理参数　　　　　　　　　　　　　　　　　　　表5-8

层序	土层名称	固结快剪(峰值)		静止侧压力系数试验值K_0	渗透系数建议值K（cm/s）	十字板剪切试验	
		c(kPa)	ϕ(°)			峰值强度$(c_u)v$(kPa)	剩余强度$(c_u)v'$(kPa)
②	褐黄-灰黄色粉质黏土	20	19.5	0.45	2.0×10^{-6}	30.4	9.9
③1	灰色淤泥质粉质黏土	12	17.5	0.45	5.0×10^{-6}	31.2	7.3
③2	灰色砂质粉土	4	29.0	0.37	3.0×10^{-4}	—	—
④	灰色淤泥质黏土	11	11.0	0.58	2.0×10^{-7}	27.1	6.6
⑤1	灰色黏土	14	13.0	0.56	4.0×10^{-7}	32.8	10.4

3. 周边环境情况

通道两边已建有11-3和10-3地块建筑，预留接口，图5-65和图5-66反映了两个地块周边的情况。

福泉北路上有上水、电信排管、雨水管、污水管、煤气管和电力排管等大量市政管线，特别是离隧道最近的混凝土雨水管，管径1.8m，与通道的垂直净间距为965mm。具体管线分布如图5-67所示。

图5-65　11-3地块周边情况图

图5-66　10-3地块周边情况图

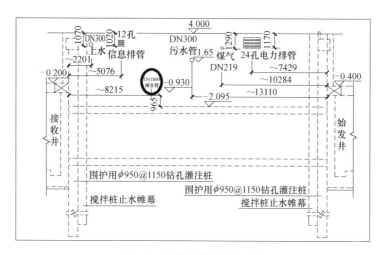

图5-67　福泉北路管线分布图

5.5.2　主要技术路线

为保护ϕ1800雨水管，通道采用矩形盾构法实施。通道两侧分别施工始发井和接收井，待隧道贯通后与11-3和10-3地下车库连接。始发井及接收井围护形式采用ϕ950@1150钻孔灌注桩+ϕ850三轴搅拌桩止水帷幕形式。

始发井上方为联通河，需进行断流回填后方能实施。始发井顶板封闭后，恢复联通河。

5.5.3　主要工艺和方法

1. 盾构始发和接收地基加固

矩形盾构接收和始发地基加固需满足自立性及止水性。始发加固采用ϕ850@600三轴水泥土搅拌桩加固形式，近洞门侧密插H型钢，沿通道轴线方向加固6m，加固深度为19m。驳岸的桩基需要拔除后才能实施端头井加固。

接收加固沿通道轴线方向加固4m，因存在管线，采用高压旋喷桩加固形式，加固深度为19m。在基坑外盾构始发、接收两侧，各布置两个应急降水井。

2. 始发止水套箱的设置

矩形盾构始发前需在洞口设置专用的止水套箱，采用两层橡胶密封垫，以满足洞门打开时水土的密封，如图5-68所示。

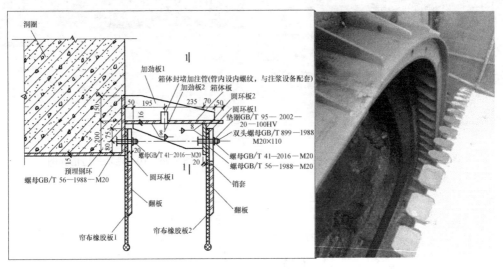

图5-68　始发止水套箱

3. 负环管片安装

负环管片采用和正环同尺寸的复合管片，5环开口环，6环闭口环。采用两环小型三角传力管片，将上部封顶块的顶力传至邻接块，确保了上部有足够的净空满足大尺寸管片的下井，如图5-69所示。

4. 盾构推进参数调整

1）土压力调整

矩形盾构初始土压力按照土力学模型进行计算，再根据监测数据进行调整。本工程除常规布设的地面和管线监测外，为了掌握矩形盾构始发时对地层的扰动，在矩形盾构的上方钻孔布置变形测量传感器，如图5-70所示。水平监测孔长约10m，实时采集地层变形数据，指导盾构控制参数。图5-71为水平监测孔内关节式传感器示意图。

图5-69　负环管片安装

图5-70　水平监测孔钻孔

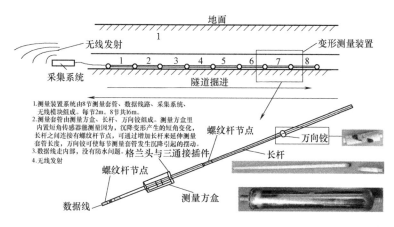

图5-71 水平孔内关节式传感器

在直径1.8m的雨水管内布设变形自动化监测系统存在很大的挑战，既要考虑防水的要求，还要考虑水流动对监测系统精度的影响。本项目采用了特殊定制的内置式监测仪器，精确、实时、全过程反馈隧道上方近距离管线的竖向和水平位移。数据采集过程中，考虑雨水管抽排水的因素，采用滤波的方法直观地反映了雨水管的实时变形，如图5-72所示。

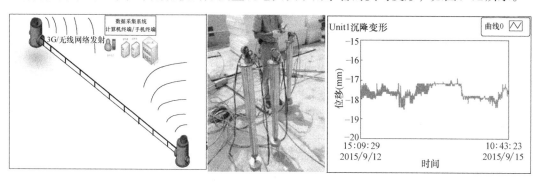

图5-72 雨水管实时变形

2）盾构机姿态调整

根据水平、高程偏差，通过调整分区千斤顶的推力比例调整盾构机姿态，勤测勤纠，严禁急纠和过量纠偏。

矩形盾构机侧转角偏差如图5-73所示。

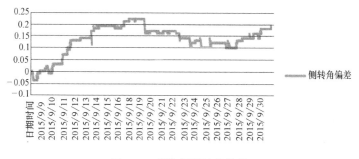

图5-73 盾构机侧转角偏差

当矩形盾构机侧转角发展超过预警值时，采取的泥垫装置（图5-74）和楔形板（图5-75）进行纠正。

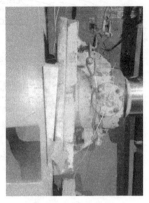

图5-74 泥垫口盖板   图5-75 楔形板

3）防背土作业

矩形盾构机推进过程中，综合采用减摩注浆和防背土装置，以减少平坦的盾构机头的背土，减小了机头通过时土体的沉降。

4）同步注浆

本工程采用干混砂浆作为同步注浆材料，配合比见表5-9。

同步注浆用干混砂浆配合比（质量百分比，单位：%）   表5-9

细骨料	粉煤灰	膨润土	消石灰粉	外加剂
70～80	15～25	3～6	3～6	0.1～0.3

采用的同步注浆用干混砂浆的技术指标见表5-10。

同步注浆用干混砂浆的技术指标   表5-10

项目		技术指标
外观		均匀一致，无结块
坍落度（mm）	初始	120~220
	24h	≥40
湿表观密度（g/cm³）	初始	≥1.9
压力泌水率（%）	初始	≤7.5
抗剪强度（Pa）	24h	≥900

5. 管片拼装

本次矩形盾构管片采用钢混复合管片，每环管片分为六分块，包括拱底块、两侧下块、两侧上块、封顶块。

现场场地狭小，采用50t履带式起重机作为管片下井和土方吊运的主要设备，现场管片两层堆叠，管片间用木条分隔。管片下井如图5-76，管片堆放如图5-77所示。

图5-76　管片下井

图5-77　管片堆放

管片在下井前需粘贴三元乙丙橡胶止水带，外侧附加遇水膨胀橡胶止水带，要求密贴，无空鼓，如图5-78所示。

图5-78　止水带的粘贴

管片拼装采用通缝拼装形式，如图5-79所示。

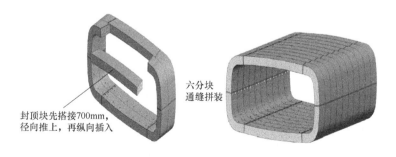

图5-79　管片通缝拼装

衬砌之间采用通缝拼装，由下而上，按拱底块→侧下邻接块→侧上邻接块→封顶块的顺序进行。拼装封顶块时，先与邻接块搭接700mm，然后纵向插入成环。

管片拼装可采用自动拼装模式或手动拼装模式，如图5-80所示。精细调整管片的6个自由度，满足隧道纵径和横径的偏差要求。

矩形盾构机管片拼装时，螺栓需施加预紧力3300N·m，为此，采用液压扳手进行螺栓拧紧。螺栓安装时，螺栓应自由穿入螺孔内，不得敲击螺栓强行穿入孔内，以免造成螺纹损伤和孔壁翻边。如图5-81所示，先初步拧紧纵、环向螺栓，并在每环管片拼装结束后立即采用专用液压扳手对螺栓施加预紧力。

图5-80　管片拼装图　　　　　　　　　　图5-81　螺栓拧紧图

在推进下一环时，应对相邻已成环的3环范围内管片螺栓进行全面检查，并在千斤顶顶力的作用下，复紧纵、环向螺栓。隧道贯通后，再次对各环管片的纵、环向螺栓进行复拧。

管片拼装完成后，测量隧道的横纵径，并在后续推进过程中持续监测隧道的收敛变形。

6. 矩形盾构机接收

当矩形盾构机刀盘靠上围护结构时，盾尾位置开始满堂环箍注浆。注浆量应确保管片外侧间隙填充密实。盾尾进入围护结构以后，及时在脱出盾尾环进行聚氨酯注浆，以辅助止水。图5-82是盾构机机头破土而出的情形。在矩形盾构机机头完全脱离洞门后，应及时封闭洞门。

图5-82　盾构机机头破土而出

5.5.4　主要使用的设备

工程采用上海建工机施集团研制的国内首台大断面矩形盾构机RS1010-1施工。该盾构机为土压平衡式盾构机，截面尺寸为10.1m×5.3m。本体由切口环、支承环、盾尾组成，可分节运输。盾构机下井如图5-83，盾构机拆解如图5-84所示。

图5-83　盾构机下井　　　　　　　　　　　图5-84　盾构机拆解

1. 土压平衡系统

该矩形盾构机控制计算机PLC系统，根据采集的土压力反馈数据、推进速度、地面沉降等状况，通过液压驱动变量泵比例阀控制双螺旋输送机的转速变化，从而有效地控制密封仓内土压，并使其与开挖面水土压力相平衡。实施控制时选择手动或自动模式，通过计算机PLC主站驱动液压比例阀对双螺旋输送机进行转速控制。图5-85为驾驶室内调整盾构机参数。

2. 刀盘形式

刀盘布置采用8大3小模式，如图5-86所示。

图5-85　调整盾构机参数　　　　　　　　　图5-86　盾构机刀盘布置

3. 排土系统

本工程矩形盾构机配备ϕ700mm双螺旋机出土（图5-87），具有一定的排障能力。在盾构穿越老防汛墙时，遇到未完全清除的防汛墙石块，通过循环正反转的方法将石块排出，如图5-88所示。

图 5-87　盾构双螺旋机布置

图 5-88　螺旋机排出的驳岸碎石

4. 管片拼装系统

盾构机采用立柱式拼装机，能满足大封顶块的拼装要求，如图 5-89 所示。

5. 推进系统

矩形盾构机配备液压油缸。液压油缸包括底座、缸体、连接部分和靴板。其中，油缸底座安装在壳体的前端，而靴板在推进过程中直接靠在已安装好的管片侧面上，如图 5-90 所示。

图 5-89　立柱式拼装机

图 5-90　盾构机液压油缸

6. 同步注浆系统

管片与土体之间的理论空隙量约为 $5.14m^3$，若每环同步注浆量按照理论空隙的 150% 控制，则每环需注入 $7.7m^3$ 浆液。

由于同步注浆是通过盾构机上的两台普茨迈斯特泵注入到管片与土体之间的空隙中，而每台普茨迈斯特泵的流量为 $2×6m^3/h$，则普茨迈斯特泵向每环同步注浆注入所需时间为：

$$7.7 \div 24 = 0.33h \approx 20min$$

即推进一环的时间应不小于 20min，推进速度则不应超过 5cm/min。

7. 伸缩式防背土装置

在注减摩浆的基础上，增加防背土装置，考虑到把背土分层，即把整个盾构机断面上的大块背土分割成长条状的小块，使得背土现象减少，达到对施工环境的保护作用。伸缩式防背土装置外置板如图 5-91 所示。

通过人机对话触摸屏和操作台控制面板进行参数设置和操作。在人机对话触摸屏上进行各类初始参数的设置，以及手动、自动模式和同步控制的选择，液压泵站的启动和监控等。在操作台控制面板上进行防背土板的伸缩启动、手动操作，如图5-92所示。

图5-91 伸缩式防背土装置外置板

5.5.5 实施效果

矩形盾构机在推进过程中，全程姿态可控，隧道轴线稳定，管片拼装质量良好、无渗漏点，隧道收敛满足设计要求。图5-93是盾构机到达工作井的状况。地表沉降为 $-25\text{mm}<\varDelta<5\text{mm}$；$\phi1800$ 雨水管位移小于10mm。隧道贯通状态如图5-94所示，隧道运营状态如图5-95所示。

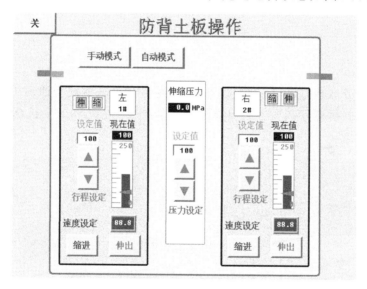

图5-92 防背土板操控界面

图5-93 矩形盾构机到达工作井

图5-94 隧道贯通状态

图5-95　隧道运营状态

5.6　工程案例2——上海虹桥商务区核心区（一期）与中国博览会会展人行地下通道工程

5.6.1　概况

1. 工程概况

上海虹桥商务区核心区（一期）与中国博览会会展人行地下通道工程（以下简称会展通道）位于虹桥商务区核心区与中国博览会会展中心之间，全长693m。工程位置如图5-96所示。

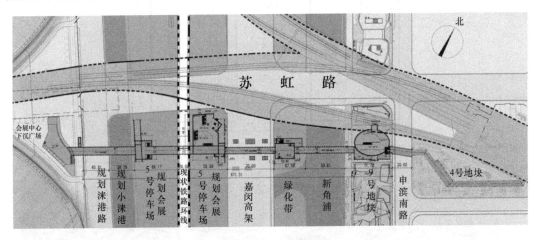

图5-96　会展通道位置图

会展通道下穿华翔路及嘉闵高架，地面和高架交通繁忙，会展通道立面图如图5-97所示。

本工程穿越嘉闵高架段长度为83.95m，隧道内净尺寸为8.65m×3.85m，隧道最大覆土厚度为8.0m，隧道距南侧高架承台5.08m，距北侧高架承台3.96m。华翔路下方市政管线众多，有电力、雨水、通信、污水、给水、燃气等，与雨水管最小净距仅2m，如图5-98所示。

2. 工程地质概述

会展通道拟建场地地势总体较为平坦，场地高程在4.0～8.0m，工程地貌为滨海平原地貌类型。地层分布和特性见表5-11。

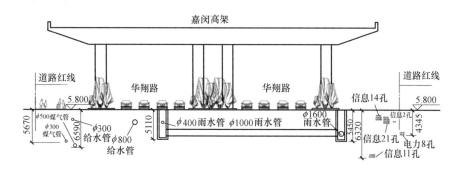

图5-97　会展通道立面图

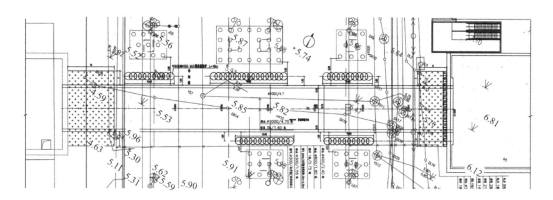

图5-98　会展通道周边管线图

地层特性表　　　　　　　　　　　　　　　　　　　　　　　　　　表5-11

土层号	土层名称	层厚(m)	层底标高(m)	状态
①1	填土	1.20～2.30	2.17～2.89	松散
②1	黄色、灰黄色粉质黏土	0.60～2.10	0.38～1.57	可塑～软塑
②3	灰色粉砂	2.80～4.20	−3.11～−2.42	松散
③	灰色淤泥质粉质黏土	2.10～6.60	−5.22～−5.03	流塑
④	灰色淤泥质黏土	6.30～7.00	−12.03～−11.51	流塑
⑤1	灰色黏土	11.00～11.10	−23.03～−22.61	软塑～流塑

3. 周边环境情况

矩形盾构机由嘉闵高架东侧始发，始发井的东侧为北横泾河，河宽约60m，如图5-99所示；西侧为嘉闵高架，为上海西区重要快速路，如图5-100所示。

图 5-99　北横泾河　　　　　　　　　　　　图 5-100　嘉闵高架

5.6.2　主要技术路线

嘉闵高架下交通繁忙，管线众多，通道距离高架桥墩较近，采用矩形盾构法施工相较明挖法、圆盾构法等工法均有明显优势。

本工程盾构工作井结合管理用房实施，采用800mm厚地下连续墙围护，三道混凝土支撑，明挖顺筑施工。

5.6.3　主要工艺和方法

1. 盾构地基加固

始发洞门土体加固宽度为5m，其中，4m采用$\phi850@600$三轴水泥土搅拌桩加固形式（近洞门侧密插H型钢），其余1m因局部存在管线而采用高压旋喷桩加固。

接收井加固宽度为10m。其中，6m采用三轴搅拌桩加固形式，其余4m宽因存在$\phi300$及$\phi500$燃气管而采用高压旋喷桩加固。

2. 限位架的设置

相对于圆形盾构法隧道，矩形盾构机的偏转对施工影响较大，盾构机始发时在支座两侧安装有控制盾构机偏移的限位导向装置，保证盾构机初始掘进时的方向，如图5-101所示。

图 5-101　矩形顶管侧向限位导向装置

3. 矩形盾构管片纵横径控制技术

本次施工过程中，对于管片纵横径控制采取了如下措施。

拼装拱底块时应控制管片落低；拼装左下与右下邻接块时，应尽量向内拉紧管片，并应复核横径，满足设计要求后，方可进行左上及右上邻接块的拼装。左上及右上邻接块拼装完成后，应再复核一次管片横径，满足设计要求后进行封顶块拼装。每块管片拼装时，应满足管片与盾尾间隙为5.5cm的要求。每块管片调整到位后，方可使用千斤顶顶紧。

封顶块到位后，测量一次管片纵径，满足设计要求后方可进行螺栓人工拧紧施工。在新拼装管片拼装成环后，使用液压扳手拧紧螺栓前，应先测量一次新成环管片的横纵径，符合设计允许偏差时，可直接进行螺栓拧紧施工。如横纵径不符合设计允许偏差，则用形状保持器顶紧已拼装管片，直至新拼装管片横纵径达到设计尺寸，然后才能进行下一步的螺栓拧紧施工。

拼装机抓紧管片就位后，千斤顶油缸伸出顶住管片；然后，使用普通扳手适当地拧紧环纵缝螺栓。右下邻接块、左下邻接块紧固纵缝螺栓时，先紧固管片内侧螺栓，再紧固管片外侧螺栓；右上邻接块、左上邻接块紧固纵缝螺栓时，先紧固管片外侧螺栓，再紧固管片内侧螺栓；封顶块紧固纵缝螺栓时，先紧固管片外侧螺栓，再紧固管片内侧螺栓。

每一环管片拼装成环后，应先测量一次新成环管片的横纵径，满足设计要求后使用液压扳手进行螺栓拧紧。管片纵缝螺栓的拧紧力矩应符合设计要求（3300N·m）。螺栓拧紧施工完成后，再测量一次成环管片的横纵径，确保管片横纵径偏差在设计允许范围内，然后进行下一环的掘进。

当盾构在推进时，由于油缸的作用力，使相邻管环间发生移位变形。这时，应复紧管环的环缝螺栓。管片出了盾尾后，由于管片外围土的压力作用，使管片的内径尺寸发生变化，这时应根据监测结果复紧管片间的纵缝螺栓。当管片脱离盾尾7～8环的距离后，再次复紧所有螺栓。

管片横径标准值为8650mm，纵径标准值为3850mm。管片在土体中稳定后，横径偏差在+20mm以内（图5-102），纵径偏差在−30mm以内（图5-103）。

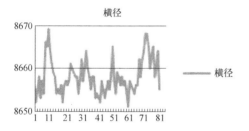

图5-102　监测数据实时显示（一）

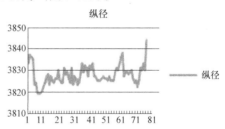

图5-103　监测数据实时显示（二）

4. 高架桩基位移控制技术

盾构穿越掘进过程中，为保护高架桩基安全，在高架桩基与盾构穿越通道之间施工MJS隔离桩（图5-104）。在盾构穿越通道与MJS隔离桩之间设置3个土体分层沉降点、2个土体测斜点，并在通道附近设置2个水位观测孔，如图5-105所示。

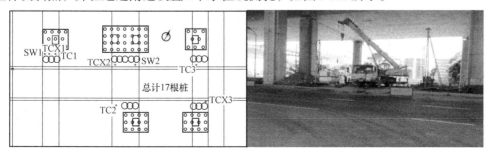

图5-104　MJS隔离桩施工

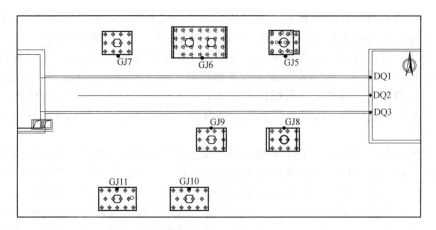

图 5-105　高架监测布点图

本次施工中对高架立柱进行监测，监测数据见表 5-12 和表 5-13。

高架水平、垂直位移监测　　　　　　　　　　　　　　　　　表 5-12

测点参考	垂直位移(mm)		备注	测点编号	水平位移(mm)		备注
	本次	累计			本次	累计	
GJ5	0.5	0.2		GJ5	0	−1	
GJ6	0.4	0.7		GJ6	0	0	
GJ7	0.2	0.9		GJ7	0	1	
GJ8	0.4	0.4		GJ8	0	0	
GJ9	0.5	1.1		GJ9	0	1	
GJ10	0.5	0.3		GJ10	0	0	
GJ11	0.4	0.0		GJ11	0	0	

高架倾斜监测　　　　　　　　　　　　　　　　　　　　　表 5-13

测点编号	高程(m)		高差(m)	倾斜方向/倾斜量(mm)		
	起测点	终测点		倾斜率		
GJ5	12.22	1.66	10.56	北/2	—	北/2
				0.19‰	—	0.19‰
GJ6	12.56	1.59	10.97	北/3	—	北/3
				0.27‰	—	0.27‰
GJ7	12.64	1.52	11.12	北/3	—	北/3
				0.27‰	—	0.27‰

监测数据显示，盾构机穿越时，高架位移变化几乎没有，同时土体分层沉降最大值

为–3.3mm，土体测斜最大值为4.48mm，坑外水位变化值为–29cm。矩形盾构机掘进时，对两侧土体扰动较小。

5. 台车跟随掘进施工

油路、电缆经转接之后，后续台车即可跟随进入隧道，研制了滑移式皮带机，解决了小空间内大封顶块提升、翻转的难题。施工中的隧道如图5-106所示。

图5-106　施工中的隧道

1）管片运输

管片运输及出土均使用电瓶车，因台车进入隧道后受空间限制，管片运输时，管片平放进入隧道（图5-107）。台车进入隧道后，管片由行车吊运至小车上，运至隧道内部后，再转运至喂片机上（图5-108），由喂片机送至拼装机拼装（图5-109）。

2）皮带机出土

土方运输采用10m³一体化土箱车（图5-110）。台车进入隧道后，采用1号皮带机进行出土（图5-111）。在进行管片拼装时，需利用管片运输小车将2号皮带机拉起，放置在台车中间（图5-112）。

图5-107　小车运输管片

图5-108　驳运封顶块

图5-109　喂片机运输管片

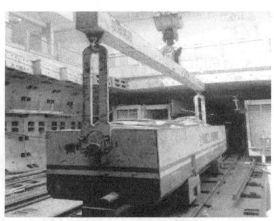

图5-110　吊装一体化土箱车

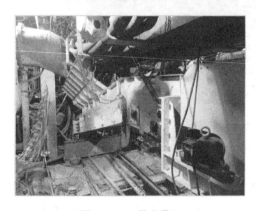

图5-111　1号皮带机

图5-112　2号皮带机

5.6.4　主要使用的设备

基于虹桥临空地下连接通道施工的良好性能，本工程仍采用RS1010-1矩形盾构机施工。布置32t行车作为管片和土方的垂直运输设备。在顶板上布置拌浆设备等，如图5-113所示。

图5-113　垂直运输设备

进出洞时设置纵向拉紧装置（图5-114），在进洞口沿管片周边设置6道拉紧装置，拉力达到20t，长度为12m。拆除负环时，在出洞口沿管片周边设置4道拉紧装置，拉力达到20t，长度为12m。

图5-114 管片纵向拉紧装置

5.6.5 实施效果

矩形盾构隧道顺利完成掘进，于2016年11月实现了贯通，图5-115是矩形盾构机到达接收井的状态。通道和地表沉降偏差均处于允许范围内。

地表沉降控制在2cm以内，嘉闵高架桥墩侧向位移为1mm，隧道无渗漏。经反复测量认定，通道轴线、地表沉降变化值均趋于稳定，均符合设计要求。

图5-116是隧道贯通后的状态。图5-117是运营状态的隧道。

图5-115 矩形盾构机到达工作井

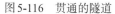

图5-116 贯通的隧道　　　　　　图5-117 运营中的隧道

第6章
箱涵全断面双重置换施工技术

6.1 概述

6.1.1 基本原理

箱涵全断面双重置换技术是管幕可置换的管幕-箱涵顶进技术，是箱涵顶进技术与管幕顶进技术相结合的置换顶进技术，通过在全断面设置可置换的方形钢管幕来实现大截面箱涵的非开挖顶进施工。

如图6-1所示，与传统的管幕内顶进箱涵工法不同，箱涵全断面双重置换技术利用"化整为零"的方法和方形钢管幕的模数化组合，按照方形钢管幕的尺寸将拟顶进施工的大截面箱涵断面划分为若干个小断面，方形钢管幕总的施工横截面与拟顶进施工的箱涵外缘吻合并贯通整个箱涵顶进施工区间全程。先采用顶管法按照一定的顺序依次顶进全部方形钢管幕，利用方形钢管幕施工全断面置换出拟顶进施工的箱涵断面范围内的土体，完成第一重置换，方形钢管幕全断面置换土，方形钢管幕同时在土体内支撑外部荷载；再顶进箱涵将方形钢管幕全部置换出，方形钢管幕不留在土体内，完成双重置换过程的第二重置换，箱涵全断面置换方形钢管幕，即采用双重置换来实现大截面箱涵的非开挖顶进施工。同时，固定在外周圈方形钢管幕上的减摩钢板随方形钢管幕的顶进进入土体内，方形钢管幕顶进完成后，解除两者间的固定；箱涵顶进时，减摩钢板留在土体内，将箱涵与土体隔离，避免箱涵上部土体产生背土效应。

6.1.2 施工流程

箱涵全断面双重置换技术主要施工流程如图6-2所示。其具体施工顺序为：

1）施工准备

（1）调查障碍物情况及周边环境；

（2）根据箱涵截面确定钢管幕布置方法、顶入顺序及箱涵制作方式；

（3）编制施工总体方案及总平面布置图确定箱涵形式。

2）施工始发井、接收井和土体加固（图6-3）

3）方形钢管幕顶进（图6-4）

4）制作箱涵（图6-5）

5）置换施工（图6-6）

6）后续施工（图6-7）

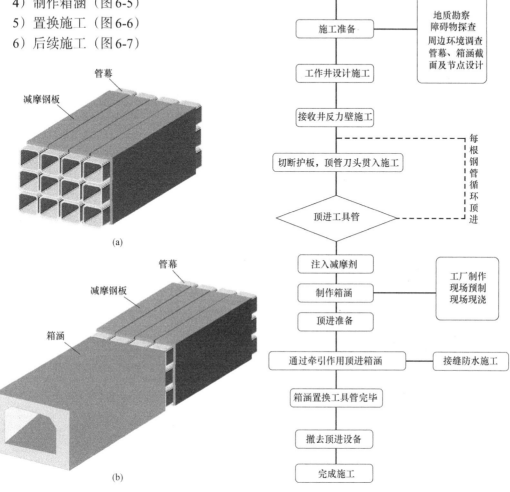

图6-1　箱涵全断面双重置换技术概念图
（a）方形钢管幕顶进阶段；（b）箱涵顶进阶段

图6-2　主要施工流程图

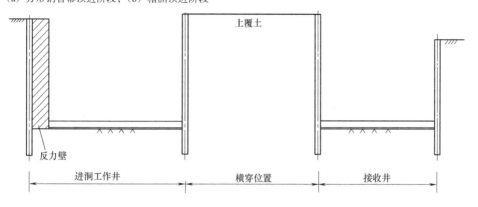

图6-3　工作井施工

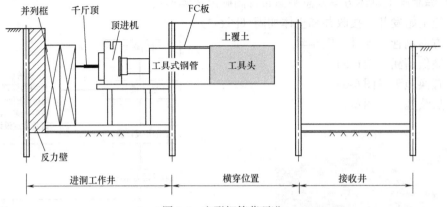

图6-4　方形钢管幕顶进

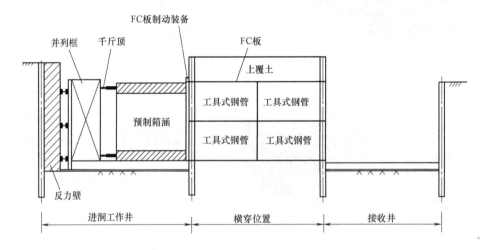

图6-5　制作箱涵

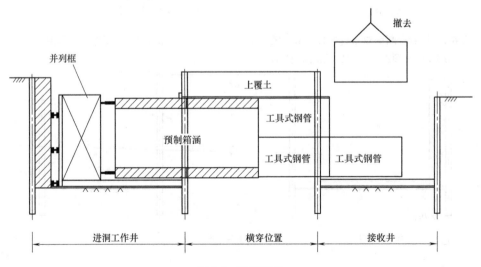

图6-6　置换施工

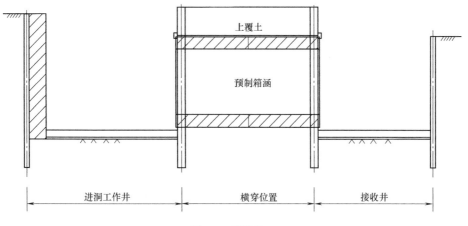

图6-7 后续施工

6.1.3 优点

箱涵全断面双重置换技术的优点有：

1）可以在浅覆土条件下设置非开挖箱涵

如图6-8所示，与常规管幕-箱涵顶进技术相比，箱涵全断面双重置换技术中所使用的钢管幕均可以被置换出，钢管幕不占用覆土层厚度，同样条件下可以降低箱涵覆土层厚度，更适宜于在覆土层较浅的条件下设置非开挖箱涵。

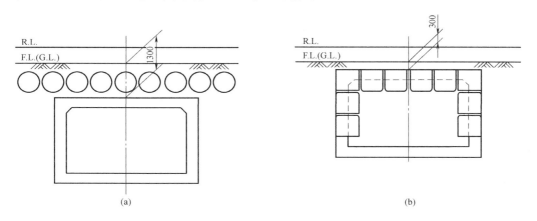

图6-8 覆土层厚度比较图

（a）常规管幕-箱涵顶进技术；（b）箱涵全断面双重置换技术

2）安全性高

安全性高体现在以下三方面：一是在方形钢管幕顶进施工阶段，方形钢管幕断面小，顶进时对上覆土和周边环境的扰动小；二是由于箱涵顶进阶段，无需开挖土体，故对上覆土的扰动也小；同时，由于在外周圈设置了减摩钢板，箱涵顶进在一周圈减摩钢板形成的空间内进行，避免了常规箱涵顶进时上部土体产生的背土效应，降低了浅覆土下箱涵顶进对上部建（构）筑物的影响；三是方形钢管幕在土体内形成内部支撑，上部建（构）筑物始终处于稳固的支撑体系（方形钢管幕或方形钢管幕+箱涵）上，下部无脱空，施工安全性高。

3）经济性好

箱涵全断面双重置换技术与常规管幕-箱涵顶进技术相比，一方面，方形钢管幕是可置换的，可回收再利用，降低了工程造价；另一方面，由于顶进方形钢管幕时，已将箱涵顶进断面上的土体全部挖除，箱涵顶进时仅置换方形钢管幕，无需切削土体，因此箱涵顶进中无需工具头，而且由于箱涵顶进在一周圈减摩钢板形成的空间内进行，推进阻力比常规方法大大减小，降低了对反力和推进系统的要求，节省和降低了设备的投入费用。

4）断面适应性强

由模数化组合的方形钢管幕形成先导，可适应不同尺寸的非开挖矩形箱涵的设置。

由于该技术涉及钢管幕的多次始发和接收，因此在高地下水位的地方采用此方法时，应采取有效的加固或降水措施。

6.2 主要施工装备

6.2.1 方形钢管幕

1）方形钢管幕的尺寸

方形钢管幕的截面尺寸应满足钢管幕施工的功能布置和空间需求。采用小型顶管机进行方形钢管幕顶进施工时，方形钢管幕内部空间需要满足排土设备、测量系统和注浆系统等的空间要求。为了检修顶进施工设备，方形钢管幕内部空间需要满足设备维修人员进出钢管幕的要求。方形钢管幕的截面尺寸还应考虑方形钢管幕顶进对周边环境的影响、拟施工的箱涵断面尺寸、方形钢管幕顶进效率、施工工期和成本等因素。采用较大截面方形钢管幕顶进施工以全断面置换土体，需顶进的方形钢管幕数量相对较少，钢管幕施工工期相对较短，但方形钢管幕顶进对周边环境的影响较大；采用小截面方形钢管幕，需顶进的方形钢管幕数量较多，钢管幕施工周期相对较长，但方形钢管幕顶进对周边环境的影响较小，较适应于浅覆土施工，但方形钢管幕截面尺寸不宜过小，主要是考虑顶进设备检修以及钢管幕顶进过程中遇到需要处理的障碍物时，方便人员进入钢管幕内进行作业。

方形钢管幕尺寸还需考虑运输与安装因素，钢管幕长度不宜过长。

2）方形钢管幕的纵向连接

方形钢管幕之间的纵向连接形式常用的有焊接和螺栓连接两种形式。焊接的优点是钢管幕的端节点设计简单；缺点是增加了现场的焊接作业，而且焊接作业易破坏钢管幕端面，不利于方形钢管幕的置换回收再利用；螺栓连接的优点是现场操作简单，连接与拆卸方便，效率高，有利于钢管幕回收。施工中应综合考虑现场作业条件、施工方便性、施工工期等条件，选择合适的连接方式。图6-9为采用内法兰螺栓连接形式的方形钢管幕端面。

3）方形钢管幕的横向连接

方形钢管幕的横向连接主要是实现先期顶进完成的钢管幕对后续顶进钢管幕的导向作

用。以往，相邻钢管幕的横向连接多采用角钢锁口连接形式，如图6-10所示。通过锁口连接使相邻钢管幕形成横向连接。锁口连接形式对钢管幕锁口的强度和加工精度有一定要求，特别是中长距离施工对锁口要求较高。

在箱涵全断面双重置换施工技术中，研制并采用了钢管幕的两种横向连接方式，一种是导向板，另一种是导向槽。导向板是指在方形钢管幕侧面设置的导向连接板，如图6-11所示。其导向作用是利用先期顶进完成钢管幕上的导向板作为后续顶进钢管幕上相应导向板的导向限位，从而实现钢管幕施工中的导向，如图6-12所示。导向板的宽度和搭接量应根据工程断面进行设置。

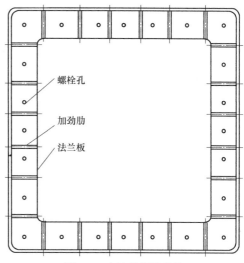

图6-9　内法兰螺栓连接

(a)

(b)

(c)

图6-10　角钢锁口连接形式

（a）外插双L形；（b）外插T形；（c）内插T形

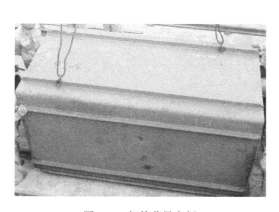

图6-11　钢管幕导向板

图6-12　导向板连接

为了对相邻钢管幕顶进施工起到导向作用，还可以在钢管幕侧向设置导向槽，导向槽沿钢管幕纵向通长设置，如图6-13所示。相对应地在顶管机侧面需设置连接机构，该连接机构可以从顶管机相对应的侧向伸出并进入相邻钢管幕的导向槽内，通过控制连接机构伸入导向槽内的长度和顶出力，实现对相邻钢管幕施工轴线的导向控制，如图6-14所示。利用导向槽可以实现相邻钢管幕之间的导向，但导向槽的导向功能要靠配套的顶管机实现，对顶管机的顶进控制，尤其是偏转控制也会带来较高要求。

图6-13　导向槽　　　　　　　　　　图6-14　导向槽的导向连接

6.2.2　小截面矩形顶管机

方形钢管幕顶进可采用土压平衡式和泥水平衡式小截面矩形顶管机施工，图6-15为某土压平衡式小截面矩形顶管机图。

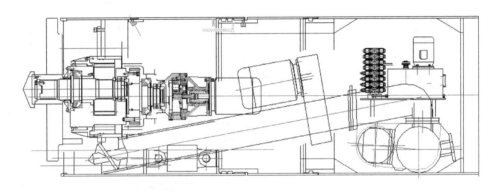

图6-15　土压平衡式小截面矩形顶管机

6.2.3　刃口

当采用矩形顶管机进行方形钢管幕顶进施工困难，如顶进线路上存在难以切削处理的障碍物（如大石块、混凝土块、金属、木头等）或方形钢管幕上覆土太浅造成顶管机施工困难时，可采用刃口顶进+人工开挖的方式顶进方形钢管幕。

刃口安装在方形钢管幕前端，与方形钢管幕采用螺栓连接，外包尺寸同方形钢管幕外包尺寸。刃口一方面给方形钢管幕顶进施工提供土体开挖作业空间，另一方面可以起到切土顶进、维持开挖面稳定和施工防护的作用。刃口应具有一定的刚度，以防止在顶进过程中刃口前部因卷起而失去切土功能。

刃口可由支护帽、分隔板、胸板、安全门及内置油缸等部分组成，如图6-16所示。支护帽位于刃口顶部，可以是固定式或移动式，可对刃口前方的开挖面起到超前支护的作用。刃口正面可设置超前胸板，相当于在刃口中部增设超前支护帽，一方面可以将开挖面分为两层，降低局部开挖高度；另一方面，可以对下部开挖面的施工起到超前支护的作用。胸板和分隔板一起将开挖面分成多层多仓，以减少单次开挖面积，有利于开挖面安全防护和挖土作业，也便于清除浅层土体内的抛石等障碍物以及进行浅层土体清障作业时的局部开挖面防护。当遇到施工故障导致需要临时甚至较长时间暂停顶进施工，或由于周边环境以及上覆荷载的变化对正面土体稳定性带来较大影响时，可关闭刃口内设置的安全门，保证正面土体在故障处理和应急处置中的安全性，防止正面土体的突然失稳。刃口内设置的内置油缸可用于移动式支护帽的切土顶进。

图6-16 刃口

6.2.4 减摩钢板

在钢管幕顶进阶段，可以在外周圈的钢管幕上设置减摩钢板，也可部分设置或间隔设置。在外周圈的钢管幕顶进时，减摩钢板可采用螺钉、螺栓或焊接等连接方式与钢管幕固定，并随钢管幕的顶进进入土体内；钢管幕顶进完成后，解除减摩钢板与钢管幕之间的固定，将减摩钢板固定在工作井结构或洞门结构上。在箱涵顶进阶段，留在土体内的减摩钢板可以起到三方面的作用：一是切断箱涵与地层之间的摩擦联系，将箱涵与土体隔离开，防止箱涵顶进时形成背土；二是将箱涵与土体之间的摩擦变为箱涵与减摩钢板之间的摩擦，降低箱涵顶进时的阻力；三是箱涵底部的减摩钢板可以有效防止箱涵"磕头"。

在钢管幕和箱涵顶进过程中，减摩钢板的固定应能克服与上覆土体、钢管幕以及箱涵之间的摩擦力，可按下列公式计算减摩钢板条上的摩擦力，校核减摩钢板与钢管幕或洞门结构之间的固定是否满足要求。

$$F_1 = \mu_1 L_1 B q$$

$$F_2 = \left(\mu_2 L_2 + \mu_3 L_3 \right) B q$$

$$q = q_1 + q_2$$

式中　F_1——钢管幕顶进阶段，减摩钢板条上的摩擦力（kN）；

F_2——箱涵顶进阶段，减摩钢板条上的摩擦力（kN）；

μ_1——钢与土的摩擦系数；

μ_2——钢管幕与减摩钢板条之间的摩擦系数；

μ_3——钢与混凝土的摩擦系数；

q——作用于减摩钢板条上的垂直荷载（kPa）；

q_1——上覆土荷载（kPa）；

q_2——地面荷载（kPa）；

L_1——减摩钢板条在土体里的长度（m）；

L_2——钢管幕在土体里的长度（m）；

L_3——箱涵在土体里的长度（m）；

B——减摩钢板条的宽度（m）。

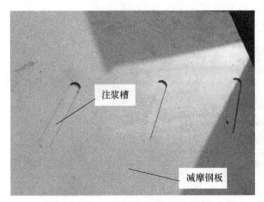

图6-17　减摩钢板上设置注浆槽

减摩钢板设置在钢管幕外周，顶进钢管幕时，触变泥浆不能注入覆盖有减摩钢板的钢管幕外表面，会增大对周边土体的扰动，可在钢管幕注浆孔对应的减摩钢板上设置斜向注浆槽，触变泥浆可通过注浆槽注入减摩钢板表面，如图6-17所示。

两个减摩钢板条之间的间隔应根据实际情况加以处理。减摩钢板条之间较大的间隔可采用覆盖窄钢板后焊接的方法处理，如图6-18所示。

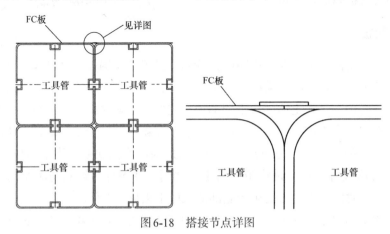

图6-18　搭接节点详图

6.3　箱涵全断面双重置换施工技术

6.3.1　工作井

工作井包括始发井和接收井，主要作为钢管幕顶进、箱涵顶进和钢管幕接收作业等的空间，如图6-19所示。始发井主要用于钢管幕和箱涵的顶进，根据场地条件，始发井也可作为箱涵现场制作的场地。接收井主要是用于顶管机的拆除和吊出以及钢管幕的接收与吊出。

工作井可采用钢板桩、型钢水泥土搅拌桩、灌注桩或地下连续墙等围护结构形式。始发井围护结构除了应满足始发井基坑施工需要外，还要满足钢管幕与箱涵顶进施工后顶力要求。同时，在钢管幕顶进施工阶段，钢管幕需要分次始发与接收，分次凿除始发与接收洞门，因此还应结合钢管幕多次始发与接收工艺、钢管幕尺寸和地层条件等因素选择适宜的围护结构。

始发井长度根据箱涵的制作方法以及箱涵和钢管幕顶进施工要求不同而不同，但是始发井长度不应小于钢管幕和箱涵单独顶进时所需的最小长度。钢管幕顶进所需的始发井长度类似顶管始发井，可按下式确定：

$$L \geqslant L_1 + L_2 + L_3 + S_1 + S_2 + S_3$$

式中　L——始发井最小净长度（m）；

L_1——顶管机或单节钢管幕长度（m），二者取大值；

L_2——千斤顶长度（m）；

L_3——后座及扩散段厚度（m）；

S_1——顶进钢管幕留在导轨上的最小长度（m），可取 0.5m；

S_2——顶铁厚度（m）；

S_3——考虑顶进管段回缩及便于安装管段所留的附加间隙（m），可取 0.2m。

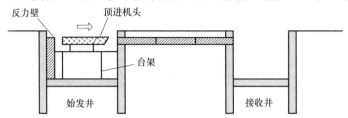

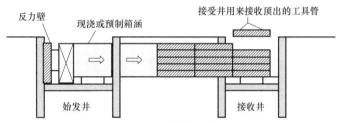

图 6-19　工作井示意图

箱涵顶进所需的始发井长度可按下式确定：

$$L \geqslant L_2 + L_3 + L_4 + S_4$$

式中　L_4——箱涵长度（m）；

　　　S_4——钢管幕顶进完成后留在始发井内的长度（m）。

始发井的最小净宽度可按下式确定：

$$B \geqslant B_1 + B_2$$

式中　B——始发井的最小净宽度（m）；

　　　B_1——箱涵宽度（m）；

　　　B_2——施工操作空间（m），可取 1~2m。

始发井的最小深度可按下式计算：

$$H \geqslant H_1 + H_2 + H_3$$

式中　H——始发井的最小深度（m）；

　　　H_1——箱涵上覆土层厚度（m）；

　　　H_2——箱涵高度（m）；

　　　H_3——箱涵底下的操作空间高度（m），可取 0.5~1m。

接收井的最小净长度和净宽度应根据顶管机在井内拆除和吊出以及钢管幕的吊出要求确定。

始发井结构可作为钢管幕和箱涵顶进中的反力壁，但应校核始发井结构或井背土体提供的允许顶力是否满足顶进要求，不满足时应采取措施，如降低箱涵顶力、对井背土体加固等。当箱涵在始发井内制作时，可采用制作完成的箱涵结构作为钢管幕顶进的临时反力传递结构，但应校核箱涵局部受压是否满足使用要求，不满足时应对箱涵采取加强措施。当工作井为敞开式时，可因地制宜地在箱涵后部修建临时反力壁，达到既安全可靠又便于拆除的目的，临时反力壁可采用重力式钢筋混凝土挡土墙、钢板桩或双层钢板桩等形式。图6-20为某工程采用钢板桩设置的临时反力壁。

图6-20　临时反力壁

6.3.2　箱涵制作

箱涵的制作需要根据箱涵的形状、箱涵的尺寸、工作井的长度、周边场地条件与交通条件等因素综合确定，主要包括工作井内制作和工作井外制作两种方式。

1）工作井内制作

一般可在工作井内现场制作箱涵，当箱涵长度较长，始发井长度不满足箱涵一次性制作长度要求或者不具备一次性顶进箱涵的条件时，可分段制作箱涵并分次顶进。

在箱涵制作前，可在工作井底板表面设置隔离润滑层，防止预制箱涵底板底面与工作井底板表面粘结，并减小箱涵开始顶进时的启动顶力。设置隔离润滑层时，先在工作井底板表面均匀地涂上一层润滑剂，润滑剂可由石蜡掺入一定量的机油（机油含量25%）制成，厚度约3mm；再在石蜡表面均匀地撒上一层厚度约1mm的滑石粉；然后，用塑料薄膜平整地覆盖于滑石粉表面，薄膜可用塑料胶带粘结成整体。

隔离润滑层设置好后，就可进行箱涵结构的立模、钢筋绑扎和混凝土浇筑。箱涵混凝土可分两次浇筑，第一次浇筑底板混凝土，第二次浇筑侧墙和顶板混凝土，侧墙施工缝不得在同一平面上。

2）工作井外制作

在工作井外制作箱涵可以缩短施工工期，工作井外制作又分为工作井周边制作和预制厂制作两种方式。应综合考虑箱涵运输和吊运条件，如运输路线、工作井长度、场地条件和吊运设备等，确定每段箱涵的制作长度。在预制厂制作箱涵，可以更好地保证箱涵质量。

6.3.3　钢管幕顶进

1. 顶进顺序

钢管幕施工不可避免地会扰动土体，引起钢管幕变形和地面沉降，不同的钢管幕顶进施工顺序将对钢管幕变形和地面沉降带来不同的影响。先施工底排钢管幕，再从下至上逐排施工至顶排钢管幕，则上排钢管幕施工对先施工的下排钢管幕的变形基本没有影响；如先施工顶排钢管幕，再从上至下逐排施工至底排钢管幕，则后施工的下排钢管幕必然引起先施工的上排钢管幕的再一次变形，而且这种变形不是均匀的，会导致钢管幕的纵向不均匀变形，对钢管幕的导向连接和施工精度都会带来影响，也会影响后续箱涵的顶进施工。因此，钢管幕施工应先施工底排钢管幕，再从下至上逐排施工至顶排钢管幕。

对于同一排钢管幕的施工顺序，既可以从一侧向另一侧顺序施工，也可以从中间向两侧顺序施工。如采用多台顶管机施工钢管幕时，考虑施工方便性和施工精度控制，宜从中间向两侧顶进。

2. 顶进准备

1）土体加固

为确保打开洞门时正面土体具有一定的强度和抗渗性，防止土体坍塌和地下水涌入，施工前应对始发井和接收井的洞口处土体进行加固，土体加固范围和加固方法应根据水文地质条件、覆土厚度、周边环境情况以及箱涵和钢管幕尺寸等因素综合确定，并在钢管幕顶进施工前，钻芯取样检验土体加固效果是否满足设计要求。

2）洞门设置

对于大断面箱涵，钢管幕施工中可能需要拆除洞门结构上的部分结构，因此，应结合洞门侧的围护结构形式和地下水条件选择合适的洞门结构体系，保证施工中的洞门稳固及工作井安全。如采用钢板桩围护时，钢管幕顶进过程中需要拆除部分围檩，可采用平面钢桁架结构、斜撑、立柱等对洞门结构进行加强。如采用型钢水泥土搅拌墙围护时，可在围护结构上设置横隔板、立柱等组成洞门结构，如图6-21所示。

3）定位

在确定钢管幕施工顺序后，根据箱涵顶进轴线和钢管幕尺寸确定每一根钢管幕的顶进位置和洞门圈位置，并在洞门上依次放样每一个洞门圈边线。

4）安装洞门圈与止水装置

钢管幕施工阶段需要分次凿除始发井和接收井洞门，无法采用一个固定式洞门圈完成顶管机的多次始发与接收作业，因此可采用移动式钢洞圈作为每次钢管幕始发与接收的洞门圈，并在洞门圈上安装止水装置。

矩形顶管始发与接收用的帘布橡胶板不同于圆形顶管始发和接收用的帘布橡胶板。圆形顶管始发时，帘布橡胶板拉伸较为均匀，而矩形顶管四角变形比其他位置大，除了将帘布橡胶板端头处加工成球形端头，以避免拉伸过程中应力集中外，可以将四角处设计为圆弧形，如图6-22所示。

3. 顶力估算

钢管幕顶进所需的总顶力可按下式估算：

$$F = 4B_1 Lf + \frac{\pi}{4} B_2^2 R_1$$

式中　F——总顶力（kN）；

　　B_1——方形钢管幕外包宽度（m）；

　　L——钢管幕顶进长度（m）；

　　f——钢管幕外壁与土的平均侧壁阻力（kPa）；

B_2——顶管机外包宽度（m）；

R_1——顶管机下部1/3处的被动土压力（kPa）。

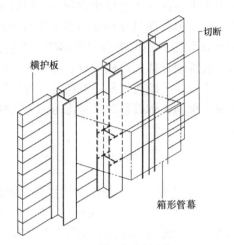

顶进、牵引箱涵时

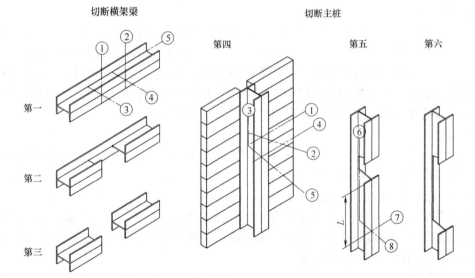

图6-21　型钢水泥土搅拌墙洞门结构

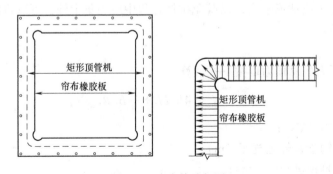

图6-22　帘布橡胶板图

钢管幕的允许顶力可按下式计算：

$$F_{ds} = k_{ds} f_s A_p$$

式中 F_{ds}——钢管幕的允许顶力（kN）；

k_{ds}——钢管综合系数，一般可取 k_{ds}=0.25；当顶进长度小于300m且穿越土层均匀时，可取0.35；

f_s——钢管的轴向抗压强度设计值（N/mm²）；

A_p——钢管幕的最小有效传力面积（mm²）。

4. 顶进

根据确定的钢管幕顶进顺序，从下至上逐排顶进施工每一根钢管幕。

1）顶进设备安装

根据每一根钢管幕顶进轴线位置在底板上布置发射架或始发导轨，工作井底板深度应考虑发射架或始发导轨高度。对于小截面矩形顶管机，也可以在始发井底板上直接布置始发导轨并固定，但始发井底板应平整并具有一定的刚度；然后，依次布置主顶油缸支架、主顶油缸、顶铁、顶管机和顶进限位装置等。

2）搭设作业平台

为了从下至上逐排施工钢管幕以及后续作业，需要在工作井内搭设作业平台。

3）始发

顶管机安装完毕，确认土体加固效果满足要求和矩形顶管机轴线准确无误后，凿除洞门，顶进矩形顶管机，切削加固土，开始顶进，逐步提高正面土压力至理论计算值。

始发阶段，正面为加固土体，顶进速度应尽量放慢，使刀盘能对加固土进行彻底的切削。由于加固土体强度高，螺旋机出土可能有一定困难，可加入适量清水或膨润土浆来软化和润滑土体。在水泥土被基本排出，螺旋机内排出全断面原状土时，为控制好地面沉降和顶进轴线，防止顶管机突然"磕头"，宜适当提高顶进速度，把正面土压力建立到稍大于理论计算值。

加密测量矩形顶管机的轴线偏差，一旦发现有"磕头"趋势，应及时调整主顶油缸的合力中心进行纠偏，确保机头初始状态稳定和轴线顺直。

4）正常顶进

矩形顶管机每顶进一节钢管幕便安装下一节钢管幕，再继续顶进，并应测量一次矩形顶管机的姿态偏差。施工时严格按轴线顶进，及时纠偏。

对于小直径土压平衡式矩形顶管机，可采用简易小车出土。

5）接收

矩形顶管机进接收井前，应先打设探孔，确保土体加固效果良好，洞门处不存在漏水。当矩形顶管机机头逐渐靠近接收井时，应加强测量频率和精度，减小轴线偏差，确保矩形顶管机正确进洞。当矩形顶管机切口接近接收井洞门时，应适当减慢顶进速度，逐渐减小矩形顶管机正面土压力，保证顶管机设备完好和洞口处结构稳定。当矩形顶管机刀盘切口距接收井洞门10cm时，矩形顶管机停止顶进。根据测量计算出的实际顶进轴线确定矩形顶管机在接收井洞门上的开洞边线，凿除洞门，迅速、连续顶进钢管幕，顶进到设计位置。一根钢管幕顶进完成后，将矩形顶管机吊运至始发井并接续施工钢管幕。

6）减摩钢板的固定与连接

在需要设置减摩钢板的钢管幕顶进时，将减摩钢板与钢管幕相应侧面固定。每顶进一节钢管幕，添加钢管幕时，应同步焊接相应的减摩钢板。减摩钢板的长度宜比单节钢管幕的长度略长，避免减摩钢板的连接位置与钢管幕的连接位置相同，也方便进行减摩钢板的焊接施工。减摩钢板焊接时，不可直接在钢管幕上进行焊接作业，应在减摩钢板焊接位置下方铺设材料隔离后方可焊接。

为了减小摩擦阻力，在减摩钢板的表面可涂抹减摩材料。

6.3.4 箱涵顶进

在钢管幕顶进完成后，撤去钢管幕顶进设备，进行箱涵顶进和钢管幕置换施工。

1. 顶进准备

1）减摩钢板再固定

钢管幕顶进完成后，解除减摩钢板与钢管幕之间的固定，将减摩钢板固定在工作井结构或洞门结构上。

2）钢管幕连接

在始发井内采用钢结构将钢管幕端面连成整体，以利于钢管幕的同步移动和置换，然后撤去作业平台。

3）导向墩设置

为了消除箱涵初期顶进阶段的方向偏差，可在箱涵两侧的工作井底板上设置导向墩，导向墩与箱涵之间留一定的间隙。导向墩可以是钢筋混凝土的，也可以是钢结构的。如采用钢筋混凝土导向墩，应和工作井底板同步施工；如采用钢结构导向墩，可在底板上预先留好预埋件，箱涵顶进前，将钢结构导向墩与预埋件连接或焊接在一起即可。

4）导轨铺设

在箱涵前部，撤去在钢管幕始发架或始发导轨位置铺设的箱涵顶进用的滑移导轨，在导轨之间可铺上砂土。

2. 箱涵推力估算

若箱涵在工作井内制作，箱涵启动推力 T_1 可按下式估算：

$$T_1 = KG\mu$$

式中　T_1——箱涵启动推力（kN）；

　　　K——启动推力系数，可取 1.2~1.5；

　　　G——箱涵自重（kN）；

　　　μ——混凝土与混凝土之间的摩擦系数，采用隔离润滑层时，μ 可取 0.2~0.3。

图 6-23 为箱涵推力估算的示意图，箱涵顶进阶段的推力 T_2 可按下式估算：

$$T_2 = \left[W_1 B + \left(W_2 + W_3 \right) H \right] \left(\mu_2 L_1 + \mu_3 L_2 \right) + W_{41} B \mu_2 L_1 + W_{42} B \mu_3 L_2 + G_2 \left(L - L_2 \right) \mu_3$$

式中　T_2——箱涵推力（kN）；

　　　μ_2——钢与钢的摩擦系数；

　　　μ_3——钢与混凝土的摩擦系数；

W_1——顶部荷载（kPa），$W_1 = q_0 + \gamma h$；

W_2——外侧上部荷载（kPa），$W_2 = K(q_0 + \gamma h)$；

W_3——外侧下部荷载（kPa），$W_3 = K[q_0 + \gamma(h + H)]$；

W_{41}——钢管幕底部反力（kPa），$W_{41} = W_1 + G_1/B$；

W_{42}——箱涵底部反力（kPa），$W_{42} = W_1 + G_2/B$；

G_2——箱涵的单位长度重量（kN/m）；

L_1——钢管幕在土体里的长度（m）；

L_2——箱涵在土体里的长度（m）；

L——箱涵总长度（m）；

B——箱涵的宽度（m）；

H——箱涵的高度（m）。

若未铺设减摩钢板时，则需将上述箱涵推力估算公式中的 μ_2 替换为钢与土的摩擦系数 μ_1，μ_3 替换为混凝土与土的摩擦系数 μ_4。

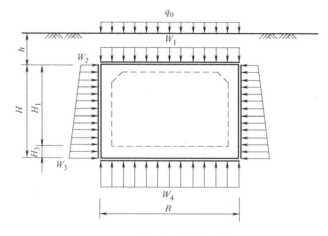

图6-23 箱涵推力估算示意图

3. 顶进

1）设备安装调试与试顶

根据估算的箱涵推力配置需要的箱涵顶进油缸，安装好箱涵顶进用的油缸、油泵、油箱、管路等设备后，检查调试，使其运转正常。

安放顶铁、横梁，进行试顶，试顶时顶动箱涵即可。试顶应缓慢加力，逐步增加至启动推力，稳压，直至油压突然下降，表明箱涵已移动。然后停机检查顶进设备及箱涵是否正常，确保顶进顺利。试顶过程中应密切观察工作井结构、反力壁、箱涵和油缸压力变化，如出现异常，应立即停止顶进，及时处理。试顶完成后对设备再做一次全面检查，检查情况良好方可开始箱涵顶进施工。

2）顶进

开始顶进即启动顶进油缸，使油缸产生顶力，推动箱涵向前，每次顶程应根据顶铁的长度和千斤顶的行程而定。箱涵顶进后使油缸恢复至原位，在空挡处添放顶铁，继续顶进，如此循环往复，直至箱涵就位。顶铁每隔一定距离应设置一道横梁，使传力体系稳定和传力均匀。在箱涵顶进过程中，箱涵每顶进一段顶程，应对箱涵轴线和高程进行测量，发现偏差应及时采取措施，纠正偏差。

箱涵在始发井底板上空顶时，应加强对箱涵轴线的测量，派专人观察箱涵侧面与导向墩的间隙变化，如出现偏差，及时采取纠偏措施。

箱涵前端逐渐接近钢管幕时，应加强箱涵轴线测量复核频率，确保箱涵轴线准确无误。箱涵前端接近钢管幕时，应减慢顶进速度，再次复核箱涵轴线，直至箱涵与钢管幕接触，暂停顶进，检查箱涵与钢管幕是否贴合紧密。箱涵与钢管幕接触后，应保持匀速顶进，速度不宜过快，保证钢管幕的同步移动和置换。

当箱涵外周没有全断面设置减摩钢板，如部分设置或间隔设置时，可采取触变泥浆减小阻力的方法。在箱涵上预先设置注浆孔，箱涵顶进时，利用箱涵和钢管幕上的注浆孔向外注入减摩泥浆，形成减摩泥浆套，达到减小摩阻力的作用。

3）钢管幕置换

随着箱涵不断被顶进入土体内，钢管幕被逐渐顶出土体进入接收井内。每顶出一节钢管幕，即可暂停顶进，将进入接收井内的钢管幕吊运出接收井，直至全部的钢管幕被置换出。

6.4 工程案例——上海金山铁路改建工程

6.4.1 工程概况

上海金山铁路改建工程倪家一组下立交通道，位于上海金山铁路支线阮巷站至金山站地段，与金山铁路支线相交于铁路里程K31+222，如图6-24所示。

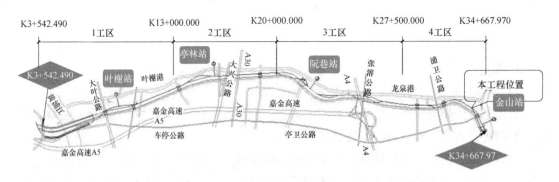

图6-24 工程线路图

下立交通道为16.75m单孔下穿既有线铁路的箱涵，箱涵中心线与金山铁路的交角为86.74°，顶进就位后箱涵顶距既有线铁路铁轨底59cm。箱涵高4.5m，宽6.04m，顶板厚0.4m，底板厚0.65m，侧墙厚0.52m，如图6-25所示。箱涵结构混凝土采用C35混凝土，抗渗等级P8，箱涵顶设TQF—Ⅱ防水层及M10水泥砂浆保护层，侧墙表面涂丙种防水层。

原倪家一组道口为有人看守的平交道口,如图6-26所示,周边环境空旷,沿既有线铁路向东约100m为一排居民住宅小区,房屋为多层砖砌结构,其余区域为农田、苗圃,沟渠纵横,零星有水塘分布。

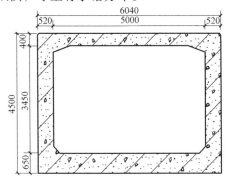

图6-25 下立交通道断面图　　　　　图6-26 原倪家一组平交道口照片

改建前的上海金山铁路支线阮巷站至金山站地段为单线铁路,改建后为双线铁路。自然地面以上既有线铁路路基填方高度为2.12~2.61m,基床填料一般为C、D类土,路基顶面0.62~0.95m为碎石道砟层。根据勘察资料,箱涵底以上的土层从上至下分别为①填土层、②1粉质黏土层、②3粉质砂土层。沿线沟渠纵横,地表水极为发育,由大气降水或河流补给。②1层地下水主要为孔隙潜水,水量微小,渗透系数一般为$1.2×10^{-7}$cm/s。

6.4.2 主要技术路线

采用箱涵全断面双重置换施工技术,利用"化整为零"、模数化组合和双重置换实现大断面箱涵的非开挖施工,并结合在箱涵外周圈设置减摩钢板,解决了浅覆土下箱涵顶进引起的背土控制问题,保证了施工中上部既有线铁路的运营安全。采用防箱涵"磕头"的可调式柔性连接方法,利用可调式柔性连接装置将箱涵与钢管幕连成整体,解决了箱涵与钢管幕同步顶进、箱涵顶进姿态控制和"磕头"问题。采用小直径土压平衡式矩形顶管机,利用转动+平动式刀盘、钢帽檐等,解决了全断面切削、微扰动顶进控制等问题。采用刃口,通过设置超前胸板、安全门、超前支护帽、内置油缸,实行分层开挖+联动控制+信息化的方法,解决既有线铁路道砟层底的非开挖施工。

6.4.3 主要设备

1. 钢管幕

综合钢管幕功能、空间、运输、安装和顶进效率等因素,钢管幕为截面尺寸1.46m×1.46m的箱型管幕,标准节长度为3m,重约3.2t,如图6-27所示。钢管幕连接采用内法兰螺栓形式。为相邻钢管幕施工提供导向的横向导向板宽8cm,竖向导向板宽7cm。

2. 小直径土压平衡式矩形顶管机

本工程根据现场条件和施工工况,选择采用截面尺寸1.46m×1.46m小直径土压平衡式矩形顶管机进行方形钢管幕施工,矩形顶管机长4.45m,由壳体、刀盘及驱动装置、铰接装置、螺旋排土机和液压导向连接装置等部件组成,如图6-28所示。

图6-27 钢管幕

图6-28 矩形顶管机

刀盘采用转动+平动形式的切削刀盘,通过设定刀盘的直径和偏心量实现全断面切削。刀盘驱动装置由两个刀盘驱动电机和一个行星减速器组成,刀盘驱动电机通过行星减速器驱动刀盘。刀盘扭矩为70kN·m,额定转速为3r/min。转动+平动形式的切削刀盘在切削正面土体时,刀盘会有一个向上的平动运动,对上覆土体存在一个向上的顶托力,会增加上覆土体的扰动。为此,在矩形顶管机刀盘上部加装了钢帽檐,钢帽檐的前端与刀尖齐平。由于钢帽檐的隔挡作用,有效降低了切削刀盘对上部土体的扰动,限制了帽檐外侧土体的卸荷变形,有效地控制了地表沉降。

螺旋排土机的孔径为300mm,转速为0~12r/min。

本工程钢管幕采用导向板提供导向,相邻钢管幕之间的间隙较小,采用矩形顶管机施工时,矩形顶管机上的周边刀会触碰到相邻已施工的钢管幕,影响后施工钢管幕轴线。为此,一圈周边刀设置为可拆卸式的周边刀,以适应钢管幕近间距施工。

3. 刃口

由于箱涵顶距既有线铁路铁轨底仅59cm,基本紧贴既有线铁路道砟层底,此时无法采用矩形顶管机进行非开挖施工,而且施工时既有线铁路火车不停运,施工风险极大。为此,采用刃口顶进+人工进入钢管幕内开挖土的方式进行顶排钢管幕的顶进施工。

对刃口结构进行了有限元计算,计算结果满足要求,如图6-29所示。

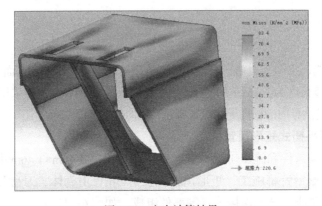

图6-29 应力计算结果

该刃口装置由支护帽、胸板、分隔板、安全门、门栓和内置油缸等部分组成，如图6-30所示。为了防止顶部既有线铁路道砟滑落，刃口上部设置有超前支护帽，超前支护帽与刃口内的内置油缸相连，支护帽可以是固定式超前支护帽或滑移式超前支护帽。如采用固定式超前支护帽，内置油缸锁定，使用后部的主顶油缸驱动超前支护帽随刃口一起切土前进；如采用滑移式超前支护帽，则先顶进内置油缸，将超前支护帽顶入土体内，然后在刃口内开挖超前支护帽支护范围内的正面土体。开挖完成后，慢速顶进后部的主顶油缸，同步联动缩回刃口内置油缸，如此循环施工。采用滑移式超前支护帽时，应严格控制内置油缸回缩速度，防止脱空而导致上部道砟落下。为了降低既有线铁路下开挖施工风险，前端设置有超前胸板，相当于在刃口中部增设超前支护帽，将开挖面分为两层，降低了局部开挖高度，也对下部开挖面的施工起到了超前支护的作用。胸板和分隔板一起将开挖面分成多层多仓，减少了单次开挖面积，有利于开挖面安全防护和挖土作业，便于清除浅层土体内的抛石等障碍物以及进行浅层土体清障作业时的局部开挖面防护。为了应对既有线铁路火车经过时，上部振动荷载对开挖面稳定带来的不利影响以及遇到施工故障需要临时甚至较长时间暂停顶进施工而带来的开挖面突然失稳问题，刃口内设有安全门，在火车经过前和停止施工时可关闭并插上门栓。

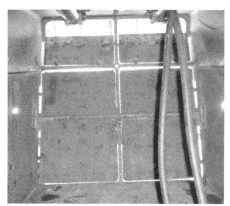

图6-30 刃口

6.4.4 关键技术

1. 总体部署

为了减少工作井及土体加固施工对铁路路基边坡稳定性的影响，本工程中箱涵在既有线铁路路基下顶进施工长度为10m，其中，始发井围护外侧距离道床中心线5.5m，接收井围护外侧距离道床中心线4.5m，始发井外侧加固区长度1m，加固区外侧距离道床中心线4.5m，接收井外侧由于有无法搬迁的管线而未实施土体加固，加固范围如图6-31所示。

始发井和接收井围护采用钢板桩围护。始发井基坑开挖深度为4.51～3.99m，接收井基坑开挖深度为3.54m，设置2～3道围檩，如图6-32所示。

箱涵在始发井内现场制作。

2. 钢管幕布置

本下立交通道工程箱涵高4.5m，宽6.04m，钢管幕采用全断面布设形式，横向布设4

根、纵向布设3排，横向间距为8cm，竖向间距为7cm，钢管幕之间用导向板提供导向控制，钢管幕的施工顺序如图6-33所示。

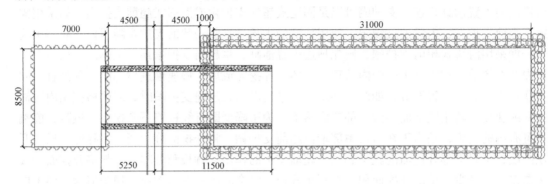

图6-31 平面布置图

图6-32 始发井基坑

图6-33 钢管幕施工顺序图

3. 钢管幕顶进技术

1）洞门

由于在顶进施工时，工作井基坑侧壁混凝土结构尚未施工，而且基坑角撑在顶进范围内，顶进时须拆除，为此，先用工字钢将型钢立柱分别与三道围檩和侧壁钢板桩焊接形成稳固的结构，以承受侧向力，在洞门结构施工完后，再将洞门范围内的基坑斜撑割除。如此，在始发侧与接收侧围护结构上就形成了由钢板桩、钢围檩、型钢立柱、钢管斜撑和平面钢桁架结构组成的洞门结构，如图6-34所示，以保证矩形顶管始发与接收施工的安全。

为防止顶进施工引起洞门的移动，在既有线铁路下方采用对拉拉杆将始发洞门与接收洞门相连，拉杆外加塑料套管与铁轨隔离，以防轨道电路短路。

2）顶进准备

根据每一根钢管幕的顶进位置在洞门钢板桩上依次放样每一个洞门圈边线，确定每一根钢管幕始发时需要割除的钢板桩位置和数量。

根据钢管幕的放样位置，将在钢筋混凝土底板上安装的钢管幕顶进施工用的始发导轨作为小直径矩形顶管机的始发架。

3）底排钢管幕顶进施工

底排钢管幕顶进施工时，现浇箱涵浇筑时间较短，强度尚未达到设计要求，不能作为后靠传力，所以利用始发井底板上预留的预埋件，在底板上焊接钢箱梁反力架，将顶进反力传递至始发井底板。然后，依次布置主顶油缸支架、主顶油缸、顶铁、顶管机和顶进限位装置等，如图6-35所示。两个液压油缸布置在钢管幕两侧，其顶进中心距顶管机底部约三分之一的高度位置。采用的始发限位是指在顶进的钢管幕两侧各布设一根钢箱梁，再通过钢结构连接到两侧围护结构，保证始发轴线的准确。

图6-34　洞门结构

图6-35　顶进设备安装

在确认土体加固效果满足要求以及通过始发洞门上打设的探孔确认洞门处不存在漏水后，根据洞门钢板桩上的钢管幕开洞边线，割除顶进位置的始发洞门钢板桩，顶进矩形顶管机，切削加固土，开始顶进第一根钢管幕，逐步提高正面土压力至理论计算值。

依次顶进第一根钢管幕的三节标准节和一节1.5m长的调整节，施工中每顶进20cm测量一次矩形顶管机的姿态偏差，并及时通过调整油缸的顶力中心来纠偏。

由于既有线铁路桥涵顶进作业要求工作井水位降至基底以下0.5~1m进行，所以在钢管幕顶进施工中，正面土体较干。为此，利用刀盘注入口向土仓注入清水或膨润土浆改良土体，保证切削土体顺利从螺旋出土器排出。切削排出的土采用简易小车运至钢管幕外，再将排土集中堆放在渣土坑内。

矩形顶管机进接收井前，先打设探孔，确保土体加固效果良好，洞门处不存在漏水。当矩形顶管机切口接近接收井洞门钢板桩时，适当减慢顶进速度，逐渐减小矩形顶管机正面土压力，保证顶管机设备完好和洞口处结构稳定。当矩形顶管机刀盘切口距接收井洞门10cm时，矩形顶管机停止顶进。根据测量计算出的实际顶进轴线确定矩形顶管机在接收井钢板桩洞门上的开洞边线，凿除钢板桩，迅速、连续顶进钢管幕，顶进到设计位置。第一根钢管幕顶进完成后，将矩形顶管机吊运至始发井，接续施工底排第二、三、四根钢管幕。

在底排第一、二、三、四根钢管幕顶进施工时，将减摩钢板分别与四根钢管幕的底面、第三根钢管幕的右侧面以及第四根钢管幕的左侧面固定。每顶进一节钢管幕长度，添加钢管幕时，同步焊接相应的减摩钢板。减摩钢板与钢管幕固定与连接好后，随着钢管幕的顶进进入土体内。

底排钢管幕施工时，采用钢管幕侧壁上的横向导向板作为后续钢管幕的施工导向，如图6-36所示。

4）中间排钢管幕顶进施工

搭设操作平台，作为中间排和顶排钢管幕顶进施工的作业场地。

顶进中间排和顶排钢管幕时，箱涵强度已经达到设计要求，可以作为传力结构将钢管幕顶进反力传递至后靠结构。在箱涵制作时，在箱涵前端面设置预埋件。钢管幕顶进前，将钢箱梁焊接在预埋件上，将顶进反力传递至箱涵。箱涵与工作井结构间设置传力结构，将顶进反力传递至后靠结构上。

由于洞门侧钢板桩围护上的第二道钢围檩在中间排钢管幕顶进断面上，在中间排钢管幕顶进前，先拆除第二道钢围檩，并在矩形顶管机进接收井前拆除接收井内的第二道钢围檩。在工作井内布置主顶油缸支架、主顶油缸、顶铁和顶管机等装置，按顺序完成中间排四根钢管幕施工。期间，将减摩钢板分别与第七根钢管幕的右侧面以及第八根钢管幕的左侧面固定，随着钢管幕的顶进进入土体内。中间排钢管幕顶进如图6-37所示。

图6-36　底排钢管幕施工导向

图6-37　中间排钢管幕顶进

中间排和顶排钢管幕施工时，采用下排钢管幕顶面上的竖向导向板作为上排钢管幕的施工导向，如图6-38所示。

图6-38　中间排钢管幕施工导向

5）顶排钢管幕顶进施工

由于箱涵顶距既有线铁路铁轨底仅59cm，基本紧贴既有线铁路道砟层底，采用刃口顶进+人工进入钢管幕内开挖土的方式进行顶排钢管幕的顶进施工，如图6-39和图6-40所示。

以固定式超前支护帽为例，采取先超前支护后开挖的原则。顶进后部的主顶油缸驱动超前支护帽随刃口一起切土前进，先用掏槽方式开挖刃口上部正面的土体，再按照从上往下放坡开挖方式开挖周边土体，开挖面的坡度尽量与刃口门的斜度相当，最后开挖正面中心区域的土体。然后，顶进主顶油缸驱动超前支护帽随刃口一起切土前进至刃口与开挖面贴合，如此循环施工，直至土体开挖完。

图6-39 顶排钢管幕顶进 　　　　　　图6-40 刃口内人工开挖

紧贴既有线铁路道砟层底施工，开挖和顶进速度不宜过快，控制在0.5～1cm/min，减少对周边土体和上部土体的扰动，严禁超挖。施工中加强测量，及时通过土体开挖和主顶油缸修正刃口顶进方向，防止出现大的偏差。

4. 箱涵顶进技术

1）减摩钢板再固定

钢管幕顶进完成后，解除减摩钢板与钢管幕之间的固定，将减摩钢板固定在洞门结构上，如图6-41所示。

2）滑移导轨铺设

在箱涵前部，在撤去钢管幕始发架或始发导轨的位置铺设箱涵顶进用的滑移导轨，在导轨之间铺上砂土。

3）钢管幕连接

图6-41 外圈减摩钢板与洞门的固定

混凝土箱涵自重较大，箱涵头部存在下沉风险，而一旦箱涵头部下沉，要使箱涵头部抬头比较困难。如图6-42所示，先利用型钢和钢管幕端面的螺栓孔将12根钢管幕连接成整体，型钢上表面预先加工成楔形，顶进箱涵让型钢进入箱涵内部，至型钢上表面的楔形与箱涵内表面的楔形贴合紧密，型钢上下两端便嵌入箱涵的上下内表面。如此将箱涵与钢管幕连接成整体，实现箱涵与钢管幕的同步移动，借助两者连接后的整体性以及钢管幕的牵引，既有利于箱涵顶进姿态的控制，又可防止常规箱涵顶进中的"磕头"。

4）顶进

根据推力计算，配置额定推力200t液压油缸4只，总顶推力800t，液压油缸均匀布置于箱涵端面下部，传力顶铁采用置换出的钢管幕。

顶进箱涵，使箱涵沿滑行轨道顶面向前滑行，逐步靠近已经顶进完成的钢管幕，如图6-43所示。此后，箱涵与钢管幕连接成整体，箱涵在一周圈减摩钢板形成的空间（图6-44）内顶进，钢管幕同步向前。

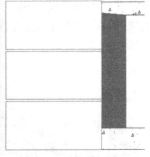

图 6-42　箱涵与钢管幕的连接

图 6-43　箱涵顶进图

图 6-44　减摩钢板的隔离作用

　　随着箱涵不断被顶进进入土体内，钢管幕被逐渐顶出土体进入接收井内。每顶出一节钢管幕的长度，即可暂停顶进，将进入接收井内的钢管幕吊运出接收井，直至全部的钢管幕被置换出，如图 6-45 所示。

　　箱涵顶进过程中，要及时、准确地掌握箱涵顶进的方向和高程，密切注意后顶各油缸的油压，根据测量结果调整油缸顶力和位置，防止箱涵"磕头"和平面偏差。

　　5. 施工监测

　　为了保证施工过程安全可控，同时为顶进施工参数动态调整提供依据，在地表和枕木上布置了一定量的沉降监测点，如图 6-46 所示。

图 6-45　钢管幕置换图

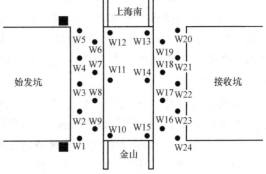

图 6-46　沉降监测点布设示意图

下面以枕木测点 11 为例进行沉降变形规律分析，如图 6-47 所示。

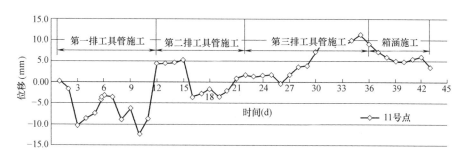

图 6-47　11 号点沉降变形曲线

枕木点由于存在养护人员调整的因素，所以图中主要是反映铁轨位移的变形趋势。施工底排钢管幕时，枕木有一定下沉，施工中间和顶排钢管幕时，以隆起为主，顶排钢管幕由于紧贴既有线铁路道砟层底，隆起量稍大，箱涵顶进过程中变形不大，较平稳。

6. 安全技术措施

1）工作井施工

严格执行一机一人专职防护。施工机械侵限时，提前申请施工天窗，安排夜间施工。距路堤坡脚 30m 以内打入和拔除钢板桩必须由工务段现场监督。严格控制施工机械行驶范围，吊装设备作业线路平行于既有线铁路，把杆旋转仅在远离既有线铁路侧 180°范围内进行，禁止转向既有线铁路，以免造成侵限，列车到来前 30min 内停止作业。

2）顶部钢管幕施工

列车到来前 60min 停止顶进，列车通过时不挖土，关闭安全门并插上门栓，避免列车通过时振动大，造成开挖面土体失稳，如图 6-48 所示。顶进设备发生故障时不挖土，作业人员交接班时不挖土。

3）铁路路基养护

顶进前确定养护单位，委托其进行路基和铁轨的养护。根据检测和监测数据，当路基变化量大于 8mm/d 或累计变化量大于 20mm 时，需对铁路路基进行养护，如图 6-49 所示。

图 6-48　关闭安全门

图 6-49　养护实景

6.4.5　实施效果

本工程采用箱涵全断面双重置换施工技术进行下穿既有线铁路立交通道的施工，从2010年12月9日～2011年1月13日，完成了12根钢管幕的顶进施工，从2011年1月16日～1月21日完成了箱涵的顶进施工。

本工程是国内首次在运营铁路线下进行不架设便梁的下立交通道箱涵施工，施工期间未影响既有线铁路运营，无须火车停运，实现了既有线铁路不停运条件下的立交道口改建，开创了国内运营铁路线下立交通道施工的新纪元，填补了国内空白。

参 考 文 献

[1] 谭卓英. 地下空间规划与设计 [M]. 北京：科学出版社，2015.

[2] 贾坚，谢小林，方银钢，等. 城市中心地下空间的互通互联整合 [J]. 时代建筑，2019 (5).

[3] 钱七虎. 利用地下空间助力发展绿色建筑与绿色城市 [J]. 隧道建设（中英文），2019 (11).

[4] 郭磊. 日本地下空间开发与利用 [M]. 中国城市规划学会. 城乡治理与规划改革：2014中国城市规划年会论文集. 北京：中国建筑工业出版社，2014.

[5] 刘建航，侯学渊，刘国彬，等. 基坑工程手册 [M]. 2版. 北京：中国建筑工业出版社，2009.

[6] 龚晓南. 深基坑工程设计施工手册 [M]. 2版. 北京：中国建筑工业出版社，2017.

[7] 龚剑，吴小建. 地下工程施工安全控制及案例分析 [M]. 上海：上海科学技术出版社，2019.

[8] 沈季良. 建井工程手册. 第四卷. 北京：煤炭工业出版社，1985.

[9] 翁家杰. 城市轨道交通大型枢纽站立体交叉冻结施工新技术. 徐州：中国矿业大学出版社，2006.

[10] 马芹永. 人工冻结法的理论与施工技术. 北京：人民交通出版社，2007.

[11] 陈湘生. 地层冻结法. 北京：人民交通出版社，2013.

[12] 杨平. 城市地下工程人工冻结法理论与实践. 北京：科学出版社，2015.

[13] 程桦. 深厚冲积层冻结法凿井理论与技术. 北京：科学出版社，2016.

[14] 赵晓东. 深部冻土学特性与冻结壁稳定. 北京：科学出版社，2018.

[15] 胡俊. 盾构隧道端头杯型冻结壁温度场发展与分布规律研究. 北京：中国水利水电出版社，2015.

[16] 陈湘生. 冻结法几个关键问题及在地下空间近接工程中最新应用 [J]. 隧道建设，2015 (12).

[17] 葛春辉. 顶管工程设计与施工. 北京：中国建筑工业出版社，2011.

[18] 高振峰，叶可明. 土木工程施工机械实用手册. 济南：山东科学技术出版社，2005.

[19] 刘建航，侯学渊. 盾构法隧道. 北京：中国铁道出版社出版，1991.

[20] 程骁，潘国庆. 盾构施工技术. 上海：上海科学技术文献出版社，1990.

[21] 孙巍，官林星. 大断面矩形盾构法隧道设计研究与实践. 北京：中国建筑工业出版社，2017.

[22] 周质炎，温竹茵，戴仕敏. 道路盾构隧道穿越机场设计与施工技术——虹桥综合交通枢纽迎宾三路隧道工程. 上海：上海科学技术出版社，2018.

[23] 铁道部第三工程局. 铁路工程施工技术手册桥涵（中册）. 北京：中国铁道出版社，1998.

[24] 唐韶军. 水平冷冻下矩形顶管设备倒接金蝉脱壳进洞研究 [J]. 上海建设科技，2017 (3)：39-41.

[25] 陈愉. 地下矩形通道斜出洞改造技术的研究 [J]. 建筑施工，2019，41 (7)：1328-1330.

[26] 占伟明，夏才初，孙继辉. 矩形顶管施工引起地表变形的实测分析 [J]. 西部交通科技，2009 (3)：38-41.

[27] 姚伟峰，罗鑫. 冻结法在矩形顶管进洞施工中的应用 [J]. 建筑施工，2013，35 (4)：321-322.

[28] 沈培坚. 箱涵顶进全断面双重置换施工中的电气控制 [J]. 建筑施工，2013，35 (7)：649-651.

[29] 佘清雅，杨子松，毕伟麟，等. 矩形顶管机出始发开帘布橡胶板设计 [J]. 建筑施工，2010，32 (2)：101-103.

[30] 孙巍，官林星，温竹茵. 大断面矩形盾构法隧道的受力分析与工程应用 [J]. 隧道建设，2015，35 (10)：1028-1033.

[31] 罗鑫. 矩形盾构隧道管片拼装方法的研究 [J]. 建筑施工，2014，36 (2)：199-201.

[32] 徐佳乐. 一种新型大断面矩形盾构用的盾尾防变形装置 [J]. 建筑施工，2014，36 (9)：1096-1097.

[33] 滕延锋. 矩形隧道盾构施工中的形状保持装置研制与应用 [J]. 建筑施工，2017，39 (4)：557-558-561.

[34] 过浩侃，滕延锋，陈根林. 轴向伸缩式切削刀盘在矩形盾构机上的应用 [J]. 建筑施工，2017，39 (7)：1059-1061.

[35] 滕延锋. 组合式切削刀盘在矩形隧道掘进机上的应用研究 [J]. 建筑施工，2015，37 (11)：1327-1329.

[36] 滕延锋. 矩形盾构新型管片拼装设备与拼装技术的研究 [J]. 建筑施工，2016，38 (2)：221-223.

[37] 姚伟峰. 大断面矩形盾构机的工程应用 [J]. 建筑施工，2016，38 (6)：796-799.

[38] 林济. 矩形盾构施工问题、应对措施及优化研究 [J]. 建筑施工，2020，42 (3)：413-416.

[39] 吴欣之. 施工企业的技术创新之路——上海市机械施工有限公司技术创新实践的回顾 [J]. 施工技术，2010，39 (9)：19-21.

[40] 罗鑫. 箱涵全断面双重置换工艺在金山铁路改建工程中的应用 [J]. 建筑机械化, 2011, 32 (S2): 59-61.

[41] 胡玉银, 吴欣之, 袁勇, 等. 地下立体交通工程中的箱涵顶进双重置换施工工法研究 [J]. 建筑施工, 2010, 32 (2): 85-87.

[42] 罗鑫. 几种箱涵顶进施工技术的探讨 [J]. 建筑施工, 2010, 32 (2): 88-89.

[43] 应建华, 孙继辉, 毕伟麟. 箱涵顶进双重置换法施工设备的研究开发 [J]. 建筑施工, 2010, 32 (2): 90-92.

[44] 王祺国, 佘清雅, 钟铮, 等. 箱涵顶进双重置换工法箱涵的设计与制作 [J]. 建筑施工, 2010, 32 (2): 93-95.

[45] 毕伟麟, 杨子松, 佘清雅, 等. 箱涵顶进双重置换工法进出洞止水设计 [J]. 建筑施工, 2010, 32 (2): 96-97.

[46] 吴小建, 毕伟麟, 陈建明, 等. 箱涵顶进双重置换工法工具管设计研究 [J]. 建筑施工, 2010, 32 (2): 98-103.

[47] 晏浩, 钟铮, 冯海涛, 等. 箱涵顶进双重置换工法的隔板减摩技术研究 [J]. 建筑施工, 2010, 32 (2): 99-100.

[48] 佘清雅, 杨子松, 毕伟麟, 等. 矩形顶管机出始发井帘布橡胶板设计 [J]. 建筑施工, 2010, 32 (2): 101-103.

[49] 冯海涛, 钟铮, 张正, 等. 箱涵顶进双重置换工法试验平台的设计研究 [J]. 建筑施工, 2010, 32 (2): 104-107.